五年制高职专用教材

建筑力学

（第2版）

主　编　黄凤珠　刘　琳　朱保华
副主编　张　建　朱卫东
主　审　余天堂

北京理工大学出版社
BEIJING INSTITUTE OF TECHNOLOGY PRESS

内容提要

本书按照高职高专院校人才培养目标以及专业教学改革的需要，依据最新标准规范进行编写。全书共分为11章，主要内容包括静力学基本知识、平面汇交力系、平面任意力系、轴向拉伸与压缩、截面的几何性质、剪切与扭转、弯曲、组合变形、压杆稳定、静定结构的内力分析、静定结构的位移计算等。本书各章后面均附有习题，并有配套的习题解答，使学生在课后可以及时巩固学过的知识，有利于提高学生对所学知识的掌握。

本书结构合理、知识全面，可作为高职高专院校建筑工程技术等相关专业的教学用书，也可供工程技术人员参考使用。

图书在版编目（CIP）数据

建筑力学 / 黄凤珠，刘琳，朱保华主编.—2版.—北京：北京理工大学出版社，2023.1重印

ISBN 978-7-5682-7940-6

Ⅰ.①建…　Ⅱ.①黄…　②刘…　③朱…　Ⅲ.①建筑科学—力学—高等学校—教材　Ⅳ.①TU311

中国版本图书馆CIP数据核字（2019）第253456号

出版发行 / 北京理工大学出版社有限责任公司
社　　址 / 北京市海淀区中关村南大街5号
邮　　编 / 100081
电　　话 / （010）68914775（总编室）
　　　　　（010）82562903（教材售后服务热线）
　　　　　（010）68944723（其他图书服务热线）
网　　址 / http://www.bitpress.com.cn
经　　销 / 全国各地新华书店
印　　刷 / 河北鑫彩博图印刷有限公司
开　　本 / 787毫米×1092毫米　1/16
印　　张 / 13.5
字　　数 / 319千字
版　　次 / 2023年1月第2版第4次印刷
定　　价 / 39.80元

责任编辑 / 李玉昌
文案编辑 / 李玉昌
责任校对 / 周瑞红
责任印制 / 边心超

出版说明

PUBLISHER'S NOTE

五年制高等职业教育（简称五年制高职）是指以初中毕业生为招生对象，融中高职于一体，实施五年贯通培养的专科层次职业教育，是现代职业教育体系的重要组成部分。

江苏是最早探索五年制高职教育的省份之一，江苏联合职业技术学院作为江苏五年制高职教育的办学主体，经过20年的探索与实践，在培养大批高素质技术技能人才的同时，在五年制高职教学标准体系建设及教材开发等方面积累了丰富的经验。“十三五”期间，江苏联合职业技术学院组织开发了600多种五年制高职专用教材，覆盖了16个专业大类，其中178种被认定为“十三五”国家规划教材，学院教材工作得到国家教材委员会办公室认可并以“江苏联合职业技术学院探索创新五年制高等职业教育教材建设”为题编发了《教材建设信息通报》（2021年第13期）。

“十四五”期间，江苏联合职业技术学院将依据“十四五”教材建设规划进一步提升教材建设与管理的专业化、规范化和科学化水平。一方面将与全国五年制高职发展联盟成员单位共建共享教学资源，另一方面将与高等教育出版社、凤凰职业教育图书有限公司等多家出版社联合共建五年制高职教育教材研发基地，共同开发五年制高职专用教材。

本套“五年制高职专用教材”以习近平新时代中国特色社会主义思想为指导，落实立德树人的根本任务，坚持正确的政治方向和价值导向，弘扬社会主义核心价值观。教材依据教育部《职业院校教材管理办法》和江苏省教育厅《江苏省职业院校教材管理实施细则》等要求，注重系统性、科学性和先进性，突出实践性和适用性，体现职业教育类型特色。教材遵循长学制贯通培养的教育教学规律，坚持一体化设计，契合学生知识获得、技能习得的累积效应，结构严谨，内容科学，适合五年制高职学生使用。教材遵循五年制高职学生生理成长、心理成长、思想成长跨度大的特征，体例编排得当，针对性强，是为五年制高职教育量身打造的“五年制高职专用教材”。

江苏联合职业技术学院

教材建设与管理工作领导小组

2022年9月

FOREWORD

第2版前言

本书主要针对高等职业院校土建类专业而编制。本书内容包括静力学基本知识、平面汇交力系、平面任意力系、轴向拉伸与压缩、截面的几何性质、剪切与扭转、弯曲、组合变形、压杆稳定、静定结构的内力分析和位移计算等。

力学是一门较难掌握的学科。对初学者来说，经常会感到教材似乎看懂了，跟着老师解题觉得也不难，但当自己独立解题时往往找不准思路，甚至无从下手。针对这种现象，本书每章选择了大量例题进行详细解答，例题尽可能贴近工程实际，体现应用型教材的特色，着力帮助读者提高分析和解题能力。本书每章后面都有思考题和习题，为便于读者学习，本书配套有每章的习题解答。结合高等职业院校的学生特点和培养目标，本书在第1版出版并使用几年的基础上进行了修订，修订后的教材在几乎每章后面都增设了小实验，小实验中的部分问题需学习者自己动手和思考，不一定能在书中找到现成或明显的答案，这样既可以培养学习者的学习兴趣，也在一定程度上提升学习者的动手能力甚至是创造能力。

本书由江苏省南京工程高等职业学校黄凤珠、刘琳、朱保华担任主编，由江苏省南京工程高等职业学校张建、朱卫东担任副主编。全书由河海大学力学与材料学院工程力学研究所所长、博士生导师余天堂主审。

由于编者水平有限，书中错漏之处在所难免，恳请读者批评指正。

编　者

第1版前言

FOREWORD

本书主要针对五年制高职和高等职业教育院校土建类专业学生而编写。本书内容包括静力学基本知识、平面汇交力系、平面任意力系、轴向拉伸与压缩、截面的几何性质、剪切与扭转、弯曲、组合变形、压杆稳定、静定结构的内力分析和位移计算等。

建筑力学是一门较难掌握的学科。对初学者来说，经常会感到教材似乎看懂了，跟着老师解题觉得也不难，但当自己独立解题时往往找不准思路，甚至无从下手。针对这种现象，本书每章选择了大量例题进行详细解答，例题尽可能贴近工程实际，体现应用型教材的特色，着力帮助读者提高分析和解决问题的能力。本书每章后面都有思考题和习题，为了便于读者学习，本书配套有每章的习题解答。

本书由江苏省南京工程高等职业学校黄凤珠、刘琳、朱卫东担任主编，江苏省南京工程高等职业学校张建、鲁照文担任副主编。本书由河海大学力学与材料学院工程力学研究所所长、博士生导师余天堂主审。

由于作者水平有限，书中错漏之处在所难免，恳请读者批评指正。

编　者

目录

CONTENTS

第一章　静力学基本知识

学习目标

1. 掌握力和力的平衡的概念。
2. 掌握静力学基本公理。
3. 掌握工程中常见的约束和约束反力。
4. 了解集中力、集中力偶、均布力三种荷载。
5. 能熟练进行物体的受力分析。

技能目标

1. 学习力和刚体的概念时，要仔细领会这些概念是如何抽象化形成的，便于准确理解概念。

2. 对于静力学公理，要掌握它们的内容和适用条件，还需注意在后续章节中如何以这些公理为基础，建立或推导新的知识点。

3. 了解各类约束的构成，明确各类约束的约束性质，并根据约束的性质来分析约束反力。

4. 力的概念、静力学公理、各类约束反力是进行物体受力分析的依据，并通过受力分析加深对这些知识的理解。

5. 在进行物体的受力分析时，要特别注意区分内力和外力、作用与反作用力。

第一节　静力学基本概念

一、力的概念

力的概念产生于人类长期的生活和生产劳动中。当人们用手握、拉、掷物体时，当人们进行推车、搬动重物、踢球、用锤子打铁等活动时，由于肌肉紧张而感受到力的作用，这种作用广泛存在于人与物及物与物之间。例如，推车或用锤子打铁，由于人对物体施加了力，使推车的运动状态发生了变化或使铁产生了变形，而同时也感受到车子、铁块对人的手有作用力。

综上所述，力可定义为：力是物体间相互的机械作用，力的作用效果是使物体的运动状态发生改变或使物体产生变形。

1. 力的三要素

由实践可知，力对物体的作用效果取决于三个要素，即大小、方向、作用点。这三个要素中只要有一个要素改变，力对物体的作用效果就会改变。例如，如图 1-1 所示，用扳手拧螺母时，作用在扳手上的力，因大小不同，或方向不同，或作用点不同，它们产生的效果就不一样。

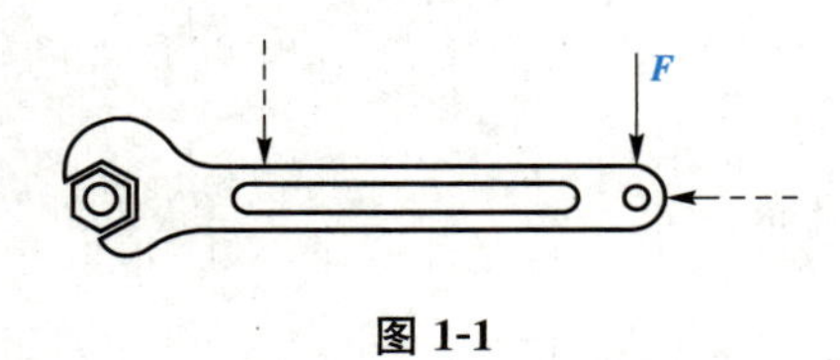

图 1-1

2. 力的单位

目前，力的单位一般采用国际单位制(SI)计量单位，用 N(牛)或 kN(千牛)表示。

$$1\ \text{kN}=1\ 000\ \text{N}$$

3. 力的矢量

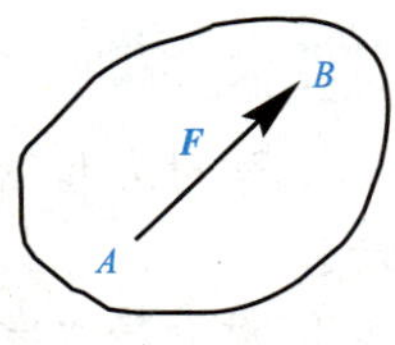

图 1-2

如图 1-2 所示，力是矢量，通常用一个带箭头的线段表示，矢量的起点 A 表示力的作用点；矢量的长度 AB 按选定的比例尺表示力的大小；矢量的方向表示力的作用方向。用字母表示力，一般用黑体字，如 $\boldsymbol{F}$。

二、平衡的概念

在一般工程问题中，平衡是指物体相对地球保持静止或作匀速直线运动的状态。平衡是机械运动的一种特殊情况。所有物体的平衡都是相对于某个参考系而言的，绝对平衡是不存在的。例如，公交车上的座椅，它相对于公交车是静止的，但相对于地面不是静止的。又例如，相对于地面静止的物体，它相对于太阳来说却是运动的，因为地球本身作自转并绕太阳公转。

三、刚体的概念

任何物体受到力的作用都会产生变形，即使有的变形很微小，我们肉眼观察不到，我们也能用各种测试手段测出变形是客观存在的。但是，在我们研究物体机械运动规律时，通常广泛遇到这种情况：物体受到力的作用时产生的变形很小，对所研究的问题影响甚微。为使研究的问题得到简化，可以略去这很微小的变形，近似把所研究的物体看成是不变形的物体，即刚体。刚体是指在力的作用下不变形的物体。

刚体在自然界中是不存在的，只是在静力学部分，由于物体受力时微小变形对所研究的问题影响甚微，可以忽略不计，所以在静力学中，把所研究的物体看成是刚体。而在后续的力学课程中，将进一步研究物体的变形问题。

第二节　静力学基本公理

静力学公理是在无数次实践中得出又在实践中得到验证的有关力的一些基本规律，静力学公理是学习静力学的理论基础。

■ 一、二力平衡公理

作用在同一刚体上的两个力，使刚体平衡的必要和充分条件是：这两个力大小相等，方向相反，作用在同一直线上(简称等值、反向、共线)。

如图 1-3 所示，物体平衡的必要和充分条件是：

$$F_1 = -F_2$$

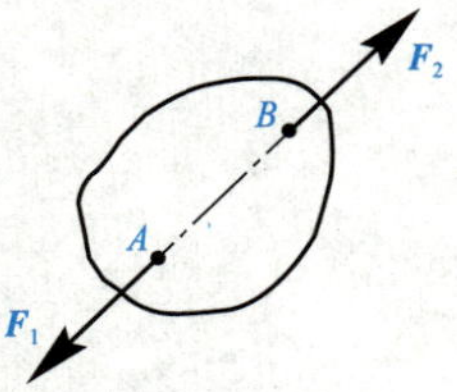

图 1-3

二力构件：工程中，若某构件只受两个力作用而平衡，这类构件通常称为二力构件。二力构件必须同时满足以下三个条件：

(1)构件不计自重；

(2)构件两端均为光滑圆柱铰(下节课程有述)；

(3)构件上不受任何力的作用(两端圆柱铰除外)。

图 1-4 中，杆件 AB、杆件 BC 均为二力杆。二力杆的受力特点是：杆件两端作用一对等值、反向、共线的平衡力，作用线沿杆件两端的连线。

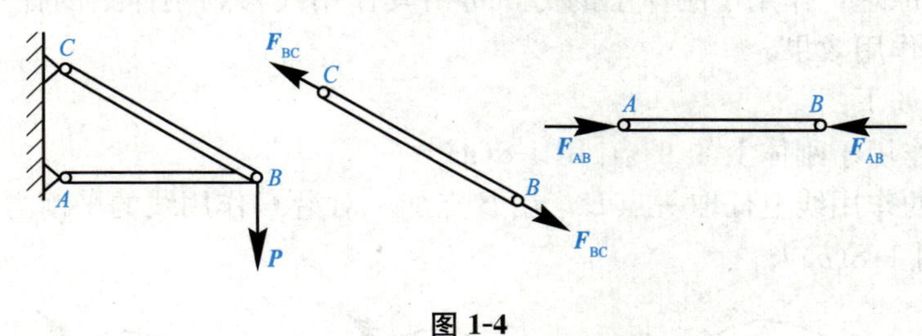

图 1-4

二力构件可以是直杆、折杆、曲杆或其他任意形状的构件，只要同时满足以上三个条件的构件均是二力杆。

图 1-5、图 1-6、图 1-7 中，CD 杆、AC 杆、CD 杆分别为二力杆。

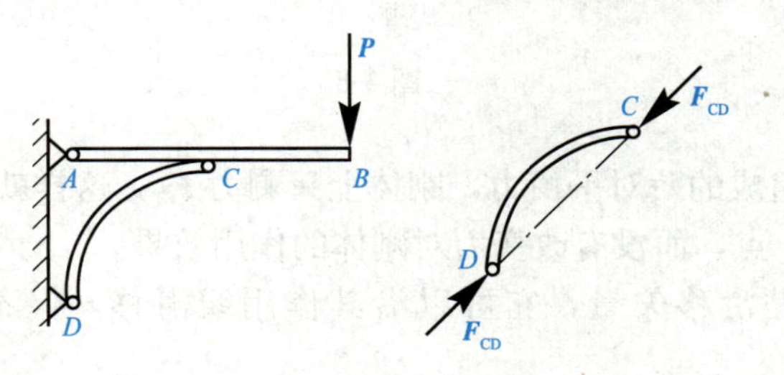

图 1-5

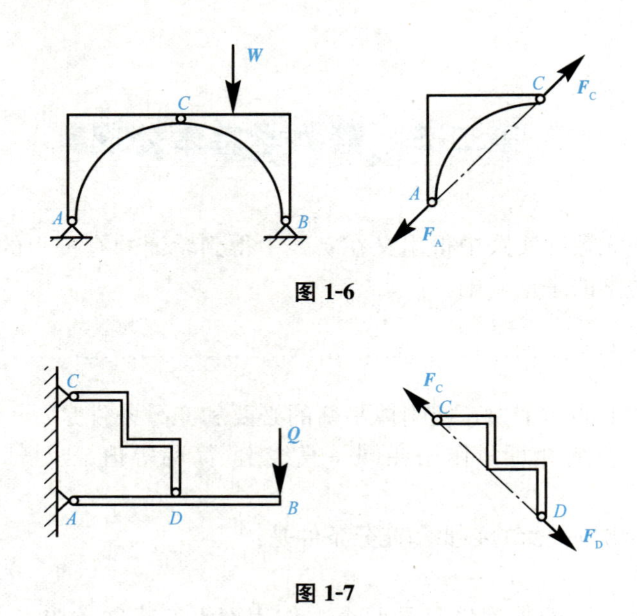

图 1-6

图 1-7

■ 二、加减平衡力系公理

在作用着已知力系的刚体上，加上或减去任意的平衡力系，并不改变原力系对刚体的作用效果。

由上述公理可导出如下推论：

力的可传性原理：作用于刚体上的力，可沿其作用线移到刚体上的任一点，而不改变该力对该刚体的作用效果。

此推论证明如下：

(1)设力 $\boldsymbol{F}$ 作用于刚体上的 A 点[图 1-8(a)]。

(2)在力 $\boldsymbol{F}$ 的作用线上任取一点 B，在 B 点加一对沿 $\boldsymbol{F}$ 作用线的平衡力 $\boldsymbol{F}_1$ 和 $\boldsymbol{F}_2$，且使 $\boldsymbol{F}_2=\boldsymbol{F}=-\boldsymbol{F}_1$[图 1-8($b$)]。

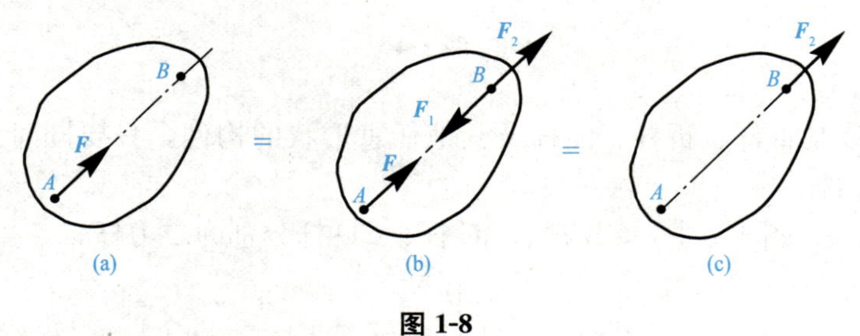

图 1-8

(3)去掉 $\boldsymbol{F}$ 和 $\boldsymbol{F}_1$ 组成的一对平衡力，刚体上只剩力 $\boldsymbol{F}_2$，这样就把原来作用于 A 点的力 $\boldsymbol{F}$ 沿其作用线移到了 B 点，而没有改变力对刚体的作用效果。

此推论说明，力是滑移矢量，它可以沿其作用线滑移，但不能移至作用线以外的位置。

三、力的平行四边形法则

作用于物体上同一点的两个力，可以合成为一个合力。合力的作用点仍在该点，合力的大小和方向是以这两个力为邻边所构成的平行四边形的对角线来确定。

其矢量表达式为

$$\vec{F}_R=\vec{F}_1+\vec{F}_2$$

图 1-9(a)中，力 $\boldsymbol{F}_1$、力 $\boldsymbol{F}_2$ 作用于物体上的同一点 A，以 $\boldsymbol{F}_1$ 和 $\boldsymbol{F}_2$ 为邻边作平行四边形，对角线即为 $\boldsymbol{F}_1$ 和 $\boldsymbol{F}_2$ 的合力 $\boldsymbol{F}_R$。下面用几何关系求出合力 $\boldsymbol{F}_R$ 的大小和方向。

设力 $\boldsymbol{F}_1$、力 $\boldsymbol{F}_2$ 的夹角为 α，如图 1-9(a)所示，取图 1-9(a)中平行四边形的一半，得到图 1-9(b)所示的力三角形。图 1-9(b)中，力 $\boldsymbol{F}_1$、$\boldsymbol{F}_2$ 首尾连接，力 $\boldsymbol{F}_1$ 的起点和力 $\boldsymbol{F}_2$ 的终点连线即为合力 $\boldsymbol{F}_R$，合力 $\boldsymbol{F}_R$ 的方向由起点指向终点。由余弦定理可求得 $\boldsymbol{F}_R$ 的大小

$$F_R^2=F_1^2+F_2^2-2F_1F_2\cos(180°-\alpha)$$

$$F_R=\sqrt{F_1^2+F_2^2+2F_1F_2\cos\alpha}$$

(a) (b)

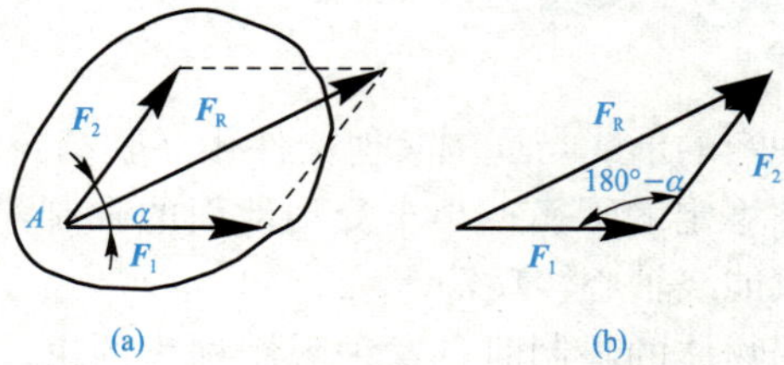

图 1-9

根据力的平行四边形法则，可以推导出三力平衡汇交定理：

若刚体只受三个共面力作用而处于平衡，且其中两个力的作用线汇交于一点，则第三个力的作用线必通过该点。

证明：如图 1-10 所示，刚体只受力 $\boldsymbol{F}_1$、$\boldsymbol{F}_2$、$\boldsymbol{F}_3$ 三个力作用而处于平衡，且力 $\boldsymbol{F}_1$、$\boldsymbol{F}_2$ 的作用线汇交于 O 点。由力的可传性原理，可将力 $\boldsymbol{F}_1$、$\boldsymbol{F}_2$ 移到 O 点，再由力的平行四边形法则可得出合力 $\boldsymbol{F}_{12}$。此时刚体只受 $\boldsymbol{F}_{12}$、$\boldsymbol{F}_3$ 两个力作用而处于平衡，则由二力平衡公理可知，力 $\boldsymbol{F}_3$ 和力 $\boldsymbol{F}_{12}$ 必共线，即 $\boldsymbol{F}_3$ 的作用线必通过 O 点。

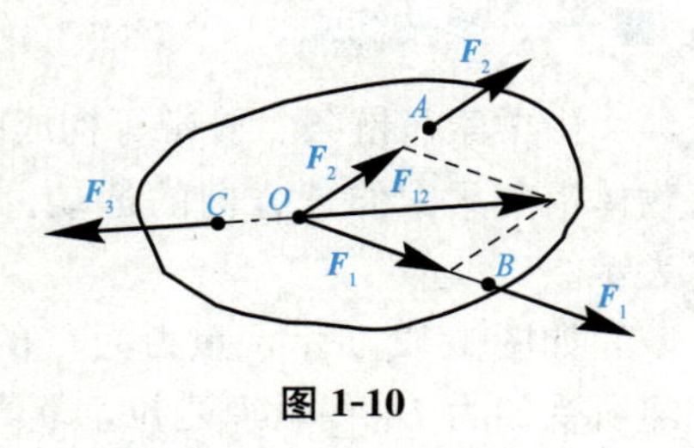

图 1-10

说明，三力平衡汇交定理是共面而不平行的三个力平衡的必要条件，但不是充分条件，也就是说该定理的逆定理不一定成立。

四、作用与反作用公理

两个物体间的作用与反作用力总是同时存在，这两个力等值、反向、共线，但分别作用在两个物体上。

如图 1-11 所示，重力为 $\boldsymbol{G}$ 的物体放在桌面上处于静止，物体对桌面有一个作用力 $\boldsymbol{N}'$ 作用在桌面上，而同时桌面对物体有一个反作用力 $\boldsymbol{N}$ 作用在物体上，力 $\boldsymbol{N}$ 和 $\boldsymbol{N}'$ 的大小相等，

方向相反，作用在同一直线上，但分别作用在物体和桌面上，故力 $\boldsymbol{N}$ 和 $\boldsymbol{N}'$ 是作用与反作用力。

图 1-11 中，物体上作用着两个力 $\boldsymbol{G}$ 和 $\boldsymbol{N}$，这两个力大小相等，方向相反，沿同一直线，且作用在同一物体上，故力 $\boldsymbol{G}$ 和 $\boldsymbol{N}$ 是一对平衡力。

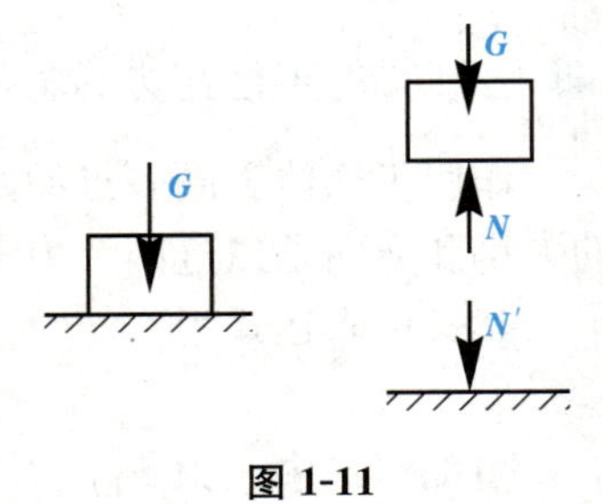

图 1-11

注意，作用与反作用公理和二力平衡公理有着本质的区别：前者中的两个力分别作用在两个物体上，而后者中的两个力作用在同一物体上。

说明，作用与反作用公理不论对刚体还是变形体，也不论对静止物体还是运动物体，都是适用的。

第三节　约束和约束反力

工程中的构件总是以一定的形式与周围其他构件相互联结，例如，用绳索悬挂的重物，用墙支撑的梁，在空间得到稳定的平衡；小车受到地面的限制，使其只能沿路面运动；转轴受到轴承的限制，使其只能绕轴心转动等。

一物体的运动受到周围物体的限制时，这种限制称为约束。约束限制了物体本来可能产生的某种运动，因此约束有力作用于物体，这种力称为约束反力，简称约束力。

约束反力总是作用在约束物体与被约束物体的接触处，约束反力的方向总是与约束所能限制的运动方向相反。约束反力的大小一般都是未知的。

下面介绍工程中常见的约束类型及其约束反力。

一、柔性约束

由柔索、链条、胶带等构成的约束为柔性约束。柔性约束只能承受拉力，即只能限制物体沿着柔索伸长方向的运动。柔性约束反力通过接触点，沿着柔索而背离物体。用 $\boldsymbol{F}_{\mathrm{T}}$ 表示。

如图 1-12 所示，重力为 $\boldsymbol{G}$ 的物体用软绳挂在天花板上，软绳限制了物体向下运动，软绳所受的力 $\boldsymbol{F}_{\mathrm{T}}$ 使软绳受拉，软绳作用在物体上的约束反力 $\boldsymbol{F}'_{\mathrm{T}}$ 通过接触点 A，沿着软绳而背离物体，即为拉力。

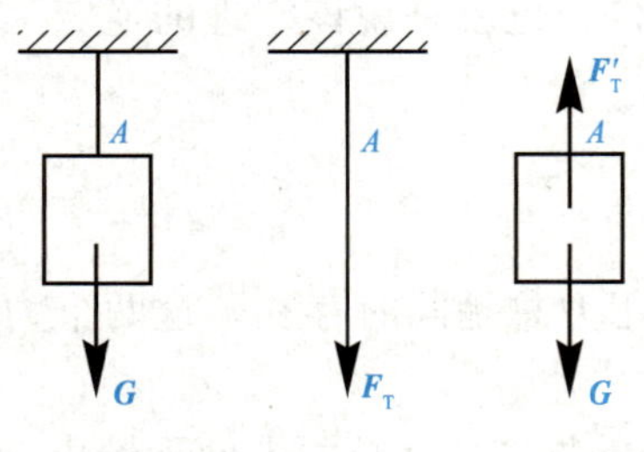

图 1-12

图 1-13(a)中，吊钩受到的柔性约束反力 $\boldsymbol{F}_{\mathrm{T}}$ 与构件的重力 $\boldsymbol{W}$ 等值、反向、共线，是一对平衡力，作用在吊钩、钢索和构件组成的整体系统上；图 1-13(b)中吊钩的柔性约束反力为 $\boldsymbol{F}_{\mathrm{T}}$，钢索的柔性约束反力为 $\boldsymbol{F}_{\mathrm{TA}}$、$\boldsymbol{F}_{\mathrm{TB}}$；图 1-13(c)中构件受到的钢索的柔性约束反力 $\boldsymbol{F}'_{\mathrm{TA}}$、$\boldsymbol{F}'_{\mathrm{TB}}$分别与 $\boldsymbol{F}_{\mathrm{TA}}$、$\boldsymbol{F}_{\mathrm{TB}}$是作用与反作用力。

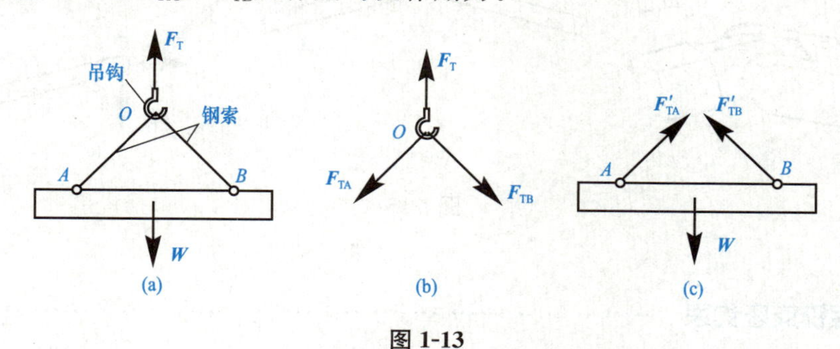

图 1-13

二、光滑面约束

当两物体直接接触且接触面光滑无摩擦时，约束只能限制物体在接触点沿接触面公法线方向的运动，不能限制物体沿接触面切线方向的运动。因此，光滑面约束反力通过接触点，沿着接触面的法向而指向被约束物体，即为压力，也称为法向反力，用 $\boldsymbol{F}_{\mathrm{N}}$ 表示。

图 1-14(a)、(b)中的 $\boldsymbol{F}_{\mathrm{N}}$，图(c)中的 $\boldsymbol{F}_{\mathrm{NA}}$、$\boldsymbol{F}_{\mathrm{NB}}$、$\boldsymbol{F}_{\mathrm{NC}}$等，均为光滑面约束反力，都是通过接触点，沿着接触面的法向而指向被约束物体。

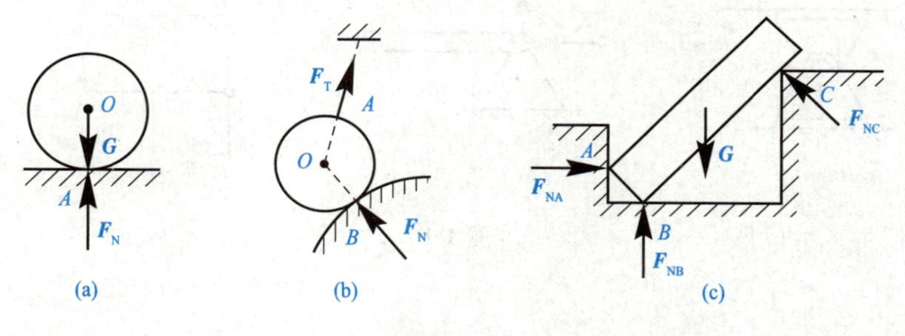

图 1-14

三、光滑圆柱铰链约束

两个构件通过光滑圆柱销连接，这种约束称为光滑圆柱铰链约束。圆柱销只限制两构件的相对移动，而不限制两构件的相对转动。铰链简称为铰。

如图 1-15(a)所示的光滑圆柱铰链连接，可简化为图 1-15(b)所示。由于销钉与圆孔的接触点的位置因物体所受荷载的不同而改变，致使反力的方位无法预先确定，只能确定铰链的约束力为一个通过铰链中心的大小、方向均未定的力。此力通常用两个大小未知的正交分力表示[1-15(c)、(d)]。图 1-15(c)中 $\boldsymbol{F}_{\mathrm{CX}}$、$\boldsymbol{F}_{\mathrm{CY}}$的指向是假定的，图 1-15(d)中 $\boldsymbol{F}'_{\mathrm{CX}}$、$\boldsymbol{F}'_{\mathrm{CY}}$分别与图 1-15(c)中的 $\boldsymbol{F}_{\mathrm{CX}}$、$\boldsymbol{F}_{\mathrm{CY}}$是作用与反作用关系。

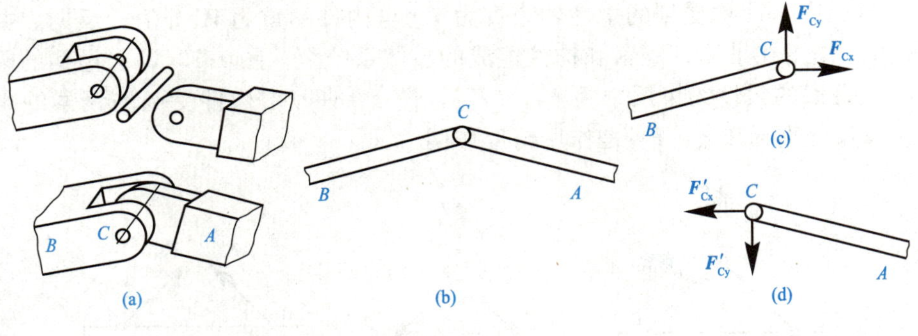

图 1-15

四、固定铰支座约束

用铰连联接的两个构件中，若其中一个与地面或其他固定的物体连接，这种约束称为固定铰支座约束。

固定铰支座的约束反力与光滑圆柱铰链的情形相同，也是用两个互相垂直的分力来表示，指向是假定的[图 1-16(b)]。图 1-16(c)是固定铰支座的另外几种简化表示。

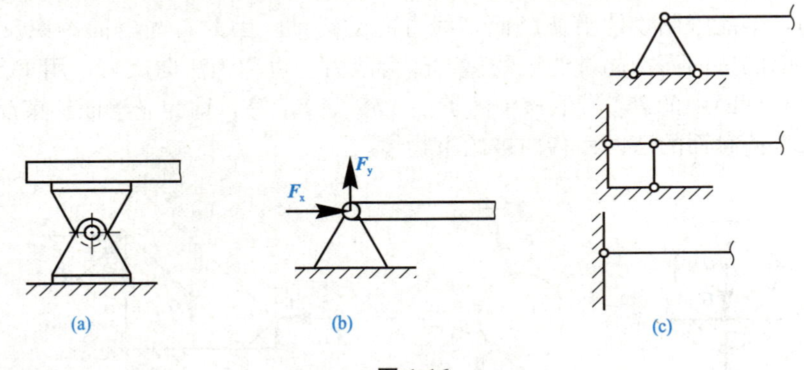

图 1-16

五、活动铰支座约束

若在支座与支承面之间装上滚子，使支座可沿支承面移动，这种约束称为活动铰支座约束，也称为辊轴支座[图 1-17(a)]约束。活动铰支座只能限制构件沿支承面垂直方向的运动，故约束反力必定通过铰链中心，并垂直于支承面[图 1-17(b)]。图 1-17(c)是活动铰支座的另一种简化表示。

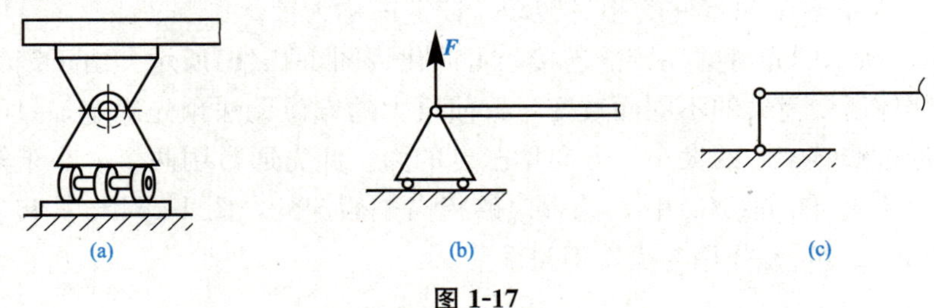

图 1-17

六、固定端约束

若物体在被约束处完全被固定，既限制了物体的垂直与水平位移，又限制了物体的转动，这种约束称为固定端约束(图 1-18)。

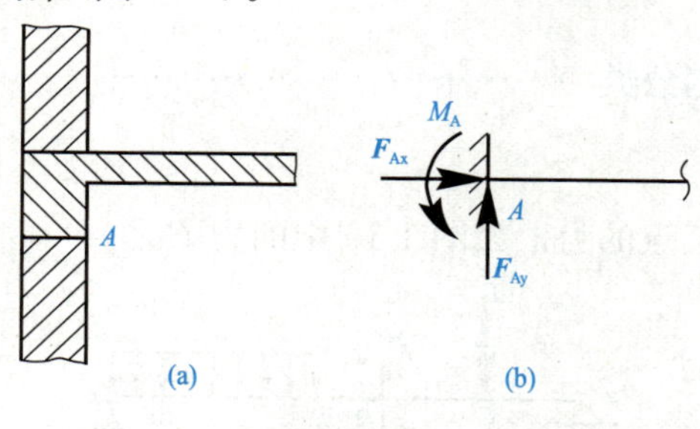

图 1-18

固定端约束的约束反力分布较复杂，在平面问题中可简化为两个互相垂直的、指向假定的分力和一个转向假定的力偶。

第四节　物体的受力分析和受力图

一、物体的受力分析

求解静力平衡问题时，首先要确定研究对象，并了解研究对象的受力情况，这个过程称为物体的受力分析。受力分析是解决力学问题的第一步。

作用在物体上的力可分为两类：一类是主动力(或荷载)，能使物体运动或有运动趋势，如物体的重力、风力、土压力等，这种力一般是已知的；另一类是约束对物体的约束反力，是未知的被动力。

对物体进行受力分析的步骤归纳如下：

(1)选取研究对象，将研究对象从与其联系的周围物体中分离出来，单独画出它的简图。

(2)画出作用在研究对象上的全部主动力。

(3)在去掉约束的地方画出相应的约束反力。约束反力一定要与约束类型一致。

二、画物体受力图的注意事项

(1)若研究对象是整个物体系统，只需画系统外的物体对它的作用力(外力)，系统内各物体间的相互作用力(内力)不需画出；若取系统内某个或若干个物体为研究对象，系统内其他物体对其的作用力成为外力，必须画在受力物体上。

(2)系统内两个物体间的相互作用力必须符合作用与反作用公理，画受力图时作用力的方向一经确定或假定，则反作用力的方向必与之相反，不能画错。

(3)若系统中有二力杆件，必须正确判断出来，并按二力杆件的受力特点画出两端的约束力。

(4)若研究对象只受三个力作用而平衡，且其中两个力的作用线汇交于一点，则可根据三力平衡汇交定理确定出第三个力的作用线方位。

三、工程中常见荷载的分类

1. 集中力

集中力是作用于物体某点的力，如图 1-19 中的力 $\boldsymbol{F}$。

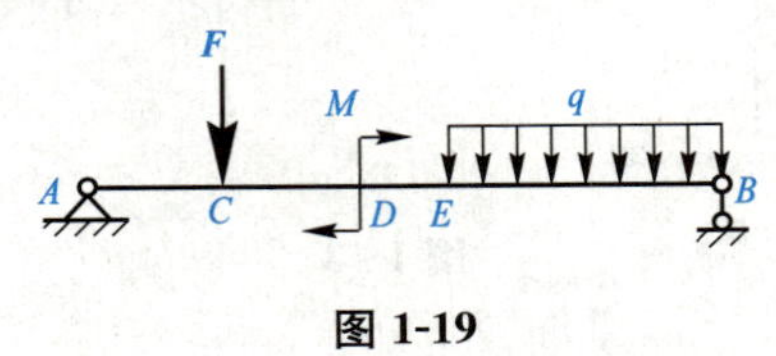

图 1-19

2. 集中力偶

作用于极小范围的力偶，也可认为是集中作用于某点的力偶。如图 1-19 中的力偶 M。

3. 均布线荷载

如图 1-19 中 EB 段的荷载。均布线荷载的荷载集度用 q 表示，单位为 N/m 或 kN/m。

在具体计算时，均布线荷载必须转化为集中力。此集中力作用在均布线荷载的中心处，方向不变，大小等于荷载集度和荷载分布长度的乘积。

下面举例说明物体受力图的画法。

【例 1-1】 如图 1-20 所示，球的重力为 $\boldsymbol{G}$，试画出球的受力图。

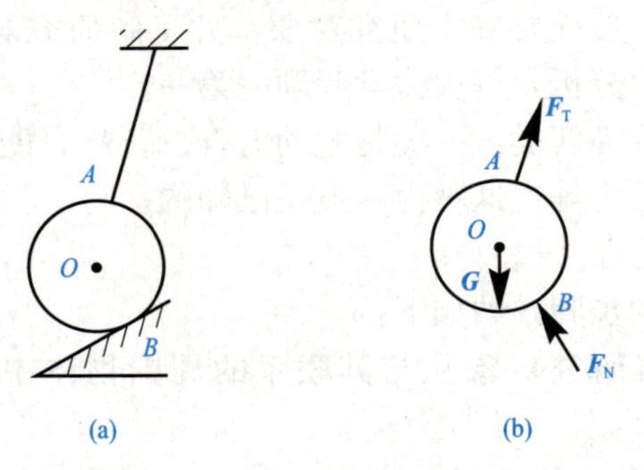

图 1-20

【解】 取球为研究对象，将球单独画出。球的重力为 $\boldsymbol{G}$，作用于球心 O，方向垂直；绳索对球的柔性约束反力(拉力)通过接触点 A，沿着绳索而背离球；光滑斜面对球的约束反力 $\boldsymbol{F}_{\mathrm{N}}$ 通过接触点 B，沿着接触面的法向而指向受力物体球。

【例 1-2】 如图 1-21 所示梯子 AB 的重力为 $\boldsymbol{G}$，用绳索 CD 系于墙上，所有接触面均光滑，试画出梯子的受力图。

【解】 取梯子为研究对象，将梯子单独画出。梯子的重力为 $\boldsymbol{G}$，作用在梯子的中点；绳索对梯子的柔性约束反力(拉力)通过接触点 D，沿着绳索而背离梯子；光滑墙面对 A 处

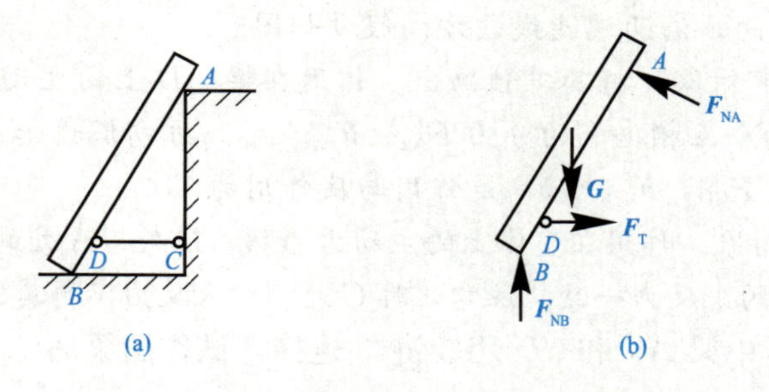

图 1-21

的约束反力 $\boldsymbol{F}_A$ 通过接触点 A，垂直于梯子而指向梯子；光滑地面对 B 处的约束反力通过接触点 B，垂直于地面而指向梯子。

【例 1-3】 画出图 1-22 所示外伸梁的受力图，自重不计。

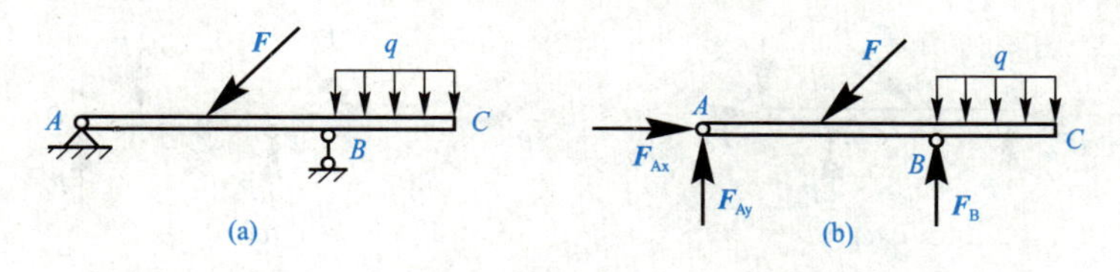

图 1-22

【解】 取梁 ABC 为研究对象，将其单独画出。梁上的主动力为 $\boldsymbol{F}$ 和均布荷载 q；B 处为可动铰支座，约束反力 $\boldsymbol{F}_B$ 通过 B，垂直于支承面，方向假设；A 处为固定铰支座，约束反力用两个互相垂直的分力 $\boldsymbol{F}_{Ax}$、$\boldsymbol{F}_{Ay}$表示，方向假设。

【例 1-4】 如图 1-23 所示支架中，各杆自重不计。试分别画出斜杆 CD、横梁 AB 及整体的受力图。

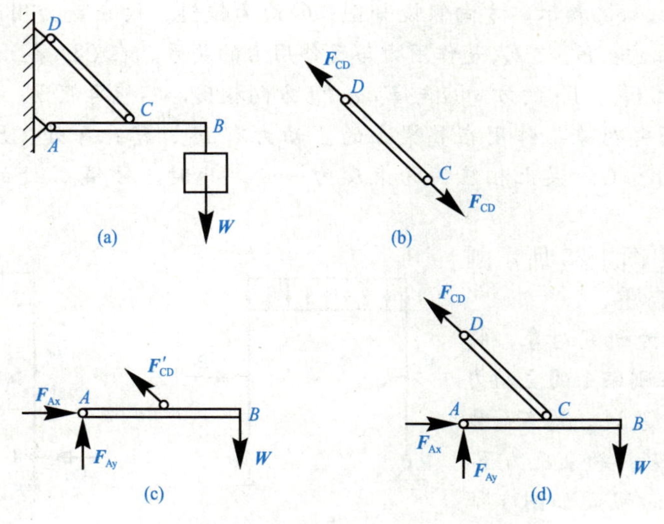

图 1-23

【解】 (1)取斜杆 CD 为研究对象，将其单独画出。斜杆 CD 为二力杆，C、D 两端的

约束反力 $\boldsymbol{F}_{CD}$ 等值，反向，沿两端连线，方向假设如图。

(2)取梁 AB 为研究对象，将其单独画出。作用在梁 AB 上的主动力为 $\boldsymbol{W}$；A 处为固定铰支座，约束反力用两个互相垂直的分力 $\boldsymbol{F}_{Ax}$、$\boldsymbol{F}_{Ay}$ 表示，方向假设如图 1-23(c)所示；C 处受到斜杆 CD 的约束力 $\boldsymbol{F}'_{CD}$，$\boldsymbol{F}'_{CD}$ 与 $\boldsymbol{F}_{CD}$ 是作用与反作用力。

(3)取整体为研究对象。作用在整体上的主动力为 $\boldsymbol{W}$；D 处、A 处的约束反力与斜杆 CD、横梁 AB 上相应部位的约束反力一致。注意此时 C 处的约束反力不再暴露，不必画出。

【例 1-5】 图 1-24 中梁 AC 和 CD 用铰链 C 连接，试作出梁 AC、CD 和整体的受力图(梁的自重不计)。

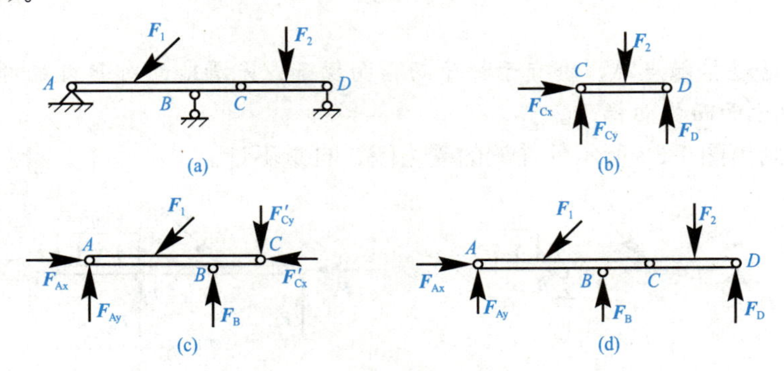

图 1-24

【解】 (1)取梁 CD 为研究对象，将其单独画出。梁 CD 上的主动力为 $\boldsymbol{F}_2$；D 处为可动铰支座，约束反力 $\boldsymbol{F}_D$ 垂直于支承面，方向假设如图 1-24(b)所示；C 处为铰链，约束反力用两个互相垂直的分力表示，指向不定，假设如图。

(2)取梁 AC 为研究对象，将其单独画出。梁 AC 上的主动力为 $\boldsymbol{F}_1$；B 处为可动铰支座，约束反力 $\boldsymbol{F}_B$ 垂直于支承面，方向假设如图 1-24(c)所示；A 处为固定铰支座，约束反力用两个互相垂直的分力 $\boldsymbol{F}_{Ax}$、$\boldsymbol{F}_{Ay}$ 表示，方向假设如图；C 处为铰链，约束反力用两个互相垂直的分力 $\boldsymbol{F}'_{Cx}$、$\boldsymbol{F}'_{Cy}$ 表示。注意：$\boldsymbol{F}'_{Cx}$ 与 $\boldsymbol{F}_{Cx}$ 是作用力与反作用力的关系。在 CD 梁上 $\boldsymbol{F}_{Cx}$、$\boldsymbol{F}_{Cy}$ 的方向已假设，则在 AC 梁上 $\boldsymbol{F}'_{Cx}$、$\boldsymbol{F}'_{Cy}$ 的方向应与 $\boldsymbol{F}_{Cx}$、$\boldsymbol{F}_{Cy}$ 方向相反，不能再假设。

(3)取整体为研究对象。作用在整梁上的主动力有 $\boldsymbol{F}_1$、$\boldsymbol{F}_2$；A 处、B 处、D 处的约束反力分别与 AC 梁上、CD 梁上相应的约束反力一致；此时，铰链 C 处的约束反力不再暴露，故不必画出。

【例 1-6】 画出图 1-25 所示刚架的受力图，不计自重。

【解】 取刚架为研究对象，将其单独画出。作用在刚架上的主动力为集中力 $\boldsymbol{P}$、集中力偶 M_e、均布荷载 q；B 处为可动铰支座，约束反力 $\boldsymbol{F}_B$ 垂直于支承面，指向假设如图 1-25(b)所示；A 处为固定铰支座，约束反力用两个互相垂直的分力 $\boldsymbol{F}_{Ax}$、$\boldsymbol{F}_{Ay}$ 表示，指向假设如图 1-25(b)所示。

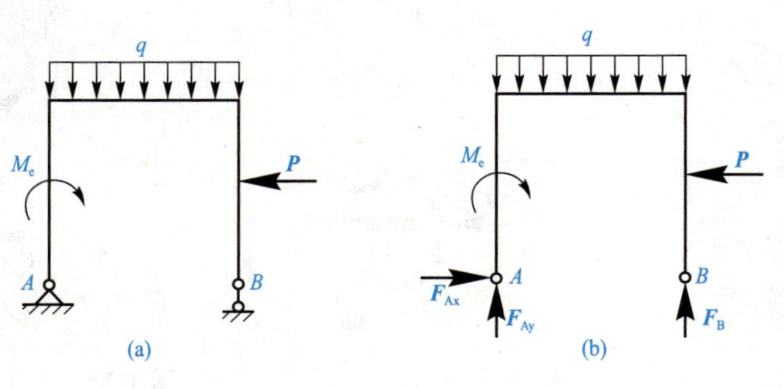

图 1-25

【例 1-7】 如图 1-26 所示的结构，试作出吊车 EFG、梁 AB、梁 BC 及整体的受力图，吊车的两轮与梁的接触是光滑的。

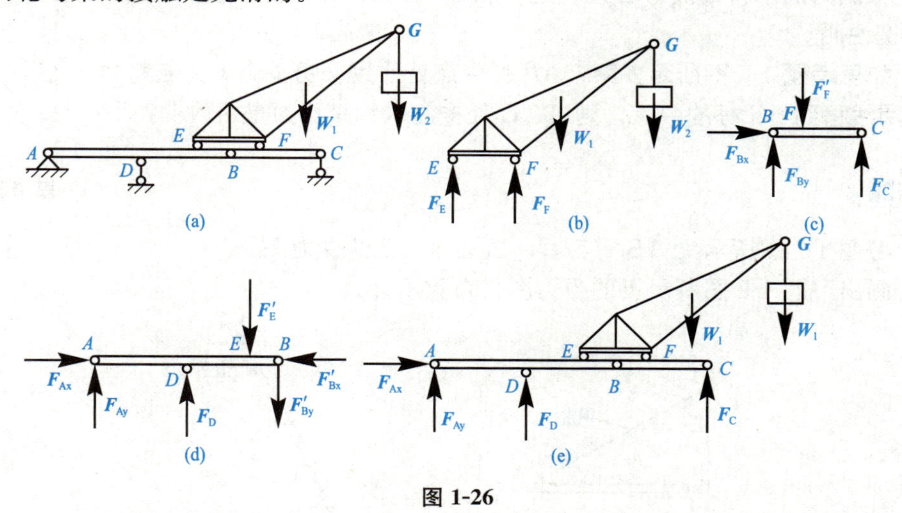

图 1-26

【解】 (1)作吊车 EFG 的受力图，将其单独画出。作用在吊车 EFG 上的主动力为 $\boldsymbol{W}_1$、$\boldsymbol{W}_2$；E、F 处为光滑面约束，约束反力分别为 $\boldsymbol{F}_E$、$\boldsymbol{F}_F$。

(2)作梁 BC 的受力图，将其单独画出。C 处为可动铰支座，约束反力 $\boldsymbol{F}_C$ 垂直支承面，指向假设如图 1-26(c)所示；B 处为铰链，约束反力用两个互相垂直的分力 $\boldsymbol{F}_{Bx}$、$\boldsymbol{F}_{By}$表示，指向假设如图 1-26(c)所示；吊车轮对 BC 的作用力 $\boldsymbol{F}'_F$与 $\boldsymbol{F}_F$ 是作用力与反作用力。

(3)作梁 AB 的受力图，将其单独画出。A 处为固定铰支座，约束反力用两个互相垂直的分力 $\boldsymbol{F}_{Ax}$、$\boldsymbol{F}_{Ay}$表示，指向假设如图 1-26(d)所示；D 处为可动铰支座，约束反力 $\boldsymbol{F}_D$ 垂直支承面，指向假设如图 1-26(d)所示；B 处为铰链，约束反力 $\boldsymbol{F}'_{Bx}$、$\boldsymbol{F}'_{By}$分别和 $\boldsymbol{F}_{Bx}$、$\boldsymbol{F}_{By}$是作用力与反作用力；吊车轮 E 对 AB 的作用力 $\boldsymbol{F}'_E$与 $\boldsymbol{F}_E$ 是作用力与反作用力。

(4)作整体的受力图。作用在整体上的主动力为 $\boldsymbol{W}_1$、$\boldsymbol{W}_2$；A、D、B 处的约束力分别与 AB、BC 上相应部位的约束力一致；此时铰链 B 的约束力，轮 E、F 处的约束力不必画出。

小实验

小实验 1：做一个简单的平衡装置，体会平衡的概念。

小实验 2：设计一个二力平衡原理的简单装置，并写出验证报告。

思考题

1-1 力是________________的机械作用，力的作用效果是________________。

1-2 平衡是指物体相对于________________________的状态。

1-3 说明下列式子的意义和区别。

(1)$\boldsymbol{F}_1=\boldsymbol{F}_2$；(2)$F_1=F_2$；(3)力 $\boldsymbol{F}_1$ 与力 $\boldsymbol{F}_2$ 等效。

1-4 工程中常见的约束类型有哪些？哪些约束反力的方向是确定的，哪些约束反力的方向是假定的？

1-5　什么是二力杆件？分析二力杆件时与杆件的形状有无关系？

1-6　根据力的平行四边形公理，能否得出“分力一定小于合力”？为什么？请举例说明。

1-7　如思考题1-7图所示支架，AB杆中点处作用一铅垂力$\boldsymbol{F}$，若将力$\boldsymbol{F}$沿其作用线移到BC杆的中点，则A、C处支座的约束反力是否改变？

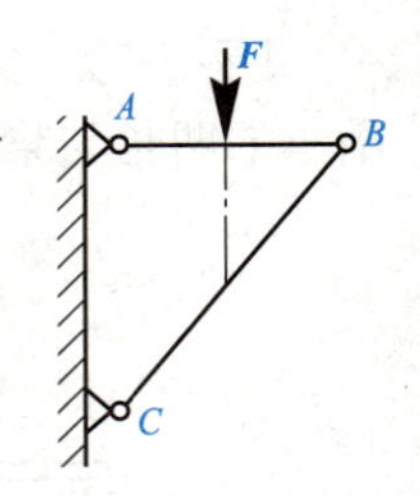

思考题1-7图

习　题

1-1　习题1-1图所示梁AB重为$\boldsymbol{G}$，试画出AB的受力图。

1-2　画出习题1-2图所示梁的受力图，自重不计。

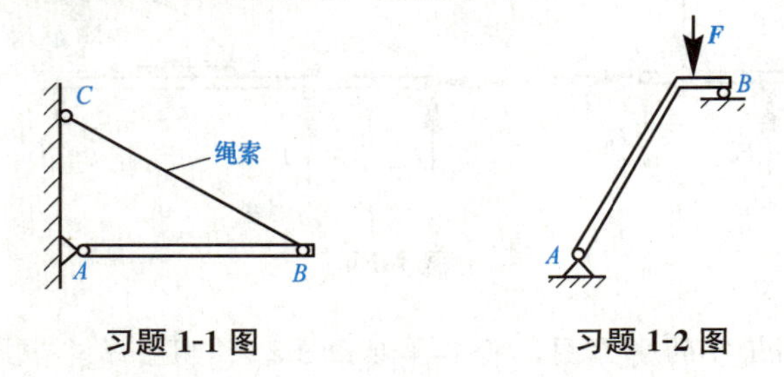

习题1-1图　　**习题1-2图**

1-3　画出习题1-3图所示结构中AB杆的受力图，各杆自重不计。

1-4　三铰拱如习题1-4图所示，不计自重，试画出AC、BC及整体的受力图。

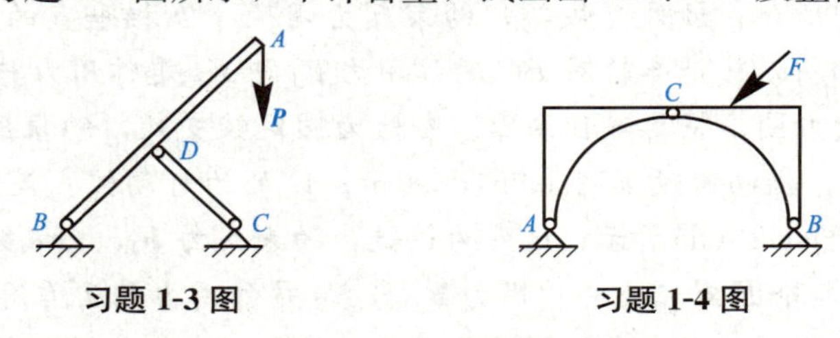

习题1-3图　　**习题1-4图**

1-5　画出习题1-5图所示梁中AB、BC及整体的受力图。

1-6　画出习题1-6图所示刚架的受力图，不计自重。

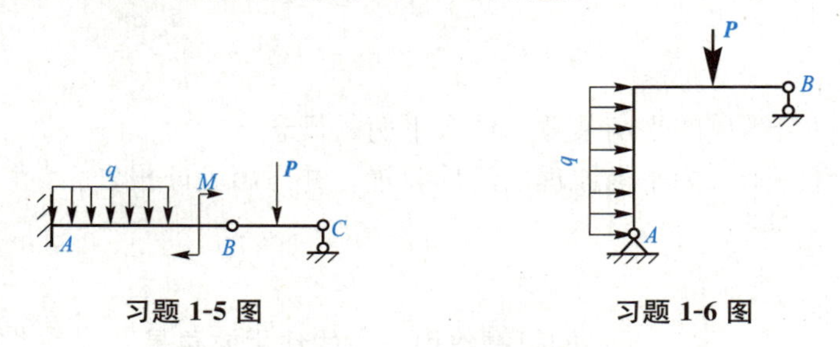

习题1-5图　　**习题1-6图**

1-7　画出习题1-7图所示刚架中AC、BC及整体的受力图。

1-8　画出习题1-8图所示人字梯中各物体及整体的受力图。未画重力的物体不计自重，所有接触面均光滑。

1-9　习题1-9图所示为起吊装置，钢梁AB重$\boldsymbol{W}_1$，构件CD重$\boldsymbol{W}_2$。试分别画出吊钩O、钢梁AB、构件CD以及整体的受力图。

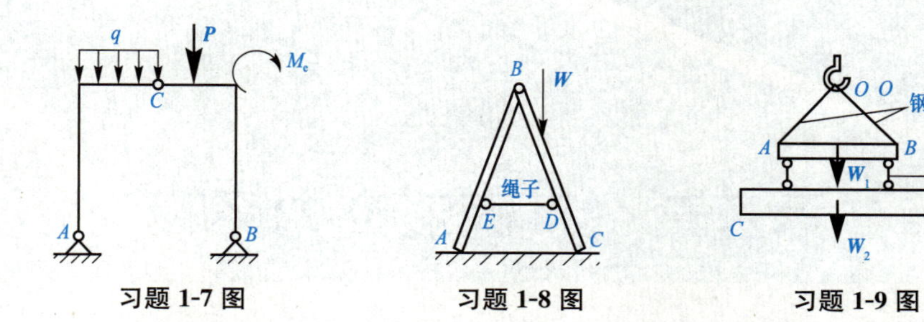

习题 1-7 图　　习题 1-8 图　　习题 1-9 图

1-10　画出习题 1-10 图所示各构件及整体的受力图。未标出自重的物体，自重不计。

1-11　画出习题 1-11 图所示结构中每个标注字符的物体的受力图及整体的受力图(不计自重)。

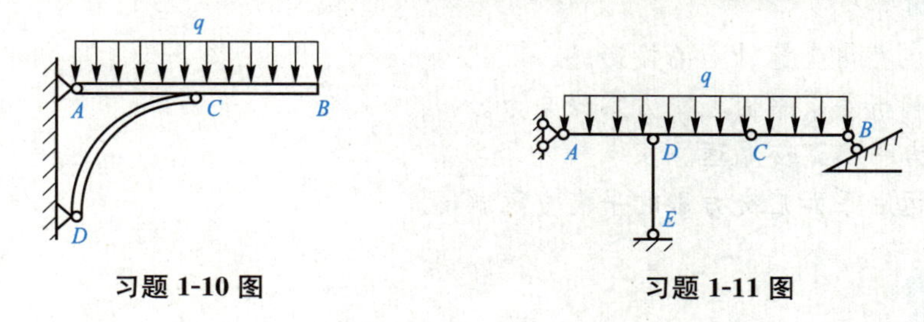

习题 1-10 图　　习题 1-11 图

1-12　画出习题 1-12 图中所示各杆的受力图及整体的受力图(杆件自重不计，接触处均为光滑)。

1-13　画出习题 1-13 图中所示 AB、BCD、DE 及整体的受力图(不计自重)。

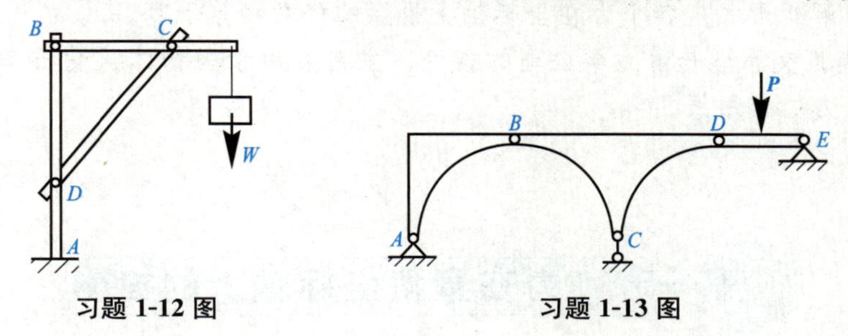

习题 1-12 图　　习题 1-13 图

1-14　画出习题 1-14 图所示组合梁中各部分及整体的受力图(不计自重)。

1-15　作习题 1-15 图中所示吊车 D、梁 EF、屋架 AC、屋架 BC 的受力图。设各接触面均光滑。

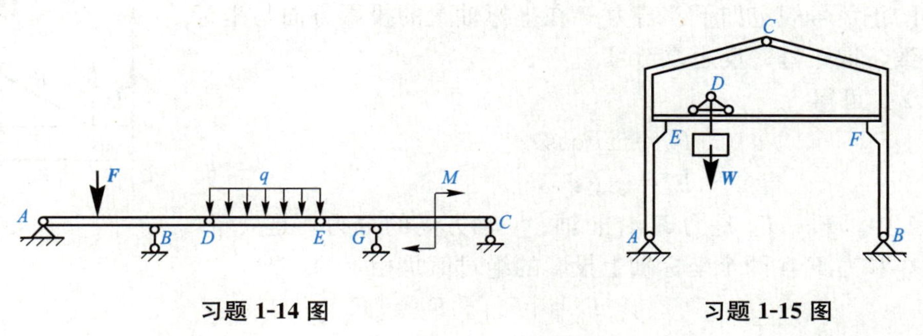

习题 1-14 图　　习题 1-15 图

第二章　平面汇交力系

学习目标

1. 掌握力在直角坐标轴上的投影。
2. 掌握用解析法求平面汇交力系的合力。
3. 了解三力平衡汇交原理。
4. 能熟练运用平面汇交力系的平衡方程解题。

技能目标

1. 求平面汇交力系的合力，可以用几何法、解析法两种方法。几何法是通过作力多边形求得合力矢量，而解析法是通过力在直角坐标轴上的投影理论来完成的。

2. 平面汇交力系的平衡条件，也可以表达为几何和解析两种形式，几何形式是力多边形自行封闭，而解析形式是各个力在坐标轴上投影的代数和等于零。

3. 三力平衡汇交原理是静力学公理的推论，主要应用于当物体只受三个力作用而平衡时，确定约束反力的作用线。

第一节　力在直角坐标轴上的投影

在力 $\boldsymbol{F}$ 作用的平面内建立直角坐标系 Oxy。自力 $\boldsymbol{F}$ 的两个端点 A 和 B 分别向 x 轴和 y 轴作垂线，得线段 ab 和 $a'b'$。ab 称为力 $\boldsymbol{F}$ 在 x 轴上的投影，用 F_x 表示；$a'b'$ 称为力 $\boldsymbol{F}$ 在 y 轴上的投影，用 F_y 表示。

投影的正负号规定如下：若力 $\boldsymbol{F}$ 在坐标轴上的投影方向与坐标轴方向一致，取正号；反之取负号。

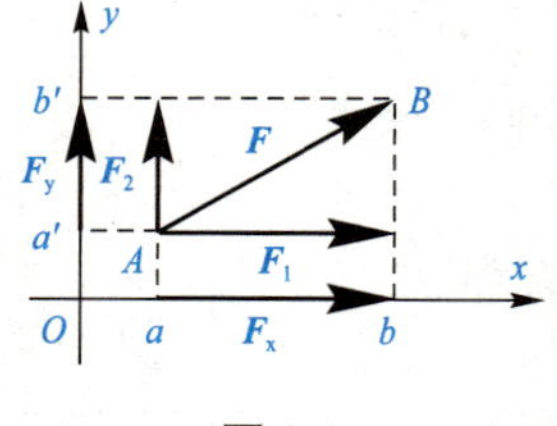

图 2-1

由图 2-1 可得

$$F_x = \pm F\cos\alpha$$
$$F_y = \pm F\sin\alpha \qquad (2\text{-}1)$$

图 2-1 中，$\boldsymbol{F}_1$、$\boldsymbol{F}_2$ 是力 $\boldsymbol{F}$ 沿 x 轴、y 轴方向的分力，是矢量，它们的大小和力 $\boldsymbol{F}$ 在两个坐标轴上投影的绝对值是相等的，即

$$F_1 = |F_x|,\ F_2 = |F_y|$$

注意：力在坐标轴上的投影是代数量，有正负号，而分力是矢量，不能将它们混为一谈。

【例 2-1】 求图 2-2 中各力在 x、y 轴上的投影。已知 $F_1=15\ \text{kN}$，$F_2=20\ \text{kN}$，$F_3=25\ \text{kN}$，$F_4=25\ \text{kN}$。

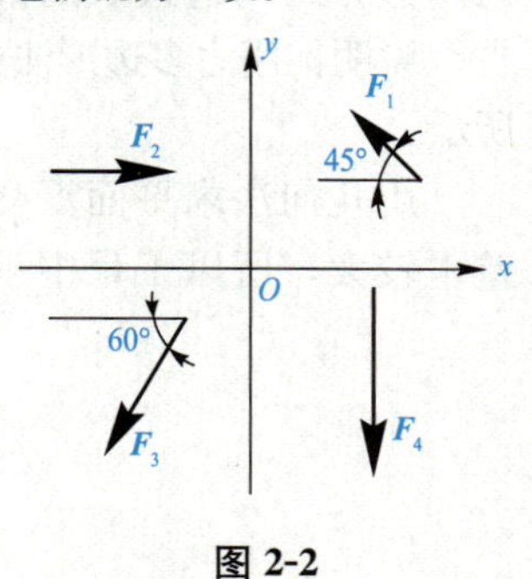

图 2-2

【解】 $F_{1x}=-F_1\cdot\cos45°=-15\times0.707=-10.6(\text{kN})$

$F_{1y}=F_1\cdot\sin45°=15\times0.707=10.6(\text{kN})$

$F_{2x}=F_2=20\ \text{kN}$

$F_{2y}=0$

$F_{3x}=-F_3\cdot\cos60°=-25\times\frac{1}{2}=-12.5(\text{kN})$

$F_{3y}=-F_3\cdot\sin60°=-25\times\frac{\sqrt{3}}{2}=-12.5\sqrt{3}=-21.65(\text{kN})$

$F_{4x}=0$

$F_{4y}=-F_4=-25\ \text{kN}$

第二节　平面汇交力系的合成与平衡

一、平面汇交力系合成的几何法

1. 两个汇交力的合成

图 2-3(a)中，力 $\boldsymbol{F}_1$、$\boldsymbol{F}_2$ 作用于刚体上某点 A，由力的平行四边形法则可知，对角线 $\boldsymbol{F}_R$ 即为 $\boldsymbol{F}_1$ 和 $\boldsymbol{F}_2$ 的合力。

为简便起见，可用力三角形法求合力，即直接将图 2-3(a)中的 $\boldsymbol{F}_2$ 连在 $\boldsymbol{F}_1$ 的末端，也就是将 $\boldsymbol{F}_1$、$\boldsymbol{F}_2$ 首尾连接，$\boldsymbol{F}_1$ 起点和 $\boldsymbol{F}_2$ 终点的连线即为合力 $\boldsymbol{F}_R$，如图 2-3(b)所示。

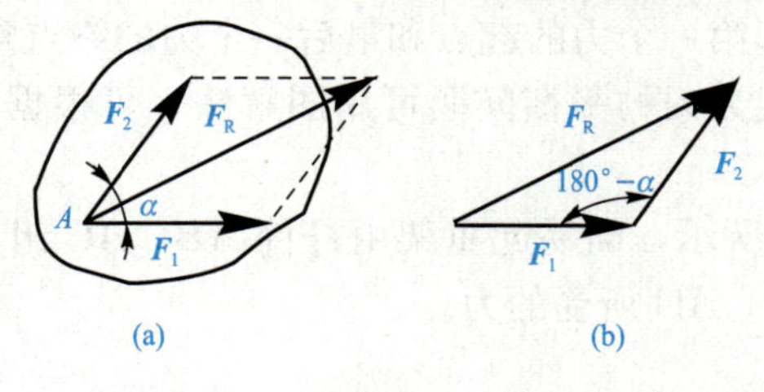

图 2-3

按一定比例作图，可直接量得合力 $\boldsymbol{F}_R$ 的近似值。

2. 多个汇交力的合成

设在刚体上某点 A 作用一个平面汇交力系 $\boldsymbol{F}_1$、$\boldsymbol{F}_2$、$\boldsymbol{F}_3$、$\boldsymbol{F}_4$，如图 2-4(a)所示。为求合力 $\boldsymbol{F}_R$，可连续运用力三角形法，如图 2-4(b)所示。

如图 2-4(b)所示，为求多个汇交力的合力，可应用力多边形法则。

将平面汇交力系中的各力依次首尾连接，将第一个力的起点和最后一个力的终点连成封闭边，封闭边代表的矢量即为合力 $\boldsymbol{F}_R$，如图 2-4(c)所示。

说明：用力多边形法则求合力时，合力的大小和方向与各力合成的顺序无关，如图 2-4(d)所示。

用几何法求平面汇交力系的合力时，要按一定的比例作力多边形，作图要求很高，误差也较大，所以工程中一般不采用此法求合力。

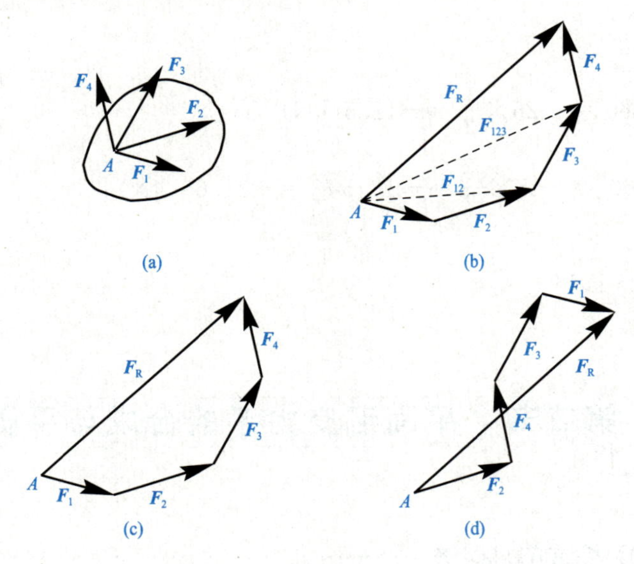

图 2-4

■ 二、平面汇交力系平衡的几何条件

平面汇交力系可以合成为一个合力，而力系平衡的必要和充分条件是合力等于零，由此可知平面汇交力系平衡的几何条件是：

力多边形自行封闭，即第一个力的起点和最后一个力的终点重合。

工程中，有些平面汇交力系的平衡问题可用图解法，可根据图形的几何关系，用三角公式计算求得未知量。

【例 2-2】 如图 2-5(a)所示，简易起重架由杆件 AB、AC 组成，挂的重物 $P=20$ kN。不计杆件自重，求杆件 AB、AC 所受的力。

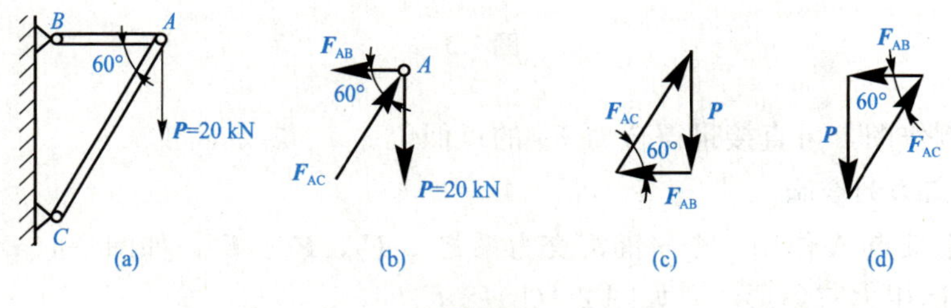

图 2-5

【解】 取铰 A 为研究对象，画出铰 A 的受力图，如图 2-5(b)所示。铰 A 处的已知力为

$P=20$ kN，杆 AB、AC 均为二力杆。设 AB 杆受拉，所受力为 $\boldsymbol{F}_{AB}$，AC 杆受压，所受力为 $\boldsymbol{F}_{AC}$，则 $\boldsymbol{P}$、$\boldsymbol{F}_{AB}$、$\boldsymbol{F}_{AC}$ 三个力组成一个平衡的平面汇交力系。

$\boldsymbol{P}$、$\boldsymbol{F}_{AB}$、$\boldsymbol{F}_{AC}$ 三个力构成的力三角形自行封闭，三个力的作图顺序不分先后，只需依次首尾连接即可。可作如图 2-5(c)或如图 2-5(d)所示的力三角形。由三角形知识可得：

$$\sin 60^\circ=\frac{P}{F_{AC}} \quad 即\ F_{AC}=\frac{P}{\sin 60^\circ}=\frac{20}{\frac{\sqrt{3}}{2}}=\frac{40\sqrt{3}}{3}=23.09(\text{kN})$$

$$\tan 60^\circ=\frac{P}{F_{AB}}\ 即\ F_{AB}=\frac{P}{\tan 60^\circ}=\frac{20}{\sqrt{3}}=\frac{20\sqrt{3}}{3}=11.55(\text{kN})$$

注意：用此法求未知力时，须确定未知力的方向，才能画出自行封闭的力三角形。

三、平面汇交力系合成的解析法

设刚体上某点 A 作用于一平面汇交力系 $\boldsymbol{F}_1$、$\boldsymbol{F}_2$、$\boldsymbol{F}_3$、$\boldsymbol{F}_4$，如图 2-6(a)所示。由力多边形法则可作出其力多边形，$\boldsymbol{F}_R$ 为合力。在力多边形所在的平面内建立直角坐标系 Oxy，如图 2-6(b)所示。设合力 $\boldsymbol{F}_R$ 在 x 轴、y 轴上的投影分别为 F_{Rx}、F_{Ry}，由于力的投影是代数量，所以各力在同一轴上的投影可以进行代数运算，即

$$\left.\begin{aligned} F_{Rx}&=F_{1x}+F_{2x}+F_{3x}+F_{nx}=\sum F_x \\ F_{Ry}&=F_{1y}+F_{2y}+F_{3y}+F_{ny}=\sum F_y \end{aligned}\right\} \tag{2-2}$$

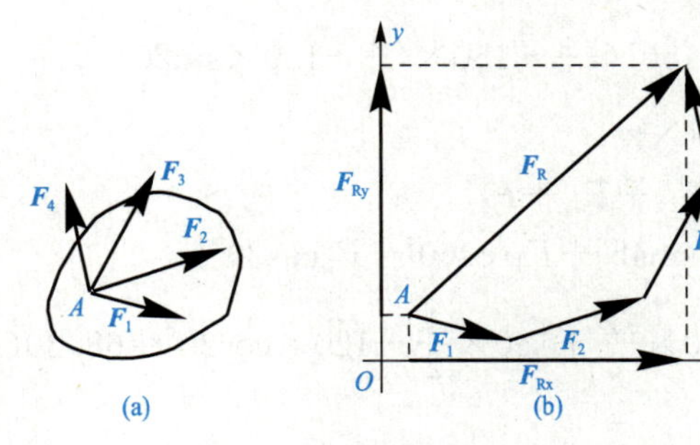

图 2-6

由式(2-2)可得合力投影定理：合力在坐标轴上的投影等于各分力在同一坐标轴上投影的代数和。

合力的大小为

$$F_R=\sqrt{F_{Rx}^2+F_{Ry}^2}=\sqrt{\left(\sum F_x\right)^2+\left(\sum F_y\right)^2}$$

合力的方向可表示为

$$\tan\alpha=\left|\frac{F_{Ry}}{F_{Rx}}\right|=\left|\frac{\sum F_y}{\sum F_x}\right|$$

α 为合力 $\boldsymbol{F}_R$ 与 x 轴间的锐角，合力的指向由 $\sum F_x$、$\sum F_y$ 的正负号决定。

【例 2-3】 如图 2-7 所示，$\boldsymbol{F}_1$、$\boldsymbol{F}_2$、$\boldsymbol{F}_3$ 三个力组成平面汇交力系。已知 $F_1=20$ kN，$F_2=$

30 kN，$F_3=25$ kN，求该力系的合力。

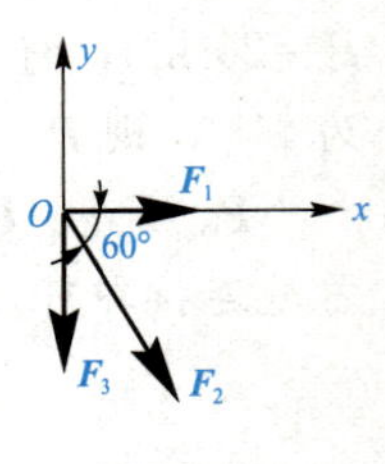

图 2-7

【解】 (1)求合力在 x、y 轴上的投影。

合力在 x 轴上的投影：

$$F_{Rx}=F_{1x}+F_{2x}+F_{3x}=F_1+F_2\cdot\cos60°+0$$
$$=20+30\times\frac{1}{2}=35(\text{kN})$$

合力在 y 轴上的投影：

$$F_{Ry}=F_{1y}+F_{2y}+F_{3y}=0-F_2\cdot\sin60°-F_3$$
$$=-30\times\frac{\sqrt{3}}{2}-25=-50.98(\text{kN})$$

(2)求该力系的合力。

合力的大小 $F_R=\sqrt{F_{Rx}^2+F_{Ry}^2}=\sqrt{35^2+(-50.98)^2}=61.84(\text{kN})$

合力的方向 $\tan\alpha=\left|\frac{F_{Ry}}{F_{Rx}}\right|=\left|\frac{-50.98}{35}\right|=1.46$（$\alpha$ 在第四象限）

【例 2-4】 如图 2-8 所示的平面汇交力系，已知 $F_1=100$ N，$F_2=F_3=150$ N，$F_4=120$ N，试求该力系的合力。

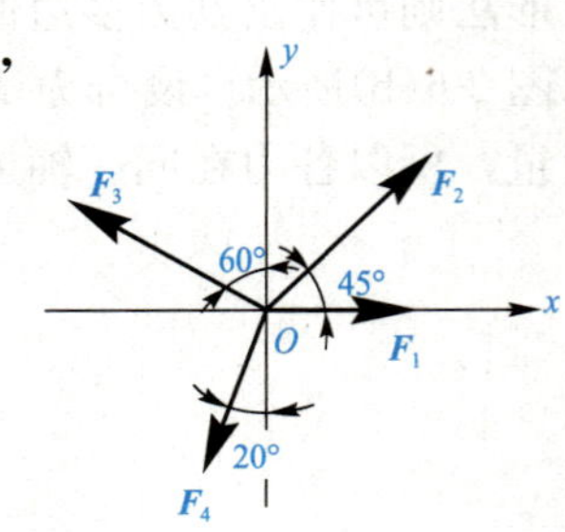

图 2-8

【解】 (1)求合力在 x 轴、y 轴上的投影。

$$F_{Rx}=F_{1x}+F_{2x}+F_{3x}+F_{4x}$$
$$=F_1+F_2\cos45°-F_3\sin60°-F_4\sin20°$$
$$=100+150\times\frac{\sqrt{2}}{2}-150\times\frac{\sqrt{3}}{2}-120\times\sin20°$$
$$=35.12(\text{N})$$
$$F_{Ry}=F_{1y}+F_{2y}+F_{3y}+F_{4y}$$
$$=0+F_2\sin45°+F_3\cos60°-F_4\cos20°$$
$$=0+150\times\frac{\sqrt{2}}{2}+150\times\frac{1}{2}-120\times\cos20°=68.30(\text{N})$$

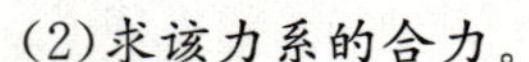

(2)求该力系的合力。

合力的大小 $F_R=\sqrt{F_{Rx}^2+F_{Ry}^2}=\sqrt{35.12^2+68.30^2}=76.80(\text{N})$

合力的方向 $\tan\alpha=\left|\frac{F_{Ry}}{F_{Rx}}\right|=\frac{68.30}{35.12}=1.94$（$\alpha$ 在第一象限）

以上讨论得出：平面汇交力系可以合成为一个合力，合力的作用线通过汇交点，合力的大小由合力投影定理求出；合力的方向由 α 和 α 所在象限决定。

四、平面汇交力系平衡的解析条件(平衡方程)

平面汇交力系平衡的必要和充分条件是力系的合力等于零，用解析式表示为 $F_R=\sqrt{F_{Rx}^2+F_{Ry}^2}=\sqrt{(\sum F_x)^2+(\sum F_y)^2}=0$，式中 $(\sum F_x)^2$、$(\sum F_y)^2$ 恒为正，要使 $F_R=0$，必须也只有

$$\begin{cases}\sum F_x=0\\ \sum F_y=0\end{cases}\tag{2-3}$$

所以，平面汇交力系平衡的解析条件是：力系中各力在两个坐标轴上投影的代数和均等于零。式(2-3)也是平面汇交力系的平衡方程。利用平面汇交力系的平衡方程，一次可以求解两个独立的未知量。

【例 2-5】 如图 2-9 所示，支架中杆 AC 和杆 BC 用铰链 C 连接，已知 $W=20$ kN。各杆自重不计，求杆 AC 和杆 BC 所受的力。

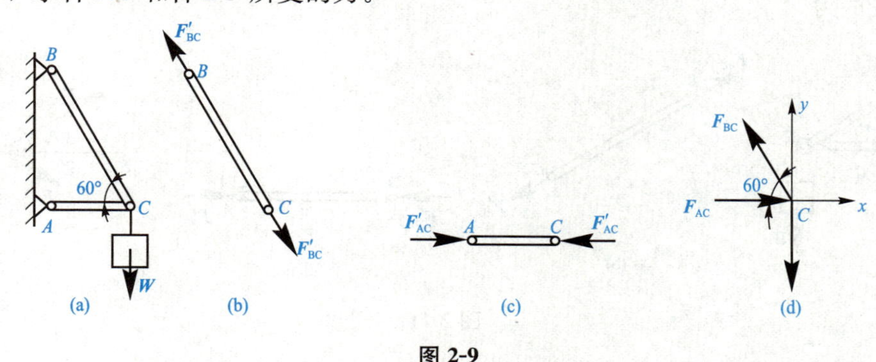

图 2-9

【解】 (1)取铰 C 为研究对象。因杆 AC 和杆 BC 均为二力杆，设 BC 杆受拉力，AC 杆受压力，受力图分别如图 2-9(b)、(c)所示。为了求两杆所受的力，选取铰 C 为研究对象，受力图如图 2-9(d)所示。

(2)以 C 为原点，建立如图 2-9(d)所示的直角坐标系。

(3)列平面汇交力系的平衡方程，求解 $\boldsymbol{F}_{AC}$ 和 $\boldsymbol{F}_{BC}$。

$$\sum F_y = 0 \quad F_{BC} \cdot \sin 60^\circ - W = 0$$

得

$$F_{BC} = \frac{W}{\sin 60^\circ} = \frac{20}{0.866} = 23.09(\text{kN})$$

$$\sum F_x = 0 \quad F_{AC} - F_{BC} \cdot \cos 60^\circ = 0$$

得

$$F_{AC} = F_{BC} \cdot \cos 60^\circ = 23.09 \times \frac{1}{2} = 11.55(\text{kN})$$

因求出的结果均为正值，说明 $\boldsymbol{F}_{AC}$、$\boldsymbol{F}_{BC}$ 的实际指向与图示假设方向一致。

【例 2-6】 如图 2-10 所示为吊车的起吊装置。C 是吊钩，已知构件重 $W=20$ kN，钢丝绳与水平线的夹角为 60°。求构件匀速上升时钢丝绳的拉力。

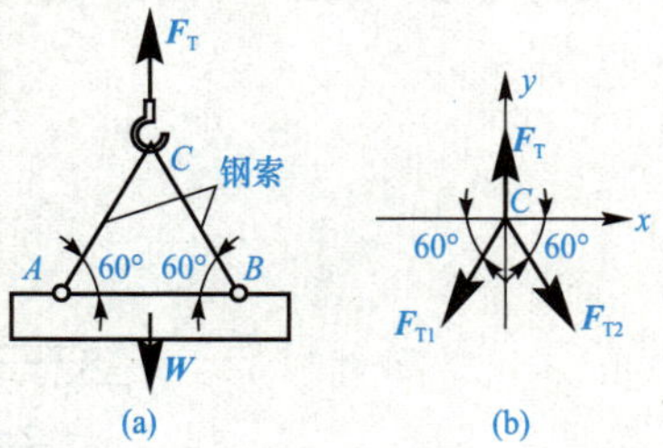

【解】 (1)取整体为研究对象。整体在构件重力 $\boldsymbol{W}$ 和吊钩拉力 $\boldsymbol{F}_T$ 作用下处于平衡，是二力平衡，所以得 $F_T=W=20$ kN。

图 2-10

(2)取吊钩 C 为研究对象，画其受力图，如图 2-10(b)所示为平面汇交力系，钢丝绳的拉力为 $\boldsymbol{F}_{T1}$、$\boldsymbol{F}_{T2}$。

(3)建立如图 2-10(b)所示直角坐标系，列平衡方程求解。

$$\sum F_x = 0 \quad F_{T2} \cdot \cos 60^\circ - F_{T1} \cdot \cos 60^\circ = 0$$

得

$$F_{T1} = F_{T2}$$

$$\sum F_y = 0 \quad F_T - F_{T1} \cdot \sin 60^\circ - F_{T2} \cdot \sin 60^\circ = 0$$

解得

$$F_{T1} = F_{T2} = 11.55\ \text{kN}$$

【例 2-7】 如图 2-11 所示为三脚架，滑轮 C 连接在三脚架上。绳索绕过滑轮，一端悬挂重 $W=100$ kN 的重物，另一端绕在绞车 D 上。不计杆件自重和滑轮的尺寸，求杆 AC 和杆 BC 所受的力。

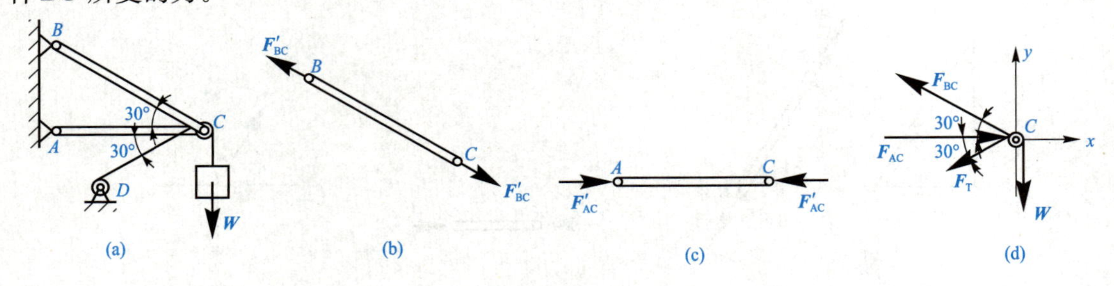

图 2-11

【解】 (1)BC 杆、AC 杆均为二力杆，受力分别如图 2-11(b)、(c)所示。

(2)取滑轮 C 为研究对象，画出其受力图。滑轮 C 受到重物的重力 $W=100$ kN，绳索的拉力 $F_T=W=100$ kN，BC 杆的作用力 $\boldsymbol{F}_{BC}$ 和 AC 杆的作用力 $\boldsymbol{F}_{AC}$。

(3)建立如图 2-11(d)所示的直角坐标系，列平衡方程求解。

$$\sum F_y = 0 \quad F_{BC} \cdot \sin 30^\circ - F_T \cdot \sin 30^\circ - W = 0$$

得

$$F_{BC} = \frac{F_T \cdot \sin 30^\circ + W}{\sin 30^\circ} = \frac{100 \times 0.5 + 100}{0.5} = 300(\text{kN})$$

(解得正值说明 $\boldsymbol{F}_{BC}$ 实际指向与图示假设方向一致，即为拉力)

$$\sum F_x = 0 \quad F_{AC} - F_{BC} \cdot \cos 30^\circ - F_T \cdot \cos 30^\circ = 0$$

得

$$F_{AC} = (F_{BC} + F_T) \cdot \cos 30^\circ = (300 + 100) \times \frac{\sqrt{3}}{2} = 346.4(\text{kN})$$

(解得正值说明 $\boldsymbol{F}_{AC}$ 实际指向与图示假设方向一致，即为压力)

【例 2-8】 求图 2-12 所示的简支梁支座 A 和 B 的约束反力。已知 $P=20$ kN，不计梁的自重。

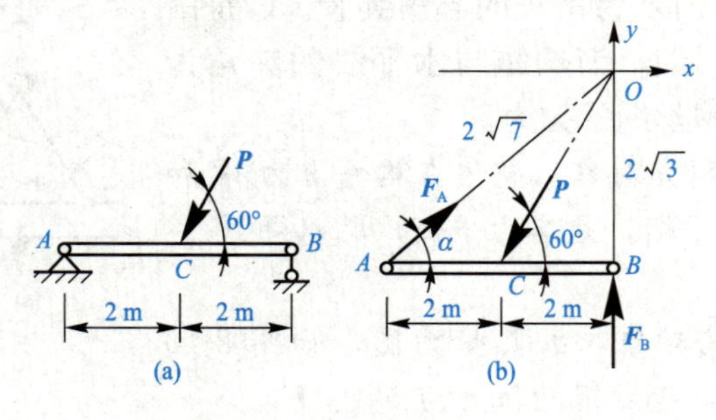

图 2-12

【解】 (1)取梁 AB 为研究对象，画出梁 AB 的受力图。可动铰支座 B 处的约束反力 $\boldsymbol{F}_B$ 垂直于支承面，指向假设如图 2-12(b)所示；固定铰支座 A 处的约束反力 $\boldsymbol{F}_A$，由三力平衡

汇交定理可知 $\boldsymbol{F}_A$ 的作用线必通过 $\boldsymbol{P}$ 和 $\boldsymbol{F}_B$ 的作用线交点 O，指向假设如图 2-12(b)所示。

(2)建立如图 2-12(b)所示的直角坐标系，列平衡方程。

$$\sum F_x = 0 \quad F_A \cdot \cos\alpha - P \cdot \cos60° = 0 \left(\cos\alpha = \frac{4}{2\sqrt{7}} = 0.756, \sin\alpha = \frac{\frac{2}{}\sqrt{3}}{\frac{2}{}\sqrt{7}} = 0.655 \right)$$

得
$$F_A = \frac{P \cdot \cos60°}{\cos\alpha} = \frac{20 \times 0.5}{0.756} = 13.23(\text{kN})$$

$$\sum F_y = 0 \quad F_A \cdot \sin\alpha + F_B - P \cdot \sin60° = 0$$

得
$$F_B = P \cdot \sin60° - F_A \cdot \sin\alpha = 20 \times \frac{\sqrt{3}}{2} - 13.23 \times 0.655 = 8.65(\text{kN})$$

计算结果 F_A、F_B 均为正值，说明 $\boldsymbol{F}_A$、$\boldsymbol{F}_B$ 的实际指向与图示假设方向一致。

【例 2-9】 如图 2-13 所示，压路机的碾子重 $W=20$ kN，半径 $r=40$ cm。要用一个通过其中心 O 的水平力 $\boldsymbol{P}$ 将碾子拉过高 $h=8$ cm 的台阶，求水平力 $\boldsymbol{P}$ 的大小。

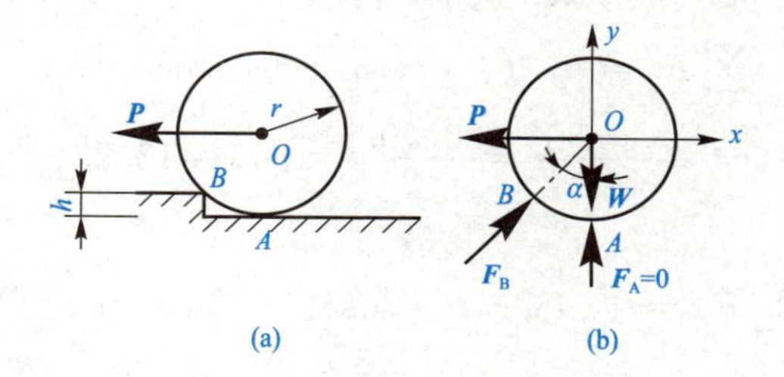

图 2-13

【解】 (1)取碾子为研究对象，分析其受力情况。要将碾子拉过台阶，地面对碾子的约束力 $F_A=0$(此时碾子处于将脱离地面而未脱离地面的临界平衡状态)，因此，碾子此时只受三个力作用，即重力 $\boldsymbol{W}$、水平拉力 $\boldsymbol{P}$ 和台阶对碾子的光滑面约束力 $\boldsymbol{F}_B$。受力如图 2-13(b)所示。

(2)建立如图 2-13(b)所示的直角坐标系，列平衡方程求解。

$$\sum F_y = 0 \quad F_B \cdot \cos\alpha - W = 0 \left(\cos\alpha = \frac{40-8}{40} = 0.8, \sin\alpha = 0.6 \right)$$

得
$$F_B = \frac{W}{\cos\alpha} = \frac{20}{0.8} = 25(\text{kN})$$

$$\sum F_x = 0 \quad F_B \cdot \sin\alpha - P = 0$$

得
$$P = F_B \cdot \sin\alpha = 25 \times 0.6 = 15(\text{kN})$$

【例 2-10】 如图 2-14 所示的斜梁 AB，$F=20$ kN，作用在 AB 的中点。求 A、B 处的支座反力。

【解】 (1)取斜梁 AB 为研究对象。作用在梁上的主动力为 $\boldsymbol{F}$；B 为可动铰支座，支座反力 $\boldsymbol{F}_B$ 通过 B 点，垂直于支承面，指向假设如图 2-14(b)所示；A 为固定铰支座，由三力平衡汇交定理可分析出支座反力 $\boldsymbol{F}_A$ 的作用线必通过 $\boldsymbol{F}$ 和 $\boldsymbol{F}_B$ 的交点 O，指向假设如图 2-14(b)所示。

(2)建立如图 2-14(b)所示的直角坐标系，列平衡方程求解。

设 $AB=2L$，则由几何关系可计算出 $OB=\sqrt{3}L$，$AO=\sqrt{(\sqrt{3}L)^2+(2L)^2}=\sqrt{7}L$

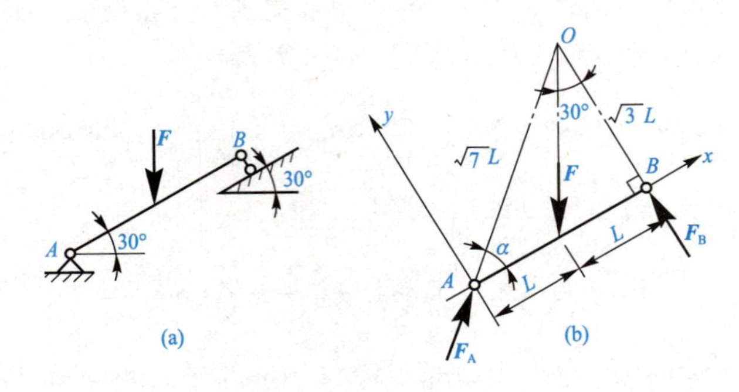

图 2-14

故 $\sin\alpha=\dfrac{OB}{AO}=\dfrac{\sqrt{3}L}{\sqrt{7}L}=\sqrt{\dfrac{3}{7}}$，$\cos\alpha=\dfrac{2L}{\sqrt{7}L}=\dfrac{2}{\sqrt{7}}$

$$\sum F_x=0 \quad F_A\cdot\cos\alpha-F\cdot\sin30^\circ=0$$

得
$$F_A=\frac{F\cdot\sin30^\circ}{\cos\alpha}=\frac{20\times0.5}{\frac{2}{\sqrt{7}}}=5\sqrt{7}=13.23(\text{kN})$$

$$\sum F_y=0 \quad F_B-F\cdot\cos30^\circ+F_A\cdot\sin\alpha=0$$

得
$$F_B=F\cdot\cos30^\circ-F_A\cdot\sin\alpha=20\times\frac{\sqrt{3}}{2}-5\sqrt{7}\times\sqrt{\frac{3}{7}}=5\sqrt{3}=8.66(\text{kN})$$

计算结果均为正值，说明 $\boldsymbol{F}_A$、$\boldsymbol{F}_B$ 的实际指向均与图示假设方向一致。

通过上述例题分析，可大致归纳出求解平面汇交力系平衡问题的方法步骤：

(1)选取适当的研究对象。

(2)建立合适的坐标系，尽量使坐标轴与未知力垂直，这样可减少未知量个数。

(3)画研究对象的受力图时，二力杆件必须准确判断出来；还要注意作用力与反作用力的关系。

(4)列平衡方程求解时，若求出的未知量为正号，则说明此未知量的实际方向与图上假设方向相同；若求出的未知量为负号，则说明未知量的实际方向与图上假设方向相反。

小实验

找一个物体(形状不限)，系上绳索，在地面上拉着前进。在前进路上设置一个小台阶，试着把物体拉过这个小台阶，体验拉力的变化，怎样拉最省力？

思考题

2-1 列举一些生活中和劳动中遇到的平面汇交力系的实例。

2-2 用力多边形法则求合力时，可改变各力的顺序，而所得的合力不变，为什么？

2-3 力在直角坐标轴上的投影与力沿直角坐标轴两个方向的分力有何区别？

2-4 什么是合力投影定理？如何理解合力投影定理是解析法的基础？

2-5 两个大小相等的力在同一坐标轴上的投影是否一定相等？

2-6　用解析法求平面汇交力系的合力时，若取不同的直角坐标轴，所得合力是否相同?

2-7　分析思考题 2-7 图所示的非直角坐标系中，力 $\boldsymbol{F}$ 沿 x、y 方向的分力的大小与力 $\boldsymbol{F}$ 在 x、y 轴上的投影大小是否相等?

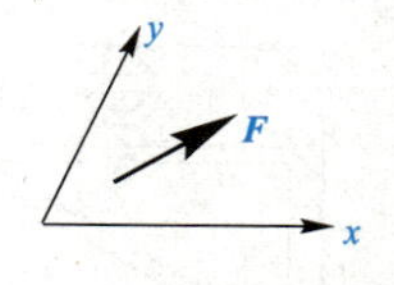

思考题 2-7 图

2-8　如思考题 2-8 图所示的各力多边形中，哪些是自行封闭? 哪些不是自行封闭? 若不是自行封闭，请指出合力。

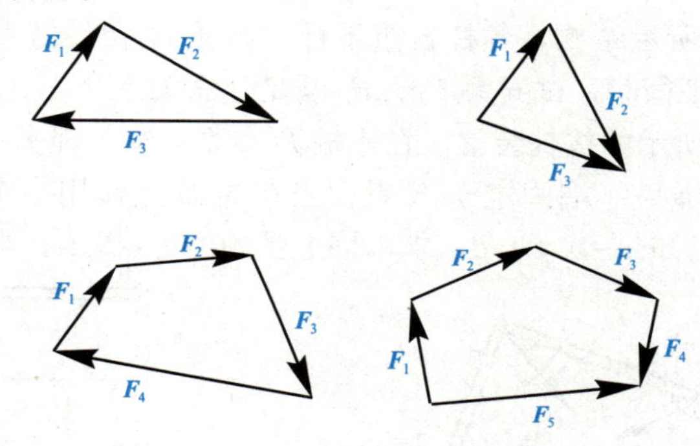

思考题 2-8 图

习　题

2-1　如习题 2-1 图所示的起吊装置，已知构件重 $W=20$ kN。试求钢索 AB、AC 的拉力。

2-2　如习题 2-2 图所示的三角支架悬挂重物 $P=10$ kN。已知 $AB=AC=2$ m，$BC=1$ m。

试求杆 AC 和杆 BC 所受的力。

2-3　求习题 2-3 图所示的刚架支座 A、B 的约束反力。已知 $F=30$ kN，不计自重。

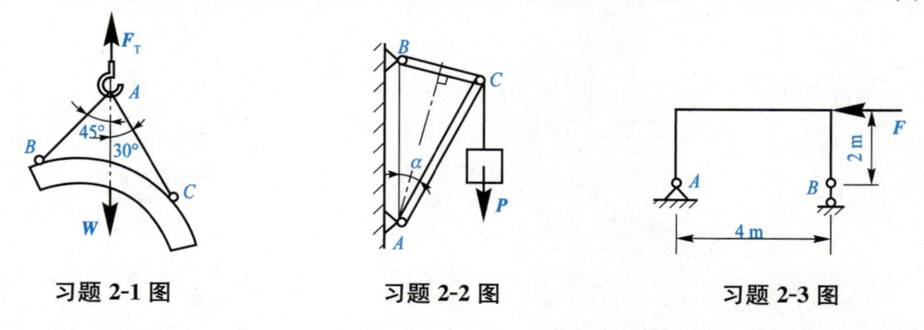

习题 2-1 图　　习题 2-2 图　　习题 2-3 图

2-4　如习题 2-4 图所示的结构，已知 $P=2$ kN，求 CD 杆所受的力及支座 B 的约束力。

2-5　如习题 2-5 图所示的电动机重 $P=5$ kN，放在水平梁 AC 中点处。不计各杆自重，

求 BC 杆所受的力及支座 A 处的约束力。

2-6 如习题 2-6 图所示，将两个完全相同的球放在开口桶内，球的重力均为 $W=600$ N，半径均为 $r=0.2$ m。试求球对桶壁的作用力。

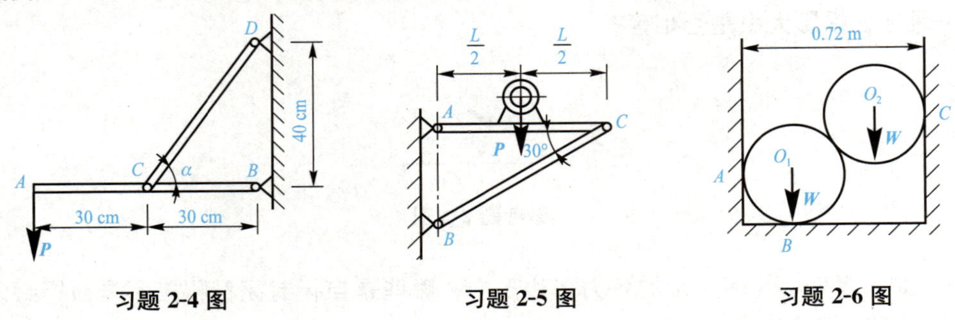

习题 2-4 图　　习题 2-5 图　　习题 2-6 图

2-7 如习题 2-7 图所示结构，各杆自重不计，$\boldsymbol{F}_1$ 作用在铰链 C 上，$\boldsymbol{F}_2$ 作用在铰链 B 上。当机构在图示位置平衡时，试问力 $\boldsymbol{F}_1$、$\boldsymbol{F}_2$ 满足什么关系？

2-8 如习题 2-8 图所示的拔桩装置，在木桩 D 点系一绳，绳另一端固定于 C 点。现在绳的 A 点另系一绳，该绳另一端固定于 E 点。当在绳 B 点作用一个力 $F=300$ N 时，AB 段水平，AD 段垂直。已知 $\alpha=0.1$ rad，求木桩上受到的力(提示：当 α 很小时，$\tan\alpha\approx\alpha$)。

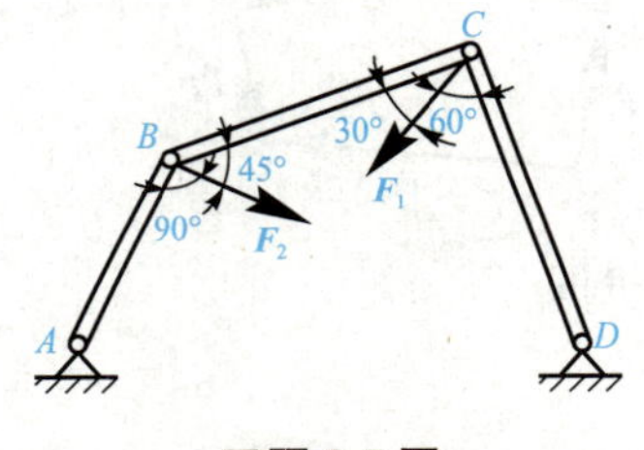

习题 2-7 图

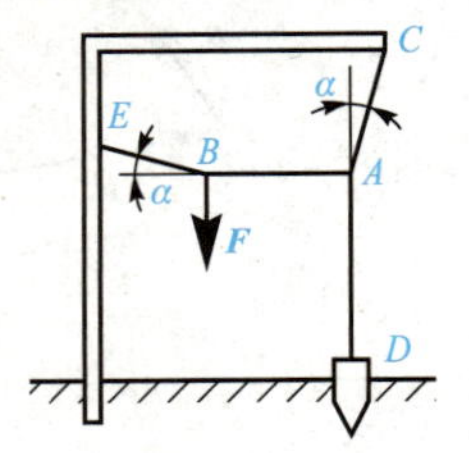

习题 2-8 图

第三章　平面任意力系

学习目标

1. 掌握力对点的矩和合力矩定理。
2. 掌握力偶的概念和力偶的性质。
3. 掌握平面力偶系的平衡方程及运用。
4. 熟悉力的平移定理。
5. 掌握平面任意力系的平衡条件和平衡方程。
6. 能熟练运用平面任意力系的平衡方程求解问题。

技能目标

1. 从物理定义和力学定义两个方面去理解和掌握力对点的矩与力偶矩的概念；认识力偶的性质，并能灵活运用力偶的性质；掌握平面力偶系的合成与平衡。

2. 力的平移定理是平面力系向一点简化的理论基础，通过将力系中各力等效平移到一点上，使得平面任意力系分解为平面汇交力系和平面力偶系。

3. 由平面汇交力系和平面力偶系的平衡条件得出平面任意力系的三个平衡方程。

4. 在求解平面任意力系的平衡问题时可按下列步骤进行：

(1)选取适当的研究对象。先分析有无二力杆，然后分析整个系统及系统内各物体的受力情况，画出各自的受力图，便于选取适当的研究对象。

(2)画受力图。画受力图时，先画出研究对象上的全部外力，再画出相应的约束力。研究对象中两个物体间相互作用的内力不画出，两个物体间相互作用的力要符合作用与反作用原理。

平面任意力系是指各力作用线在同一平面内既不完全汇交于一点，也不完全平行的力系。平面任意力系也称平面一般力系，是工程中最常见的力系。很多工程问题都可以简化为平面任意力系问题处理。

如图 3-1 所示的屋架，其所承受的荷载以及支座处的约束反力组成平面任意力系；如图 3-2(a)所示的吊车，横梁 AB 受到自重 $\boldsymbol{W}$、荷载 $\boldsymbol{P}$、拉杆(二力杆)BC 的拉力 $\boldsymbol{F}_{BC}$以及支座 A 处的约束力 $\boldsymbol{F}_{Ax}$、$\boldsymbol{F}_{Ay}$，这些

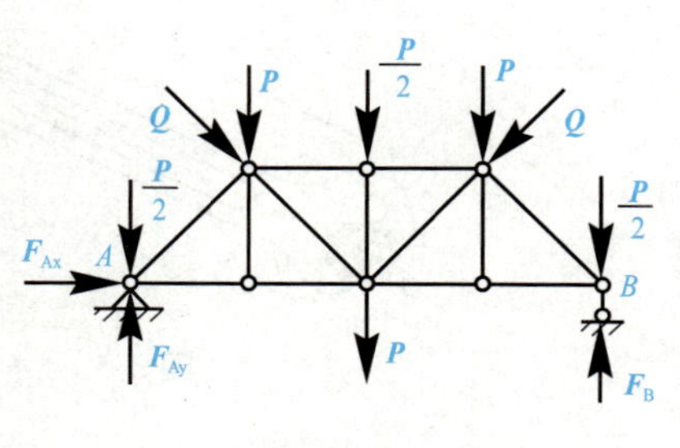

图 3-1

力组成一个平面任意力系，如图 3-2(b)所示。

学习平面任意力系，首先要学习力对点的矩和力偶这两个力学量。

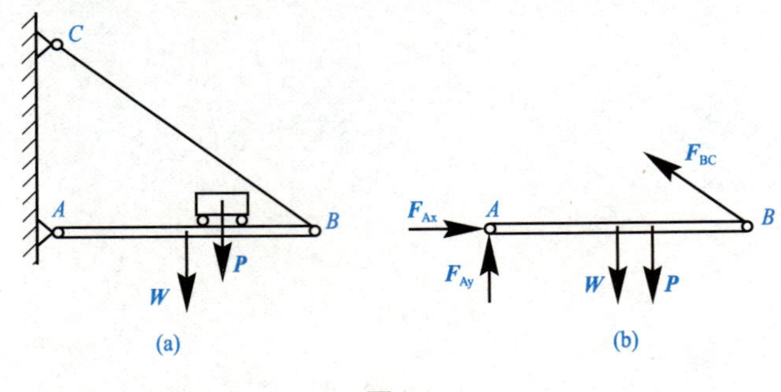

图 3-2

第一节 力矩、合力矩定理

一、力对点的矩(力矩)

力对物体的作用效果之一是使物体的运动状态发生改变，此改变包括移动或转动。力对物体的移动效应可用力矢来度量，而力对物体的转动效应可用力对点的矩(简称力矩)来度量，即力矩是用来度量力使物体转动效应的物理量。

下面以扳手拧螺母为例，如图 3-3 所示，来说明力使物体绕某点转动的效应与哪些因素有关。

用扳手拧螺母时，在扳手上施加一力 $\boldsymbol{F}$，使扳手带动螺母绕中心 O 转动，力 $\boldsymbol{F}$ 越大，转动越快；力 $\boldsymbol{F}$ 的作用线离转动中心 O 的距离 d 越大，转动也越快；当力 $\boldsymbol{F}$ 的大小和作用线不变而方向相反时，扳手朝相反方向转动。

由此可见，力使物体绕某点转动的效应，与力的大小成正比，与转动中心到力的作用线的垂直距离也成正比。这个转动中心称为矩心，这个垂直距离称为力臂。

在平面问题中，如图 3-4 所示，力对点的矩(力矩)定义如下：

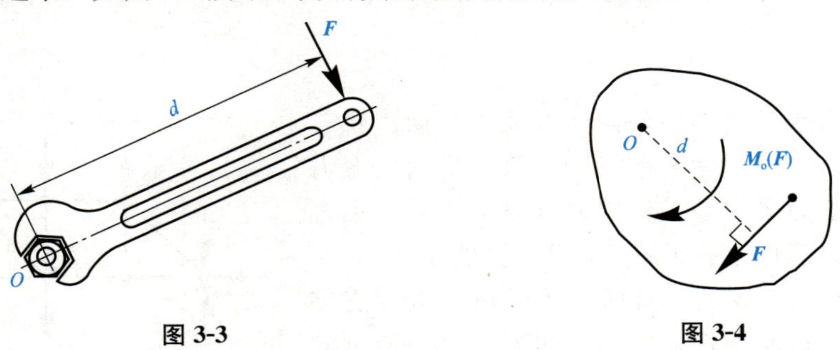

图 3-3　　　　图 3-4

力对点的矩是代数量，它的大小等于力的大小与力臂的乘积，记作 $M_O(\boldsymbol{F})$，计算公式可写为

$$M_O(\boldsymbol{F})=\pm F\cdot d \tag{3-1}$$

式中的正负号表示力矩的转向，力使物体绕矩心逆时针转动为正，反之为负。

力矩的单位是 N·m 或 kN·m。

由力矩定义可知：

(1)当力的大小为零时，力矩为零。

(2)当力的作用线通过矩心时(力臂为零)，力矩为零。

(3)当力沿其作用线移动时，因为力的大小、方向和力臂均没改变，故力矩不变。

二、合力矩定理

合力矩定理：平面汇交力系的合力对平面内任一点之矩等于力系中各力对该点之矩的代数和，即

$$M_O(\boldsymbol{F}_R)=M_O(\boldsymbol{F}_1)+M_O(\boldsymbol{F}_2)+M_O(\boldsymbol{F}_3)+\cdots M_O(\boldsymbol{F}_n)=\sum M_O(\boldsymbol{F}_i) \tag{3-2}$$

合力矩定理常可以用来简化力矩的计算，尤其是当力臂不易求出时，可将力分解成两个互相垂直的分力，而两个分力对某点的力臂已知或易求出，则可方便求出两个分力对某点之矩的代数和，从而求出已知力对该点之矩，如图 3-5 所示。

$$M_O(\boldsymbol{F})=M_O(\boldsymbol{F}_x)+M_O(\boldsymbol{F}_y)=-F_x\cdot b+F_y\cdot a$$
$$=-F\cos\theta\cdot b+F\sin\theta\cdot a=F(a\sin\theta-b\cos\theta)$$

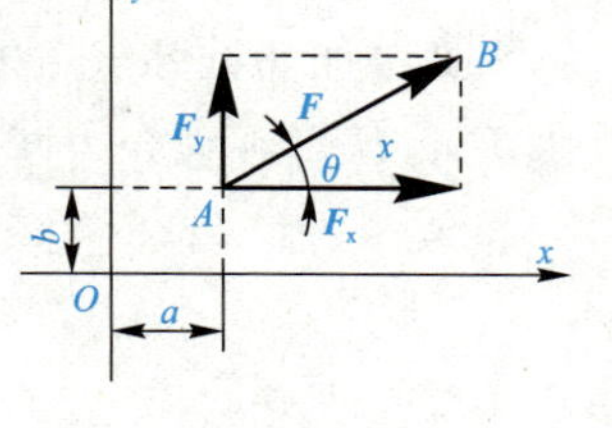

图 3-5

【例 3-1】 求图 3-6 中力 $\boldsymbol{F}$ 对 A 点的矩。

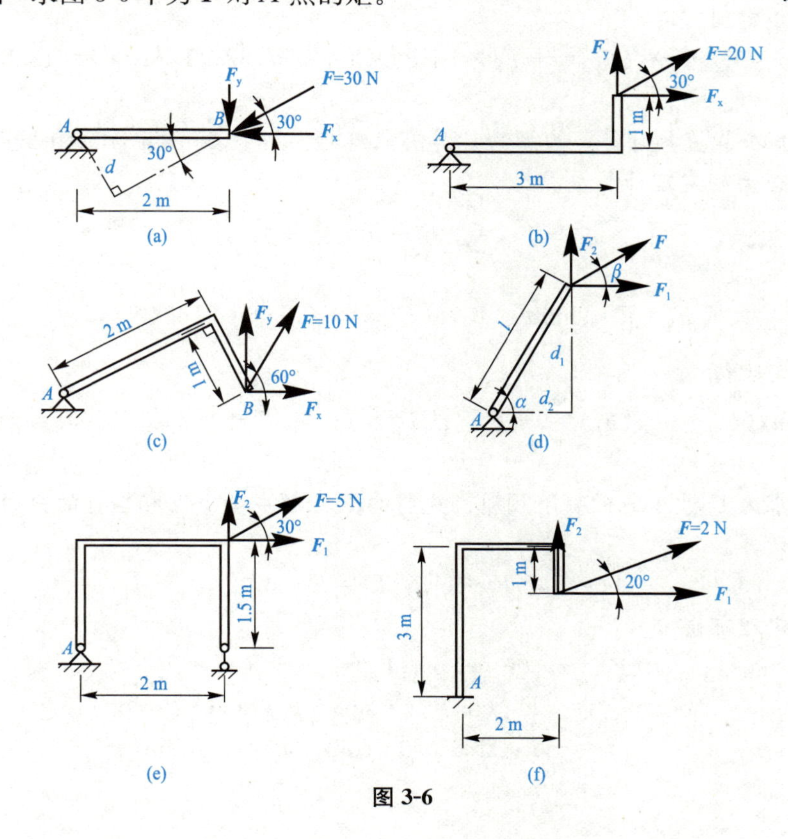

图 3-6

【解】 (a)图：

(1)用力矩公式直接求解。

$$m_A(\boldsymbol{F})=-F\times d=-30\times2\cdot\sin30°=-30\times2\times\frac{1}{2}=-30(\mathrm{N}\cdot\mathrm{m})$$

(2)用合力矩定理求解。

将力 $\boldsymbol{F}$ 沿 x、y 方向分解成两个分力 $\boldsymbol{F}_x$、$\boldsymbol{F}_y$，则

$$F_x=F\cdot\cos30°=30\times\frac{\sqrt{3}}{2}=15\sqrt{3}=15\times1.732=25.98(\mathrm{N})$$

$$F_y=F\cdot\sin30°=30\times\frac{1}{2}=15(\mathrm{N})$$

由合力矩定理计算

$$m_A(\boldsymbol{F})=m_A(\boldsymbol{F}_x)+m_A(\boldsymbol{F}_y)=0-F_y\times2=-15\times2=-30(\mathrm{N}\cdot\mathrm{m})$$

注意：$\boldsymbol{F}_x$ 的作用线通过 A 点，所以 $\boldsymbol{F}_x$ 对 A 点的矩为零。

(b)图：

此题用力矩公式直接计算时，计算力臂不方便。可先将力 $\boldsymbol{F}$ 沿 x、y 方向分解成两个分力 $\boldsymbol{F}_x$、$\boldsymbol{F}_y$，再由合力矩定理求解较为方便。

$$F_x=F\cdot\cos30°=20\times\frac{\sqrt{3}}{2}=10\sqrt{3}=17.32(\mathrm{N})$$

$$F_y=F\cdot\sin30°=20\times\frac{1}{2}=10(\mathrm{N})$$

根据合力矩定理可得

$$m_A(\boldsymbol{F})=m_A(\boldsymbol{F}_x)+m_A(\boldsymbol{F}_y)=-F_x\times1+F_y\times3=-17.32\times1+10\times3=12.68(\mathrm{N}\cdot\mathrm{m})$$

(c)图：

此题用力矩公式直接计算，力臂的计算有点麻烦。可将 $\boldsymbol{F}$ 分解为互相垂直的两个分力 $\boldsymbol{F}_x$、$\boldsymbol{F}_y$，再用合力矩定理计算。

$$F_x=F\cdot\cos60°=10\times\frac{1}{2}=5(\mathrm{N})$$

$$F_y=F\cdot\sin60°=10\times\frac{\sqrt{3}}{2}=10\times0.866=8.66(\mathrm{N})$$

由合力矩定理得

$$m_A(\boldsymbol{F})=m_A(\boldsymbol{F}_x)+m_A(\boldsymbol{F}_y)=0+F_y\times AB=8.66\times\sqrt{2^2+1^2}=8.66\times\sqrt{5}=19.36(\mathrm{N}\cdot\mathrm{m})$$

(d)图：

此题直接求力 $\boldsymbol{F}$ 对 A 点的矩有困难。先将力 $\boldsymbol{F}$ 分解成两个互相垂直的分力 $\boldsymbol{F}_1$、$\boldsymbol{F}_2$，再用合力矩定理计算。

$$F_1=F\cdot\cos\beta,\ F_2=F\cdot\sin\beta$$

由合力矩定理可得

$$\begin{aligned}m_A(\boldsymbol{F})&=m_A(\boldsymbol{F}_1)+m_A(\boldsymbol{F}_2)=-F_1\times d_1+F_2\times d_2\\&=-F\cdot\cos\beta\cdot l\cdot\sin\alpha+F\cdot\sin\beta\cdot l\cdot\cos\alpha\\&=-Fl(\sin\alpha\cos\beta-\cos\alpha\sin\beta)=-Fl\sin(\alpha-\beta)\end{aligned}$$

(e)图：

此题用合力矩定理求解较为方便。

先将力 $\boldsymbol{F}$ 分解成两个互相垂直的分力 $\boldsymbol{F}_1$、$\boldsymbol{F}_2$，再用合力矩定理计算。

$$F_1=F\cdot\cos30°=5\times\frac{\sqrt{3}}{2}=5\times0.866=4.33(\text{kN})$$

$$F_2=F\cdot\sin30°=5\times\frac{1}{2}=2.5(\text{kN})$$

$m_A(\boldsymbol{F})=m_A(\boldsymbol{F}_1)+m_A(\boldsymbol{F}_2)=-F_1\times1.5+F_2\times2=-4.33\times1.5+2.5\times2=-1.495(\text{kN}\cdot\text{m})$

(f)图：

此题用合力矩定理求解。

先将力 $\boldsymbol{F}$ 分解成两个互相垂直的分力 $\boldsymbol{F}_1$、$\boldsymbol{F}_2$，则

$$F_1=F\cdot\cos20°=2\times0.94=1.88(\text{kN})$$
$$F_2=F\cdot\sin20°=2\times0.34=0.68(\text{kN})$$

由合力矩定理得

$m_A(\boldsymbol{F})=m_A(\boldsymbol{F}_1)+m_A(\boldsymbol{F}_2)=-F_1\times(3-1)+F_2\times2=-1.88\times2+0.68\times2=-2.4(\text{kN}\cdot\text{m})$

【例 3-2】 如图 3-7 所示，平板上的 A 点作用一个力 $F=150$ kN，平板尺寸如图所示。计算力 $\boldsymbol{F}$ 对 O 点之矩。

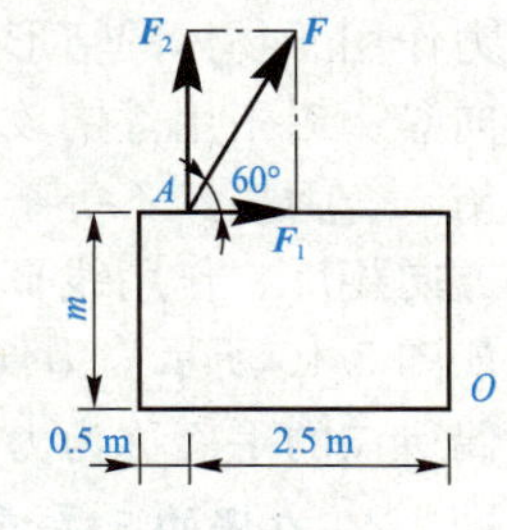

图 3-7

【解】 此题直接求力 $\boldsymbol{F}$ 对 O 点之矩有点困难，因为计算力臂有点麻烦。

先将力 $\boldsymbol{F}$ 分解成两个互相垂直的分力 $\boldsymbol{F}_1$、$\boldsymbol{F}_2$，如图所示，再用合力矩定理计算。

$$F_1=F\cdot\cos60°=150\times\frac{1}{2}=75(\text{kN})$$

$$F_2=F\cdot\sin60°=150\times\frac{\sqrt{3}}{2}=129.9(\text{kN})$$

由合力矩定理可得

$m_O(\boldsymbol{F})=m_O(\boldsymbol{F}_1)+m_O(\boldsymbol{F}_2)=-F_1\times2-F_2\times2.5=-75\times2-129.9\times2.5=-474.75(\text{kN}\cdot\text{m})$

【例 3-3】 计算图 3-8 中均布荷载 q 对 A 点的矩。

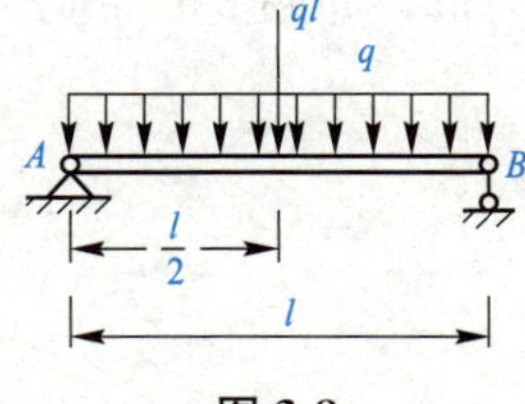

图 3-8

【解】 具体计算时，均布荷载须化为集中力。集中力作用在均布荷载作用段的中点处，方向与均布荷载一致。

$$m_A(q)=-ql\cdot\frac{l}{2}=-\frac{ql^2}{2}$$

【例 3-4】 如图 3-9 所示为一挡土墙。设每 1 m 长挡土墙所受土压力的合力为 $F_R=150$ kN。试问此挡土墙是否会翻倒？

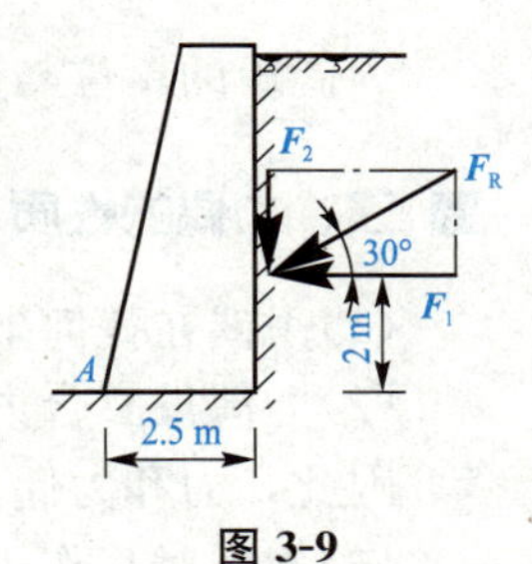

图 3-9

【解】 土压力 $\boldsymbol{F}_R$ 对 A 点的力矩若是逆时针转向，此挡土墙会绕 A 点翻倒；土压力 $\boldsymbol{F}_R$ 对 A 点的力矩若是顺时针转向，则挡土墙不会翻倒。故本题只需计算 $\boldsymbol{F}_R$ 对 A 点的力矩。用合力矩定理求解较为方便。

$$F_1=F_R\cdot\cos30°=150\times\frac{\sqrt{3}}{2}=129.9(\text{kN})$$

$$F_2=F_R\cdot\sin30°=150\times\frac{1}{2}=75(\text{kN})$$

由合力矩定理可得

$M_A(\boldsymbol{F})=M_A(\boldsymbol{F}_1)+M_A(\boldsymbol{F}_2)=F_1\times2-F_2\times2.5=129.9\times2-75\times2.5=72.3(\text{kN}\cdot\text{m})$

计算结果为正值，说明 $\boldsymbol{F}_R$ 对 A 点的力矩为逆时针，所以此挡土墙会绕 A 点翻倒。

第二节 力偶

一、力偶和力偶矩

(一)力偶

1. 力偶的概念

在生产或日常生活中，我们常见到两个大小相等、方向相反的平行力作用于物体的情形。例如，人们用手指拧水龙头、司机用双手转动方向盘、钳工用丝锥攻螺纹等。这等值、反向的两个平行力不满足二力平衡，合力显然不等于零，它们能使物体改变转动状态。这种大小相等、方向相反、作用线平行的两个力组成的力系，称为力偶。记作($\boldsymbol{F}$，$\boldsymbol{F}'$)，如图 3-10 所示。力偶中两个力作用的线间的垂直距离 d 称为力偶臂，力偶所在的平面称为力偶的作用面。

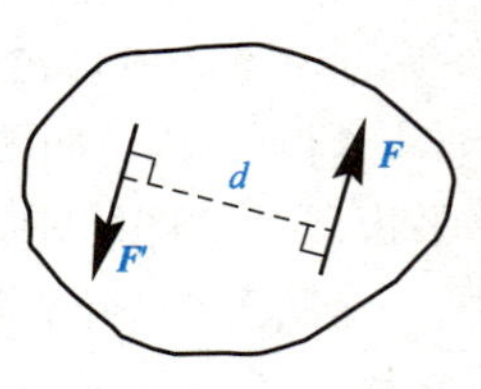

图 3-10

2. 力偶的三要素

力偶对物体的转动效应，取决于大小、转向、作用面三个要素。

(二)力偶矩

力偶对物体的转动效应可用力偶矩来度量。力偶矩的大小等于力偶中一力的大小和力偶臂的乘积，力偶矩的正负号表示力偶的转向，通常规定：逆时针转向为正，顺时针转向为负，如图 3-11 所示。

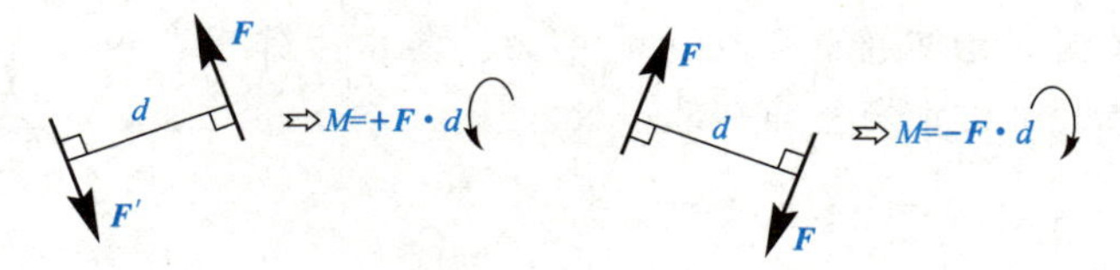

图 3-11

力偶矩的单位与力矩单位相同，也是 N·m 或 kN·m。

二、力偶的性质

(1)力偶在任何坐标轴上的投影等于零。

(2)力偶没有合力，既不能用一个力代替，也不能用一个力平衡，力偶只能用力偶来平衡。因此，力和力偶是静力学的两个基本要素。

(3)力偶对其作用面内任一点的矩都等于本身的力偶矩，而与矩心位置无关。

(4)在同一平面内的两个力偶，如果它们的力偶矩大小相等、转向相同，则这两个力偶互为等效力偶。

两个推论：

推论 1：在同一个物体上，力偶可以在其作用面内任意移动或转动，而不改变对物体的作用效果。

推论 2：只要保持力偶矩的大小和转向不变，可任意改变力偶中力的大小和力偶臂的长短，而不改变力偶对物体的作用效果。

三、平面力偶系的合成与平衡

作用在物体上同一平面内的一群力偶，称为平面力偶系。

(一)平面力偶系的合成

因为力偶对物体的作用效果是转动，所以同一平面上一群力偶对物体的作用效果还是转动，作用在同一物体上一群力偶的合成结果也必然是一个力偶，这个力偶的力偶矩等于各个分力偶矩之和。如图 3-12 所示，作用在该物体上的合力偶矩为

$$M_R = M_1 + M_2 + M_3 + M_4 + \cdots M_n = \sum M_i \qquad (3\text{-}3)$$

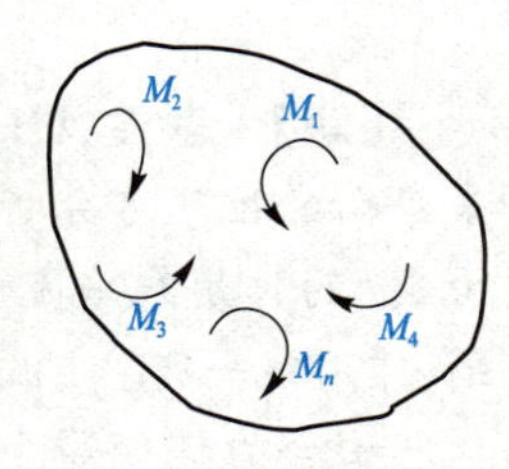

图 3-12

即平面力偶系的合成结果为一个力偶，合力偶矩等于力偶系中各力偶矩的代数和。

(二)平面力偶系的平衡条件

平面力偶系平衡的必要和充分条件是：合力偶矩等于零，即

$$\sum M = 0 \qquad (3\text{-}4)$$

利用平面力偶系的平衡条件，可以求解一个未知量。

【例 3-5】 如图 3-13 所示的物体，已知 $F_1=150$ N，$F_2=400$ N，$m=200$ N·m，求该物体所受的合力偶。

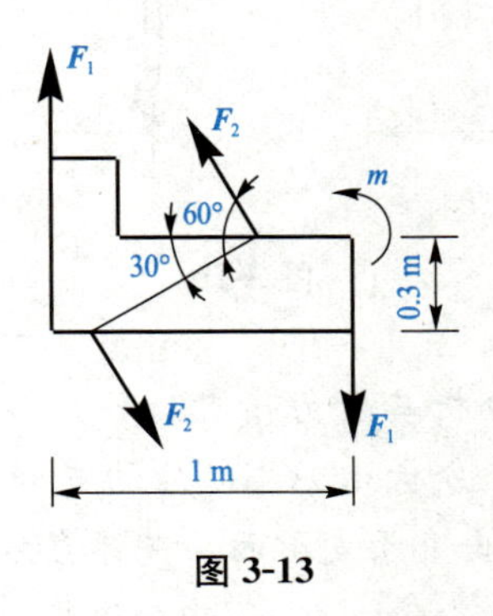

图 3-13

【解】 (1)计算各分力偶矩。

$$m_1=-F_1\times d_1=-150\times 1=-150(\text{N}\cdot\text{m})$$

$$m_2=F_2\times d_2=400\times\frac{0.3}{\sin 30^\circ}=400\times 0.6=240(\text{N}\cdot\text{m})$$

$$m_3=m=200\ \text{N}\cdot\text{m}$$

(2)计算该物体的合力偶矩。

$$M=m_1+m_2+m_3=-150+240+200=290(\text{N}\cdot\text{m})$$

【例 3-6】 如图 3-14 所示的简支梁 AB，已知梁上作用一集中力偶 $M=30\ \text{kN}\cdot\text{m}$。不计梁的自重，试求 A、B 处的支座反力。

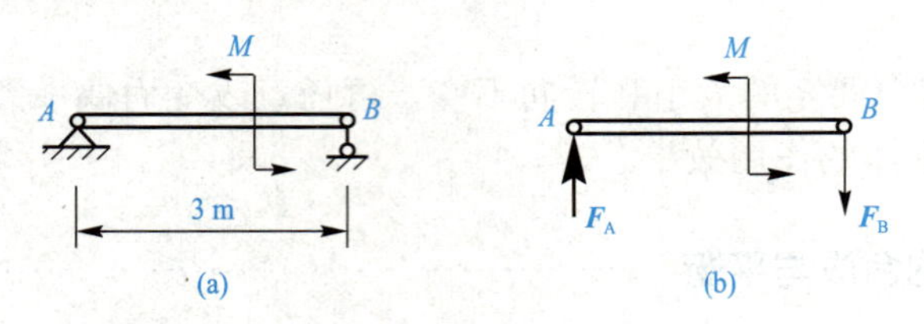

图 3-14

【解】 取梁 AB 为研究对象。梁 AB 上的荷载只有一个力偶 M，根据力偶只能用力偶来平衡的性质可分析出，A、B 处的支座反力必然构成一个力偶。B 为可动铰支座，支座反力 $\boldsymbol{F}_B$ 的作用线垂直于支承面，即铅直方位，所以分析出 A 处的约束反力 $\boldsymbol{F}_A$ 的作用线必与 $\boldsymbol{F}_B$ 作用线平行。$\boldsymbol{F}_A$、$\boldsymbol{F}_B$ 的指向假设如图 3-14(b)所示。

由合力偶矩等于零，即

$$\sum M=0 \quad M-F_A\times 3=0 \text{ 得 } F_A=\frac{M}{3}=\frac{30}{3}=10(\text{kN})(\uparrow)$$

则
$$F_B=F_A=10\ \text{kN}(\downarrow)$$

【例 3-7】 求图 3-15 所示平面刚架中 A、B 处的支座反力。

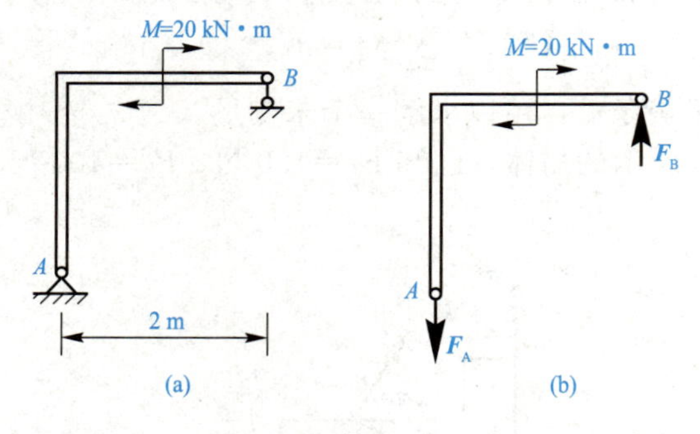

图 3-15

【解】 取刚架为研究对象，分析其受力情况。作用在刚架上的荷载只有一个力偶 M，根据力偶只能用力偶平衡的性质，分析出 A、B 处的支座反力必然构成一个力偶。B 为可动铰支座，支座反力 $\boldsymbol{F}_B$ 的作用线垂直于支承面，即铅直方位，所以分析出 A 处的约束反力 $\boldsymbol{F}_A$ 的作用线必与 $\boldsymbol{F}_B$ 的作用线平行。$\boldsymbol{F}_A$、$\boldsymbol{F}_B$ 的指向假设如图 3-15(b)所示。

由平面力偶系的平衡方程得

$$\sum M=0 \quad F_A\times 2-M=0 \text{ 得 } F_A=\frac{M}{2}=\frac{20}{2}=10(\text{kN})(\downarrow)$$

则
$$F_B=F_A=10\ \text{kN}(\uparrow)$$

第三节 平面任意力系的简化与平衡

一、力的平移定理

力对物体的作用效果取决于力的三要素，即大小、方向、作用点。若保持力的大小和方向不变，只是把力平行移动到物体上另一点，这样就会改变力对该物体的作用效果。那么要想把力平行移动到物体另一点而不改变对物体的作用效果，需附加什么条件呢？

图 3-16(a)中，设力 $\boldsymbol{F}$ 作用于刚体上的 A 点。若在刚体上任取一点 O，在 O 点加一对作用线与力 $\boldsymbol{F}$ 平行的平衡力 $\boldsymbol{F}'$ 和 $\boldsymbol{F}''$，并使 $\boldsymbol{F}'=\boldsymbol{F}''=\boldsymbol{F}$，如图 3-16(b)所示，根据加减平衡力系公理，图 3-16(a)和图 3-16(b)对该刚体的作用效果是相等的。在图 3-16(b)中，力 $\boldsymbol{F}$ 和 $\boldsymbol{F}''$ 组成一个力偶，其力偶矩为 $m=F\cdot d=M_O(\boldsymbol{F})$。于是，原来作用在 A 点的力 $\boldsymbol{F}$，现在被一个作用于 O 点的力 $\boldsymbol{F}'$ 和一个力偶($\boldsymbol{F}$，$\boldsymbol{F}''$)等效替换，如图 3-16(c)所示。

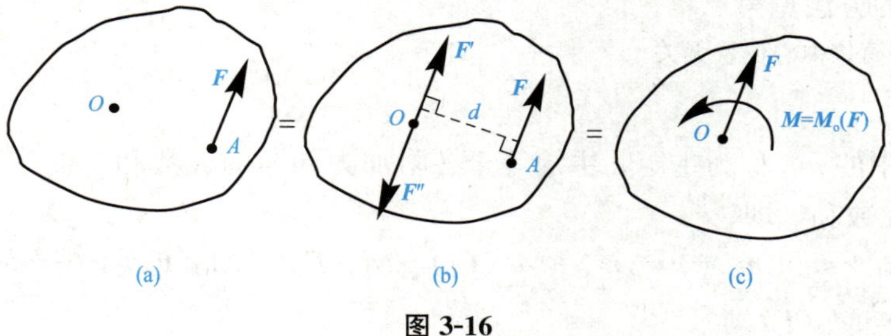

图 3-16

因此得力的平移定理：作用于刚体上某点的力 $\boldsymbol{F}$，可以平移到刚体上任一点 O，但必须附加一个力偶，其附加力偶的力偶矩等于原力 $\boldsymbol{F}$ 对新作用点 O 的矩。

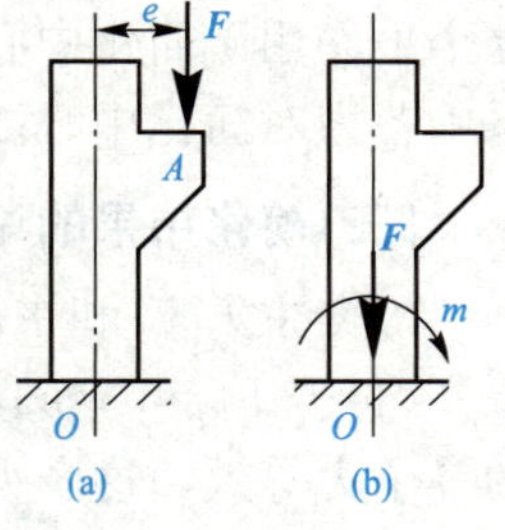

图 3-17

【例 3-8】 如图 3-17 所示的牛腿柱，柱子的 A 点受到吊车梁传来的作用力 $F=200$ kN，$e=0.5$ m。求将力 $\boldsymbol{F}$ 平移到柱轴上 O 点时应附加的力偶矩。

【解】 根据力的平移定理，将力 $\boldsymbol{F}$ 由 A 点平移到 O 点，必须附加一个力偶，其力偶矩等于力 $\boldsymbol{F}$ 对 O 点的矩，即

$$m=M_O(\boldsymbol{F})=-F\cdot e=-200\times0.5=-100(\text{kN}\cdot\text{m})$$

注意：力的平移定理是平面力系向一点简化的理论依据。

二、平面任意力系向作用面内任一点简化

设在刚体上作用着平面任意力系 $\boldsymbol{F}_1$，$\boldsymbol{F}_2$，$\boldsymbol{F}_3$，…，$\boldsymbol{F}_n$，如图 3-18(a) 所示。现将这些力向其作用面内任一点 O(简化中心)简化时，如图 3-18(b)所示，应用力的平移定理，将各力平移到 O 点，得到作用于 O 点的一个平面汇交力系 $\boldsymbol{F}_1'$，$\boldsymbol{F}_2'$，$\boldsymbol{F}_3'$，…，$\boldsymbol{F}_n'$，以及一个平面附加力偶系 m_1，m_2，m_3，…，m_n，附加力偶矩分别为 $m_1=M_O(\boldsymbol{F}_1)$，$m_2=M_O(\boldsymbol{F}_2)$，$m_3=M_O(\boldsymbol{F}_3)$，…，$m_n=M_O(\boldsymbol{F}_n)$。

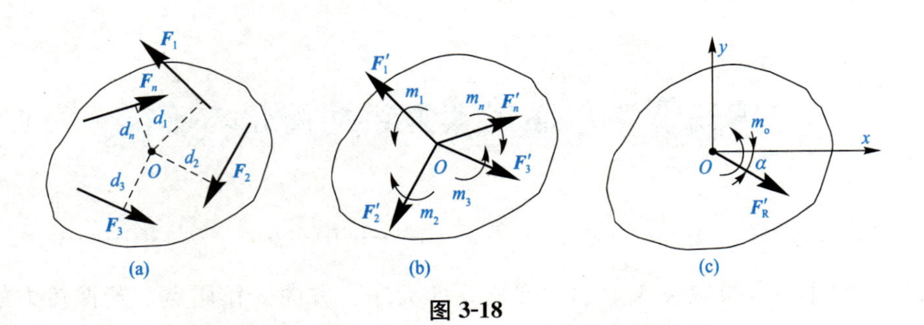

图 3-18

平面汇交力系可以合成为作用在 O 点的一个合力 $\boldsymbol{F}'_R$；平面力偶系可以合成为一个合力偶 m_O，如图 3-18(c)所示。

(一)主矢

图 3-18(c)中的 $\boldsymbol{F}'_R$称为主矢，其矢量 $\boldsymbol{F}'_R$等于力系中各力的矢量和，即

$$\boldsymbol{F}'_R=\boldsymbol{F}'_1+\boldsymbol{F}'_2+\boldsymbol{F}'_3+\cdots+\boldsymbol{F}'_n=\boldsymbol{F}_1+\boldsymbol{F}_2+\boldsymbol{F}_3+\cdots+\boldsymbol{F}_n=\sum\boldsymbol{F} \tag{3-5}$$

求主矢 $\boldsymbol{F}'_R$的方法见第二章。

注意：主矢与简化中心位置无关。

(二)主矩

图 3-18(c)中的 m_O 称为主矩，主矩等于各附加力偶矩的代数和，也等于原力系中各力对 O 点之矩的代数和，即

$$m_O=m_1+m_2+m_3+\cdots+m_n=M_O(\boldsymbol{F}_1)+M_O(\boldsymbol{F}_2)+M_O(\boldsymbol{F}_3)+\cdots+M_O(\boldsymbol{F}_n)$$
$$=\sum M_O(\boldsymbol{F}) \tag{3-6}$$

注意：主矩与简化中心位置有关，故必须注明力系对哪一点的主矩。

综上所述可得结论：平面任意力系向作用面内任一点简化，可得一个力和一个力偶。这个力作用于简化中心，等于力系中各力的矢量和，称为主矢；这个力偶的力偶矩等于力系中各力对简化中心之矩的代数和，称为主矩。

(三)简化结果的讨论

根据主矢 $\boldsymbol{F}'_R$和主矩 m_O 来讨论平面任意力系向作用面内任一点简化的最后结果。

(1)若 $F'_R\neq0$，$m_O=0$，则力系简化为一个合力。这种情况说明原力系与通过简化中心的一个力等效，这个力就是主矢 $\boldsymbol{F}'_R$。

(2)若 $F'_R=0$，$m_O\neq0$，则力系简化为一个力偶。这种情况说明原力系与一个力偶等效，这个力偶的力偶矩就是主矩 m_O。由于力偶对其作用面内任一点之矩都等于本身力偶矩，而与矩心位置无关，所以，此种情况下，主矩与简化中心的位置无关。

(3)若 $F'_R\neq0$，$m_O\neq0$，则力系简化为一个合力。这种情况，根据力的平移定理，主矢 $\boldsymbol{F}'_R$和主矩 m_O 可以合成为一个合力 $\boldsymbol{F}_R$，如图 3-19 所示。$\boldsymbol{F}_R$ 的大小和方向与 $\boldsymbol{F}'_R$相同，$\boldsymbol{F}_R$ 的作用线到简化中心 O 的距离 d 为

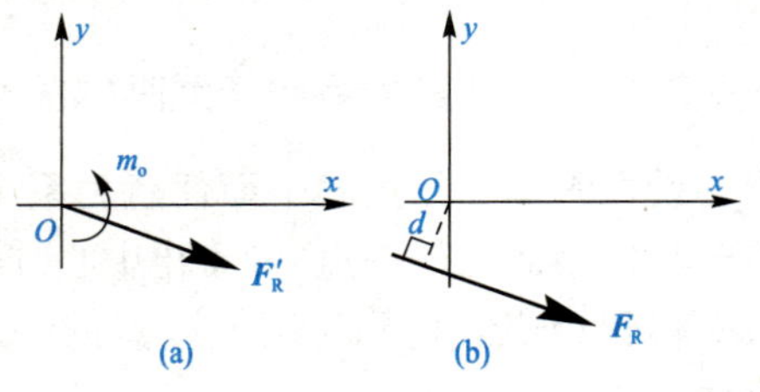

图 3-19

$$d=\left|\frac{m_O}{F_R'}\right|$$

$\boldsymbol{F}_R$ 在 O 点的哪一侧，由 $\boldsymbol{F}_R'$ 的指向和 m_O 的转向来决定。

(4)若 $\boldsymbol{F}_R'=0$，$m_O=0$，则力系平衡。

综上讨论，平面任意力系合成的结果有三种，即一个力；一个力偶；力系平衡。

【例 3-9】 求图 3-20 所示平面任意力系向 O 点简化的结果。图中方格边长为 3 mm，$F_1=2$ kN，$F_2=5$ kN，$F_3=1.5\sqrt{34}$ kN，$F_4=3$ kN，$F_5=4$ kN，$F_6=8$ kN。

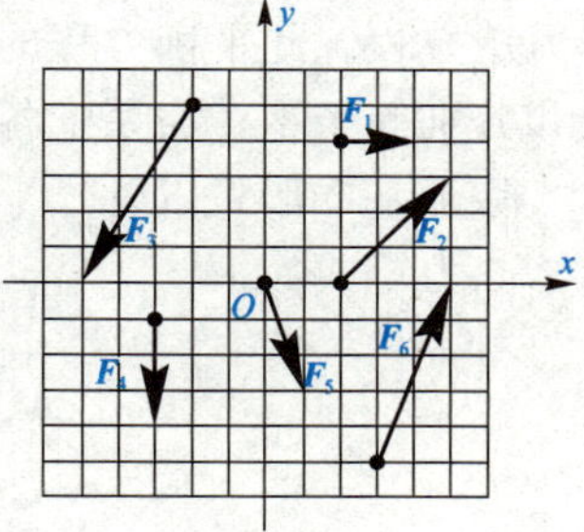

图 3-20

【解】图示力系向 O 点简化，得到一个主矢和一个主矩。主矢等于各力的矢量和，此处用解析法计算；主矩等于各力对 O 点之矩的代数和。

(1)求主矢。

$$\begin{aligned}F_{Rx}&=F_{1x}+F_{2x}+F_{3x}+F_{4x}+F_{5x}+F_{6x}\\&=2+5\times\frac{\sqrt{2}}{2}-1.5\sqrt{34}\times\frac{3}{\sqrt{34}}+0+4\times\frac{1}{\sqrt{10}}+8\times\frac{3}{5}\\&=7.1(\text{kN})\end{aligned}$$

$$\begin{aligned}F_{Ry}&=F_{1y}+F_{2y}+F_{3y}+F_{4y}+F_{5y}+F_{6y}\\&=0+5\times\frac{\sqrt{2}}{2}-1.5\sqrt{34}\times\frac{5}{\sqrt{34}}-3-4\times\frac{3}{\sqrt{10}}+8\times\frac{4}{5}\\&=-4.36(\text{kN})\end{aligned}$$

主矢大小：$F_R=\sqrt{F_{Rx}^2+F_{Ry}^2}=\sqrt{7.1^2+(-4.36)^2}=8.33(\text{kN})$

主矢方向：$\tan\alpha=\left|\frac{F_{Ry}}{F_{Rx}}\right|=\frac{4.36}{7.1}=0.61$（$\alpha$ 在第四象限）

(2)求主矩。

$$\begin{aligned}m_O&=M_O(F_1)+M_O(F_2)+M_O(F_3)+M_O(F_4)+M_O(F_5)+M_O(F_6)\\&=-2\times12+5\times\frac{\sqrt{2}}{2}\times6+1.5\sqrt{34}\times\frac{3}{\sqrt{34}}\times15+1.5\sqrt{34}\times\frac{5}{\sqrt{34}}\times6+3\times9+0+8\times\\&\quad\frac{3}{5}\times12+8\times\frac{4}{5}\times6\\&=232.71(\text{kN}\cdot\text{mm})=0.233\ \text{kN}\cdot\text{m}(\text{逆时针})\end{aligned}$$

三、平面任意力系的平衡

平面任意力系向一点简化，若得到的主矢和主矩都等于零，则力系平衡。反之，要使平面任意力系平衡，则必须使主矢和主矩都等于零。因此，平面任意力系平衡的必要和充分条件是力系的主矢和主矩均为零，即

$$F_R'=0,\quad m_O=0$$

而 $F_R'=\sqrt{(F_{Rx})^2+(F_{Ry})^2}=\sqrt{\left(\sum F_x\right)^2+\left(\sum F_y\right)^2}$，$m_O=\sum M_O(\boldsymbol{F})$

故得平面任意力系的平衡条件为

$$\left.\begin{aligned}\sum F_x &= 0\\ \sum F_y &= 0\\ \sum M_O(\boldsymbol{F}) &= 0\end{aligned}\right\} \tag{3-7}$$

式(3-7)称为平面任意力系平衡方程的基本形式。其中前两个叫作投影方程，后一个叫作力矩方程。此平衡方程的力学含义是：力系中各力在两个任选的直角坐标轴上投影的代数和分别等于零；力系中各力对任一点之矩的代数和等于零。

除了基本形式以外，平面任意力系的平衡方程还可表示为二力矩式或三力矩式。

二力矩式如下：

$$\left.\begin{aligned}\sum F_x &= 0\\ \sum M_A(\boldsymbol{F}) &= 0\\ \sum M_B(\boldsymbol{F}) &= 0\end{aligned}\right\} \tag{3-8}$$

其中，A、B 两点的连线不能与 x 轴(或 y 轴)垂直。

三力矩式如下：

$$\left.\begin{aligned}\sum M_A(\boldsymbol{F}) &= 0\\ \sum M_B(\boldsymbol{F}) &= 0\\ \sum M_C(\boldsymbol{F}) &= 0\end{aligned}\right\} \tag{3-9}$$

其中，A、B、C 三点不能在同一直线上。

平面任意力系的平衡方程虽有三种形式，但无论采用哪种形式，都只能列出三个独立的平衡方程，只能求解三个独立的未知量。

第二章中介绍的平面汇交力系是平面任意力系的特殊情形，除了平面汇交力系，平面任意力系还有一个特殊情形，即平面平行力系。所谓平面平行力系，是指力系中各力的作用线互相平行。

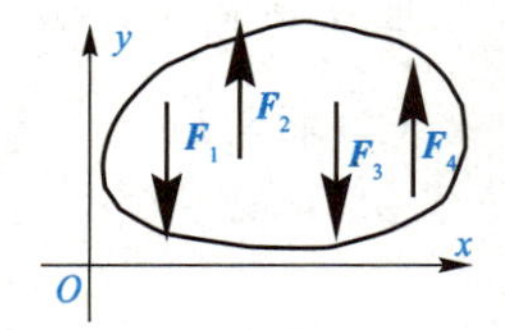

图 3-21

如图 3-21 所示，设物体受平面平行力系 $\boldsymbol{F}_1$，$\boldsymbol{F}_2$，$\boldsymbol{F}_3$，…，$\boldsymbol{F}_n$ 作用。若取 x 轴与各力垂直，则各个力在 x 轴上的投影恒等于零，即 $\sum F_x = 0$。因此，平面平行力系的平衡方程只有两个，即

$$\left.\begin{aligned}\sum F_y &= 0\\ \sum M_O(\boldsymbol{F}) &= 0\end{aligned}\right\} \tag{3-10}$$

也可用二力矩式表示

$$\left.\begin{aligned}\sum M_A(\boldsymbol{F}) &= 0\\ \sum M_B(\boldsymbol{F}) &= 0\end{aligned}\right\} \tag{3-11}$$

其中，A、B 两点连线不能与力系平行。

平面平行力系和平面汇交力系一样，只能列两个独立的平衡方程，只能求解两个独立的未知量。

【例 3-10】 求图 3-22 所示简支梁的支座反力。

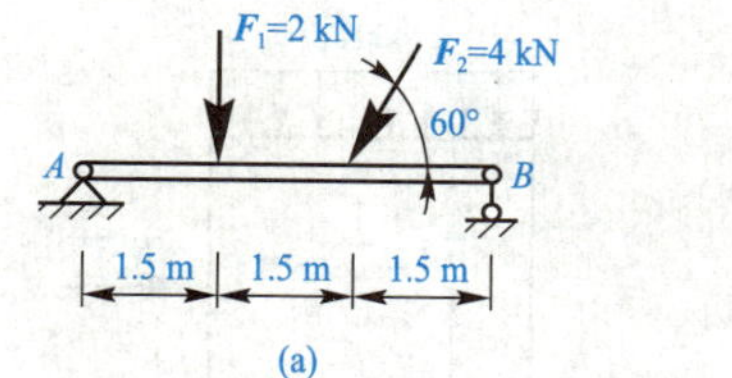

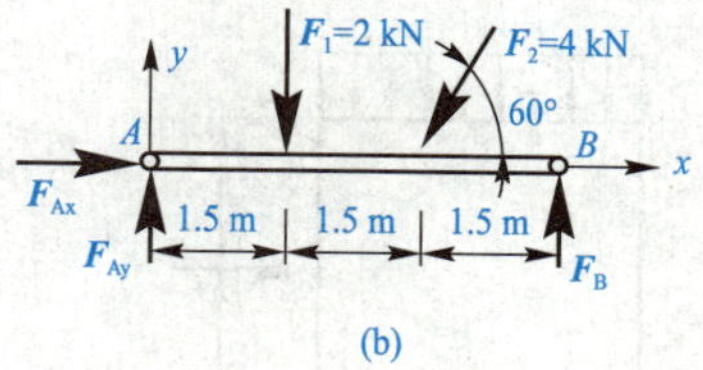

图 3-22

【解】 取梁 AB 为研究对象，画出其受力图，如图 3-22(b)所示。
建立如图所示的直角坐标系，列平衡方程求解

$\sum F_x=0 \quad F_{Ax}-F_2\cdot\cos60^\circ=0$ 得 $F_{Ax}=F_2\cdot\cos60^\circ=4\times0.5=2(\text{kN})\ (\rightarrow)$

$\sum M_A(\boldsymbol{F})=0 \quad -F_1\times1.5-F_2\cdot\sin60^\circ\times3+F_B\times4.5=0$

$$-2\times1.5-4\times\frac{\sqrt{3}}{2}\times3+F_B\times4.5=0 \text{ 得 } F_B=2.976(\text{kN})(\uparrow)$$

$\sum F_y=0 \quad F_{Ay}+F_B-F_1-F_2\cdot\sin60^\circ=0$

$$F_{Ay}+2.976-2-4\times\frac{\sqrt{3}}{2}=0 \text{ 得 } F_{Ay}=2.488(\text{kN})(\uparrow)$$

【例 3-11】 求图 3-23 所示外伸梁的支座反力。

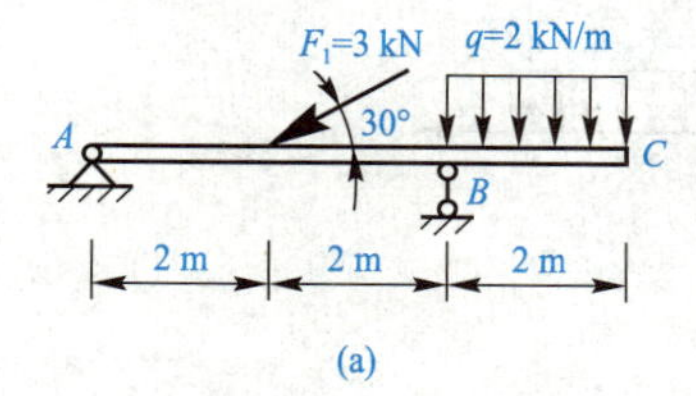

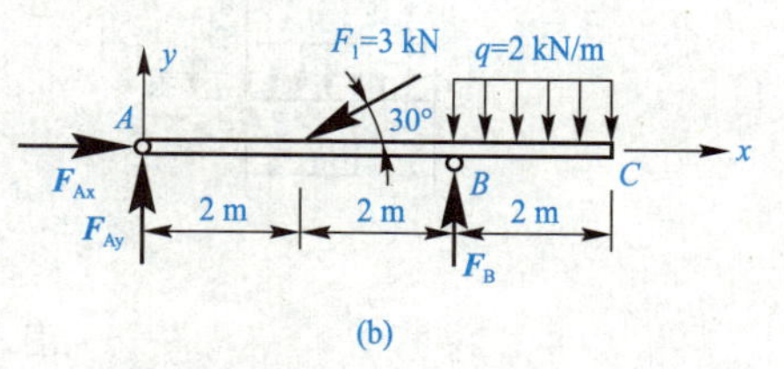

图 3-23

【解】 取梁为研究对象，画出其受力图如图 3-23(b)所示。
建立图 3-23(b)所示的直角坐标系，列平衡方程求解

$\sum F_x=0 \quad F_{Ax}-F_1\cdot\cos30^\circ=0$ 得 $F_{Ax}=F_1\cdot\cos30^\circ=3\times\frac{\sqrt{3}}{2}=2.598(\text{kN})(\rightarrow)$

$\sum M_A(\boldsymbol{F})=0 \quad -F_1\cdot\sin30^\circ\times2+F_B\times4-q\times2\times5=0$

$$-3\times\frac{1}{2}\times2+F_B\times4-2\times2\times5=0 \text{ 得 } F_B=5.75\ \text{kN}(\uparrow)$$

$\sum F_y=0 \quad F_{Ay}+F_B-F_1\cdot\sin30^\circ-q\times2=0$

$$F_{Ay}+5.75-3\times\frac{1}{2}-2\times2=0 \text{ 得 } F_{Ay}=-0.25\ \text{kN}(\downarrow)$$

【例 3-12】 求图 3-24 所示简支刚架的支座反力。

【解】 取刚架为研究对象，受力如图 3-24(b)所示。
建立如图 3-24(b)所示的直角坐标系，列平衡方程

$\sum F_x=0 \quad F_{Ax}-F=0$ 得 $F_{Ax}=F=5\ \text{kN}(\rightarrow)$

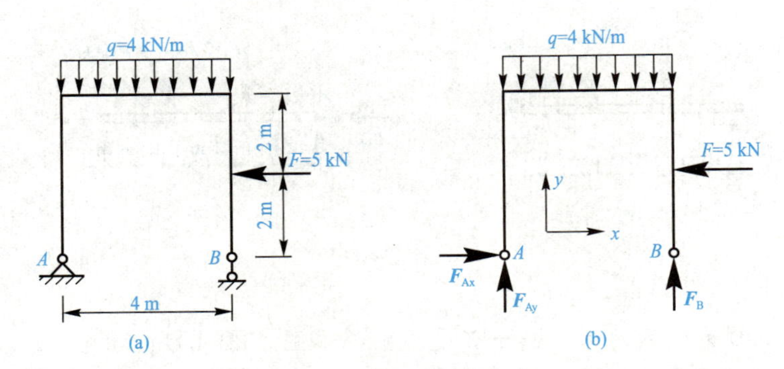

图 3-24

$\sum M_A(\boldsymbol{F})=0 \quad F_B\times4+F\times2-q\times4\times2=0$

$$F_B\times4+5\times2-4\times4\times2=0 \text{ 得 } F_B=5.5\ \text{kN}(\uparrow)$$

$\sum F_y=0 \quad F_{Ay}+F_B-q\times4=0$ 得 $F_{Ay}=10.5\ \text{kN}(\uparrow)$

注：题解中箭头所示方向为各支座反力的实际指向。

【例 3-13】 求如图 3-25 所示悬臂刚架的支座反力。

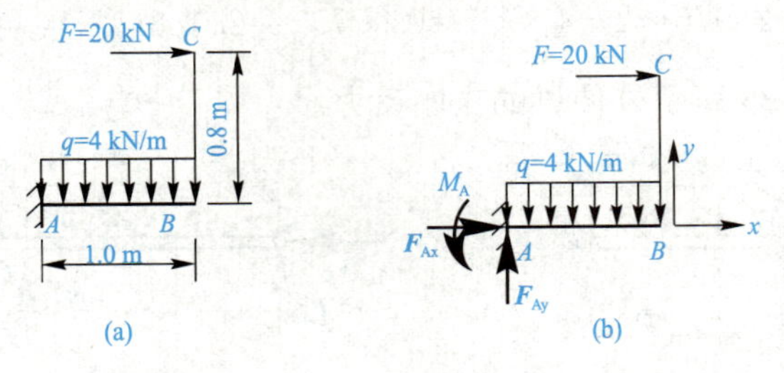

图 3-25

【解】 取刚架为研究对象，画出刚架的受力图如图 3-25(b)所示。

建立如图 3-25(b)所示的直角坐标系，列平衡方程

$\sum F_x=0 \quad F_{Ax}+20=0$ 得 $F_{Ax}=-20\ \text{kN}(\leftarrow)$

$\sum F_y=0 \quad F_{Ay}-q\times1.0=0$ 得 $F_{Ay}=q\times1.0=4\times1.0=4\ \text{kN}(\uparrow)$

$\sum M_A(F)=0 \ M_A-q\times1.0\times0.5-20\times0.8=0$

$$M_A=q\times1.0\times0.5+20\times0.8=4\times1.0\times0.5+16=18\ (\text{kN}\cdot\text{m})$$

M_A 的转向与图示相同，即为逆时针。

【例 3-14】 求如图 3-26 所示刚架 A、B、C 处的支座反力。设 q、l 为已知。

【解】 取刚架为研究对象，画出刚架的受力图如图 3-26(b)所示。

建立如图 3-26(b)所示的直角坐标系，列平衡方程

$\sum F_x=0 \quad F_B-3ql=0$ 得 $F_B=3ql(\rightarrow)$

$\sum M_A(\boldsymbol{F})=0 \quad F_B\cdot l-q\cdot l\cdot\frac{l}{2}-m+F_C\cdot2l=0$

$$3ql\times l-\frac{ql^2}{2}-ql^2+F_C\times2l=0 \text{ 得 } F_C=-\frac{3}{4}ql(\downarrow)$$

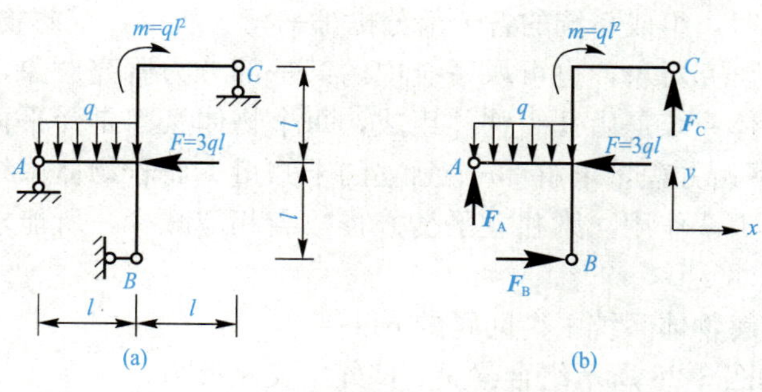

图 3-26

$$\sum F_y = 0 \quad F_A + F_C - ql = 0$$

$$F_A = ql - F_C = ql - \left(-\frac{3}{4}ql\right) = \frac{7}{4}ql(\uparrow)$$

第四节　物体系统的平衡

实际工程中，经常遇到由几个物体通过一定的约束联系在一起的系统，这种系统称物体系统。物体系统的平衡是指组成系统的每一个物体及系统整体都处于平衡状态。

研究物体系统的平衡问题，不仅要求出整个系统的支座反力，还要计算出系统内各个物体间的相互作用力。我们把物体系统以外的物体作用在此系统上的力叫作外力；把物体系统内各物体间的相互作用力叫作内力。

如图 3-27(a)所示的组合梁，梁上的已知荷载 q、$\boldsymbol{F}$、M 与梁的支座反力 $\boldsymbol{F}_{Ax}$、$\boldsymbol{F}_{Ay}$、M_A、$\boldsymbol{F}_C$ 就是此组合梁的外力，如图 3-27(b)所示。如将此梁在铰 B 处拆开，分别画出 AB 段梁和 BC 段梁的受力图，如图 3-27(c)、(d)所示，铰 B 处的约束力 $\boldsymbol{F}_{Bx}$、$\boldsymbol{F}_{By}$($\boldsymbol{F}'_{Bx}$、$\boldsymbol{F}'_{By}$)对 BC 段梁或 AB 段梁来说是外力，而对组合梁整体而言就是内力。在组合梁整体受力图上，B 处的约束力不显露出来，只有将组合梁在 B 处拆开，B 处的约束力才能显露。

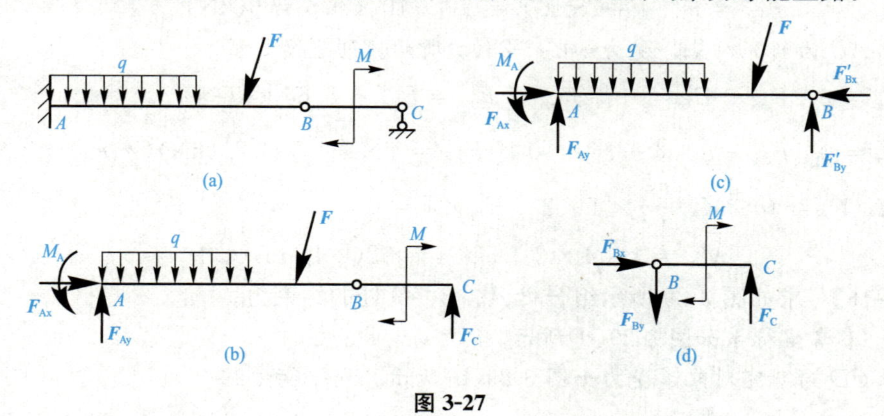

图 3-27

注意：AB 段的 B 处约束力和 BC 段的 B 处约束力互为作用力与反作用力。

当物体系统平衡时，组成系统的各个部分也都平衡。所以，求解物体系统的平衡问题，可取整个物体系统为研究对象，也可取系统中的某一部分为研究对象，应用相应的平衡方程求解未知量。若物体系统是由几个物体组成，每个物体又都是受平面任意力系作用，则可列出 $3n$ 个独立的平衡方程，求解 $3n$ 个独立的未知量。而若物体系统中有的物体受平面汇交力系或平面平行力系作用，则独立平衡方程数会相应减少，所能求出的未知量也相应减少。

下面举例说明求解物体系统平衡问题的方法。

【例 3-15】 求如图 3-28 所示组合梁 A、C 处的支座反力。

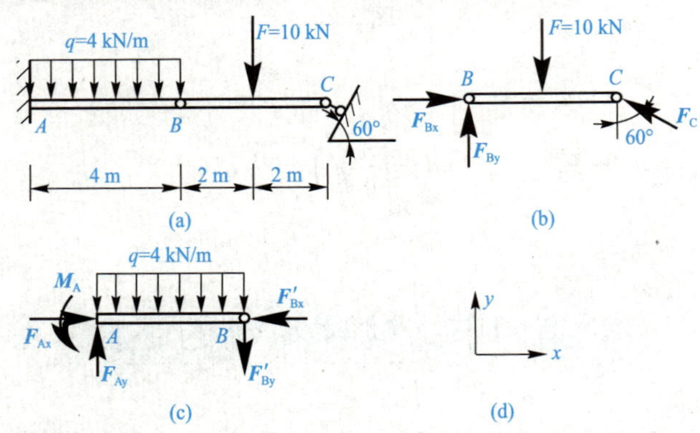

图 3-28

【解】 (1)取 BC 为研究对象，受力如图 3-28(b) 所示。

建立如图 3-28(d)所示的直角坐标系，列平衡方程

$\sum M_B(\boldsymbol{F})=0 \quad F_C\cdot\cos60^\circ\times4-F\times2=0$

$F_C\times0.5\times4-10\times2=0$ 得 $F_C=10\text{ kN}(\uparrow)$

$\sum F_x=0 \quad F_{Bx}-F_C\cdot\sin60^\circ=0$ 得 $F_{Bx}=10\times0.866=8.66(\text{kN})(\rightarrow)$

$\sum F_y=0 \quad F_{By}+F_C\cdot\cos60^\circ-F=0$

$F_{By}=F-F_C\cdot\cos60^\circ=10-10\times0.5=5(\text{kN})(\uparrow)$

(2)取 AB 为研究对象，受力如图 3-28(c)所示。列平衡方程

$\sum F_x=0 \quad F_{Ax}-F'_{Bx}=0$ 得 $F_{Ax}=F'_{Bx}=F_{Bx}=8.66\text{ kN}(\rightarrow)$

$\sum F_y=0 \quad F_{Ay}-q\times4-F'_{By}=0$ 得 $F_{Ay}=4\times4+5=21(\text{kN})(\uparrow)$

$\sum M_A(\boldsymbol{F})=0 \quad M_A-q\times4\times2-F'_{By}\times4=0$

$M_A=4\times4\times2+5\times4=52(\text{kN}\cdot\text{m})(\circlearrowleft)$

【例 3-16】 求如图 3-29 所示组合梁 A、B、D 处的约束力。

【解】 参考坐标系如图 3-29(d)所示。

(1)取 CD 为研究对象，受力如图 3-29(b)所示。列平衡方程

$\sum M_C(\boldsymbol{F})=0 \quad F_D\times4-q\times2\times1-m=0$

$F_D\times4-4\times2\times1-6=0$ 得 $F_D=3.5\text{ kN}(\uparrow)$

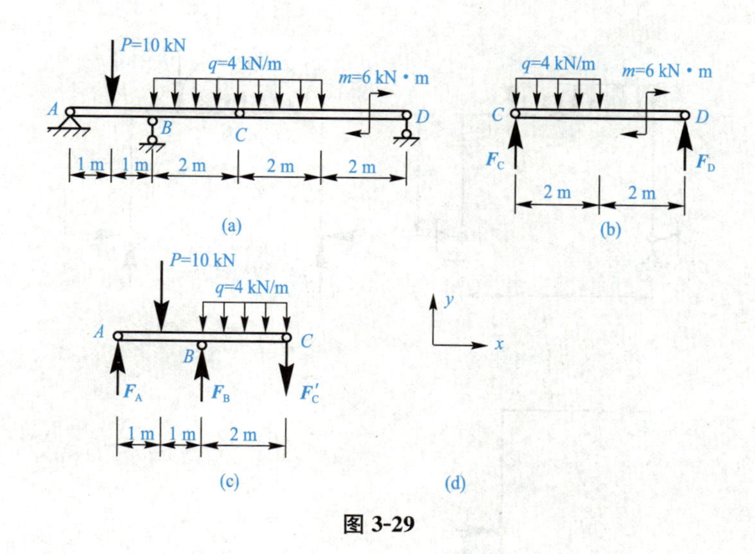

图 3-29

$$\sum F_y = 0 \quad F_C + F_D - q \times 2 = 0$$

$$F_C + 3.5 - 4 \times 2 = 0 \text{ 得 } F_C = 4.5\ \text{kN}(\uparrow)$$

注意：分析 CD 的受力情况时，由于 CD 上只受铅直方向的荷载和力偶，水平方向不受力，故铰 C 处的约束反力只有一个铅直方向的约束力 $\boldsymbol{F}_C$，水平方向无约束力。此时，CD 所受的力系为平面平行力系。下面 AC 所受的力系也是平面平行力系，只能列两个独立的平衡方程，求解两个未知量。

(2)取 AC 为研究对象，受力如图 3-29(c)所示。列平衡方程

$$\sum M_A(\boldsymbol{F}) = 0 \quad F_B \times 2 - P \times 1 - q \times 2 \times (1+1+1) - F'_C \times 4 = 0$$

$$F_B \times 2 - 10 \times 1 - 4 \times 2 \times 3 - 4.5 \times 4 = 0 \text{ 得 } F_B = 26\ \text{kN}(\uparrow)$$

$$\sum \boldsymbol{F}_y = 0 \quad F_A + F_B - P - q \times 2 - F'_C = 0$$

$$F_A + 26 - 10 - 4 \times 2 - 4.5 = 0 \text{ 得 } F_A = -3.5\ \text{kN}(\downarrow)$$

【例 3-17】 求如图 3-30 所示刚架 A、B 处的支座反力。

【解】 建立如图 3-30(d)所示的参考直角坐标系。

(1)取刚架整体为研究对象，受力如图 3-30(b)所示。列平衡方程

$$\sum M_A(\boldsymbol{F}) = 0 \quad F_{By} \times 6 - q \times 3 \times 1.5 - F \times 4.5 = 0$$

$$F_{By} \times 6 - 2 \times 3 \times 1.5 - 5 \times 4.5 = 0 \text{ 得 } F_{By} = 5.25\ \text{kN}(\uparrow)$$

$$\sum F_y = 0 \quad F_{Ay} + F_{By} - q \times 3 - F = 0$$

$$F_{Ay} + 5.25 - 2 \times 3 - 5 = 0 \text{ 得 } F_{Ay} = 5.75\ \text{kN}(\uparrow)$$

$$\sum F_x = 0 \quad F_{Ax} - F_{Bx} = 0 \quad ①$$

(2)取 BC 为研究对象，受力如图 3-30(c)所示。列平衡方程

$$\sum M_C(\boldsymbol{F}) = 0 \quad F_{By} \times 3 - F_{Bx} \times 4 - F \times 1.5 = 0$$

$$5.25 \times 3 - F_{Bx} \times 4 - 5 \times 1.5 = 0 \text{ 得 } F_{Bx} = 2.06\ \text{kN}(\leftarrow)$$

则由①式得 $F_{Ax} = F_{Bx} = 2.06\ \text{kN}(\rightarrow)$

【例 3-18】 如图 3-31 所示的平面桁架，已知 $P_1 = P_2 = 20$ kN，$P_3 = 30$ kN。求 A、B 处的支座反力。

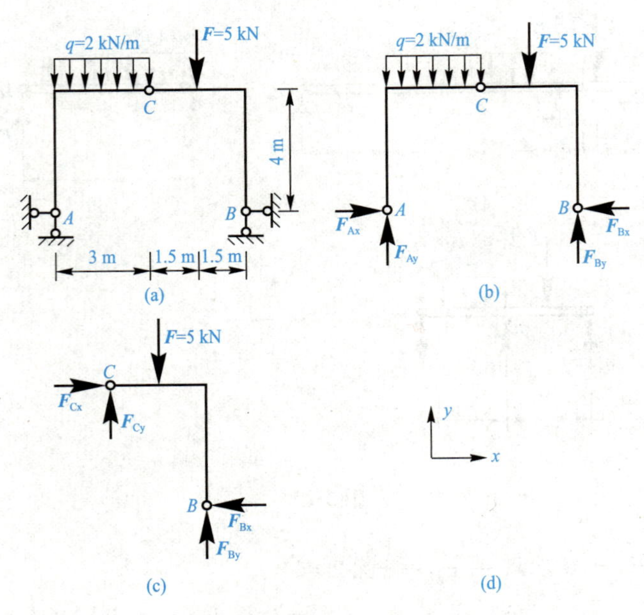

图 3-30

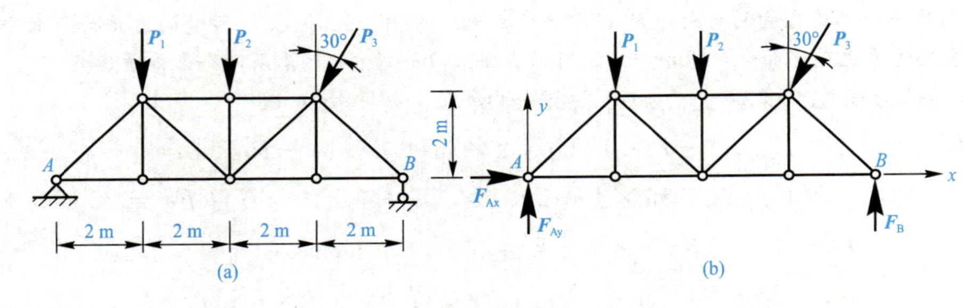

图 3-31

【解】 取整体桁架为研究对象，受力如图 3-31(b)所示。列平衡方程

$$\sum F_x = 0 \quad F_{Ax} - P_3 \cdot \sin 30^\circ = 0$$

$$F_{Ax} - 30 \times 0.5 = 0 \text{ 得 } F_{Ax} = 15 \text{ kN}(\rightarrow)$$

$$\sum M_A(\boldsymbol{F}) = 0 F_B \times 8 - P_1 \times 2 - P_2 \times 4 - P_3 \cdot \cos 30^\circ \times 6 + P_3 \cdot \sin 30^\circ \times 2 = 0$$

$$F_B \times 8 - 20 \times 2 - 20 \times 4 - 30 \times 0.866 \times 6 + 30 \times 0.5 \times 2 = 0 \text{ 得}$$

$$F_B = 30.735 \text{ kN}(\uparrow)$$

$$\sum F_y = 0 \quad F_{Ay} + F_B - P_1 - P_2 - P_3 \cdot \cos 30^\circ = 0$$

$$F_{Ay} + 30.735 - 20 - 20 - 30 \times 0.866 = 0 \text{ 得 } F_{Ay} = 35.245 \text{ kN}(\uparrow)$$

【例 3-19】 如图 3-32 所示，人字梯支在光滑地面上，C 处为铰接，DE 为水平拉绳。已知 $W=600$ N，求 A、B 处的约束力，绳 DE 的拉力及铰 C 处的约束力。

【解】 建立如图 3-32(d)所示的参考坐标系。

(1)取梯子整体为研究对象，受力如图 3-32(b)所示。列平衡方程

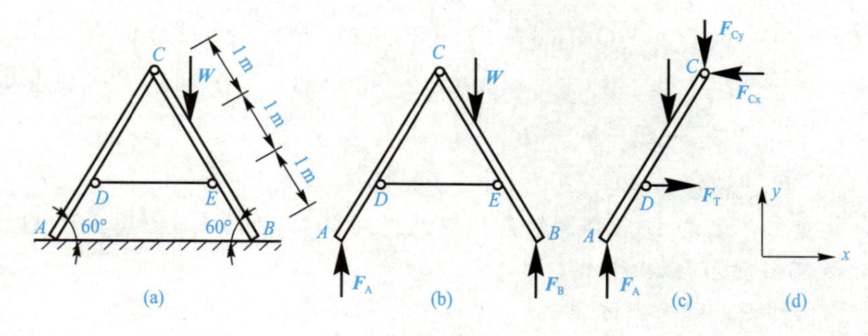

图 3-32

$\sum M_A(\boldsymbol{F})=0 \quad F_B\times 3-W\times(3-2\cos 60^\circ)=0$

$F_B\times 3-600\times(3-2\times 0.5)=0$ 得 $F_B=400\ \mathrm{N}$

$\sum F_y=0 \quad F_A+F_B-W=0$

$F_A+400-600=0$ 得 $F_A=200\ \mathrm{N}$

(2)取 AC 为研究对象，受力如图 3-32(c)所示。列平衡方程

$$\sum M_C(\boldsymbol{F})=0 \quad F_T\times 2\cdot\sin 60^\circ-F_A\times\frac{3}{2}=0$$

$$F_T\times 2\times 0.866-200\times\frac{3}{2}=0 \text{ 得 } F_T=173.2\ \mathrm{N}$$

$\sum F_x=0 \quad F_T-F_{Cx}=0$ 得 $F_{Cx}=F_T=173.2\ \mathrm{N}(\leftarrow)$

$\sum F_y=0 \quad F_A-F_{Cy}=0$ 得 $F_{Cy}=F_A=200\ \mathrm{N}(\downarrow)$

【例 3-20】 如图 3-33 所示的塔式起重机，机身重 $W=200\ \mathrm{kN}$，平衡块重 $Q=30\ \mathrm{kN}$，最大起重量 $P=50\ \mathrm{kN}$。试求满载和空载时，轮 A、B 处的约束力。并问此起重机在满载和空载时会不会翻倒。

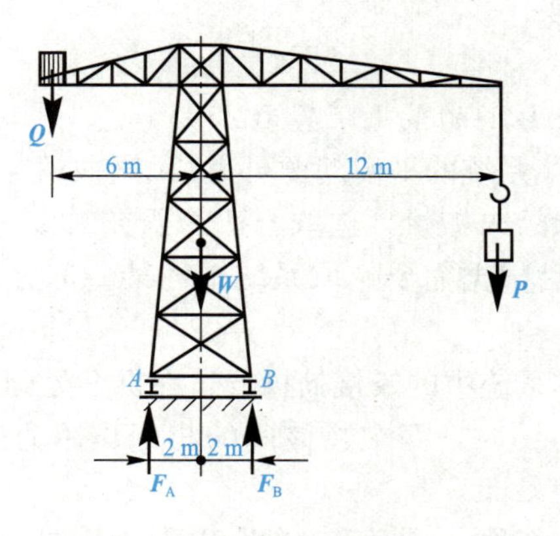

图 3-33

【解】 取起重机为研究对象，分析其受力情况。作用在起重机上的主动力有 $\boldsymbol{W}$、$\boldsymbol{Q}$、$\boldsymbol{P}$，轮 A、B 与轨道是光滑接触，故 A、B 处有光滑面约束力 $\boldsymbol{F}_A$、$\boldsymbol{F}_B$，指向如图。

(1)满载时，$P=50\ \mathrm{kN}$。列平衡方程

$\sum M_A(\boldsymbol{F}) = 0 \quad F_B \times 4 + Q \times (6-2) - W \times 2 - P \times (2+12) = 0$

$F_B \times 4 + 30 \times 4 - 200 \times 2 - 50 \times 14 = 0$ 得 $F_B = 245\ \text{kN}$

$\sum F_y = 0 \quad F_A + F_B - Q - W - P = 0$

$F_A + 245 - 30 - 200 - 50 = 0$ 得 $F_A = 35\ \text{kN}$

满载时，起重机不致绕 B 点翻倒的条件是轨道对轮 A 的约束力 F_A 大于零。此处，$F_A = 35\ \text{kN} > 0$，故满载时不会翻倒。

(2)空载时，$P=0$。列平衡方程

$\sum M_A(\boldsymbol{F}) = 0 \quad F_B \times 4 + Q \times (6-2) - W \times 2 = 0$

$F_B \times 4 + 30 \times 4 - 200 \times 2 = 0$ 得 $F_B = 70\ \text{kN}$

$\sum F_y = 0 \quad F_A + F_B - Q - W = 0$

$F_A + 70 - 30 - 200 = 0$ 得 $F_A = 160\ \text{kN}$

空载时，起重机不致绕 A 点翻倒的条件是轨道对轮 B 的约束力 F_B 大于零。此处 $F_B = 70\ \text{kN} > 0$，故空载时起重机不会翻倒。

【例 3-21】 总重力 $W=160\ \text{kN}$ 的水塔，固定在支架 A、B、C、D 上，如图 3-34 所示。水箱左侧受风压力 $q=16\ \text{kN/m}$。为保水塔平衡，试求 A、B 间的最小距离。

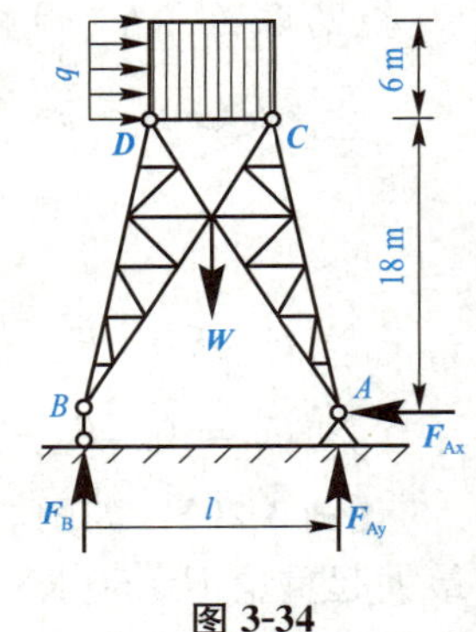

图 3-34

【解】 在风压力 q 作用下，水塔若失去平衡，必会绕 A 点翻倒。为保证水塔平衡，现分析水塔绕 A 点将翻倒而未翻倒的临界平衡状态，此时地面对 B 处的约束力 $F_B=0$。

列平衡方程

$$\sum M_A(\boldsymbol{F})=0 \quad W \times \frac{l}{2} - q \times 6 \times \left(18+\frac{6}{2}\right)=0$$

$$160 \times \frac{l}{2} - 16 \times 6 \times 21 = 0$$

得 $l=25.2\ \text{m}$

即为保证水塔平衡，A、B 间的最小距离为 25.2 m。

综上例题分析，求解物体系统的平衡问题可大致归纳如下：

(1)根据已知条件和所求的未知量，选取合适的研究对象。通常先取整体为研究对象，求出某些待求的未知量，然后根据需要选取系统中的某些部分为研究对象，求出其余的未知量。

(2)合理地“拆”。在物体系统中的铰接处拆开，在拆开处画出相应的约束反力。

(3)在画单个物体的受力图时，两个物体间的相互作用力一定要符合作用力与反作用原理。

(4)物体系统中若有二力杆件，必须准确判断出来，并按二力杆件的受力特点画出杆件两端的约束力。

(5)列平衡方程时选取适当的坐标轴和矩心，尽量使一个平衡方程中只有一个未知量，并尽可能使计算简化。

小实验

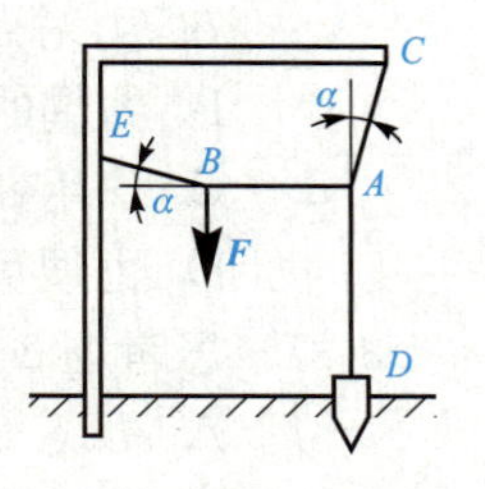

小实验 3-1 图

小实验 3-1 图为拔桩装置，先计算拔木桩之力。其中，在木桩 D 点系一绳，绳另一端固定于 C 点。现在绳的 A 点另系一绳，该绳另一端固定于 E 点。当在绳 B 点作用一个力 F=300 N 时，AB 段水平，AD 段垂直。已知 $\alpha=0.1$ rad，计算木桩上受到的力(提示：当 α 很小时，$\tan\alpha\approx\alpha$)。再模仿拔桩机械，自制一个小型的拔桩机械，用来拔取木板或墙上的钉子。

思考题

3-1　在日常生活中，用手拔钉子拔不出来，为什么用钉锤一下子能拔出来?

3-2　什么是合力矩定理? 这一定理在力矩的计算中有何作用?

3-3　二力平衡中的两个力、作用力与反作用力公理中的两个力、构成力偶的两个力各有什么异同点?

3-4　力矩的作用效果与矩心位置________；而力偶的作用效果与矩心位置________。

3-5　________和________是静力学的两个基本元素。

3-6　力偶在任一坐标轴上的投影等于________，故力偶无________。

3-7　力偶不能用一个力代替，也不能用一个力________，力偶只能用________平衡。

3-8　力偶对其作用面内任一点的矩总是等于本身________，与该点的位置________。

3-9　作用在刚体上某点的力，可平移到刚体上任一点，但必须附加一个________，附加________的力偶矩等于原力对________的矩。

3-10　平面一般力系向作用面内某点简化，一般可得一个________和一个________。

3-11　______________是平面一般力系向一点简化的力学基础。

3-12　平面一般力系的平衡条件是力系的主矢________，主矩________；平衡方程的一般形式是____。

3-13　物体受一平面力系作用，各力构成一个自行封闭的力多边形，则(　　)。

A. 物体平衡　　B. 相当于一个合力

C. 相当于一个力偶　　D. 可能为 A，可能为 C

3-14　平面一般力系向其作用面内任一点简化的结果可能是(　　)。

A. 一个力，一个力偶，一个力与一个力偶，平衡

B. 一个力，一个力与一个力偶，平衡

C. 一个力偶，平衡

D. 一个力，一个力偶，平衡

3-15　一刚体只受两个力 $\boldsymbol{F}_A$、$\boldsymbol{F}_B$ 作用，且 $F_A+F_B=0$，则此刚体(　　)；一刚体上只有两个力偶 M_A、M_B 作用，且 $M_A+M_B=0$，则此刚体(　　)。

A. 一定平衡　　B. 一定不平衡

C. 平衡与否不能判定

3-16　下列说法正确的是(　　)。

A. 力对点的矩与矩心位置无关

B. 力偶的作用效果与转动中心无关

C. 作用在刚体上的两个力偶，若力偶矩大小相等，则互为等效力偶

D. 力偶可以在物体系中任意移动和转动，而不改变它对物体系的作用效果

3-17　思考题 3-17 图所示构件(　　)是二力杆。

A. AB、BC、AC

B. AC、BC、DC

C. AB、AC、DC

D. AC、BC、AB

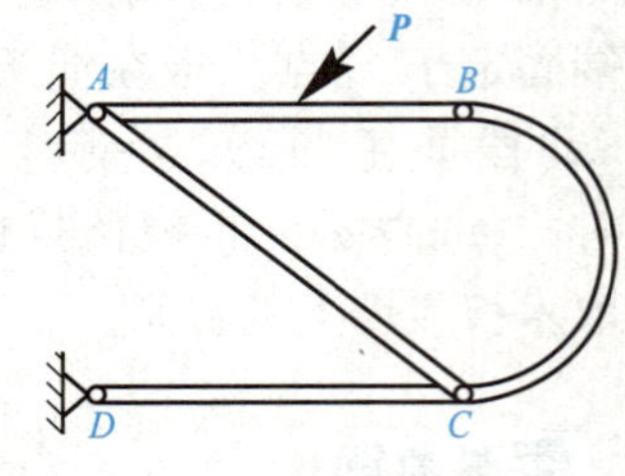

思考题 3-17 图

3-18　如思考题 3-18 图所示梁，若将作用于 D 点的力 $\boldsymbol{F}$ 平移到 E 点成为力 $\boldsymbol{F}'$，并附加一个顺时针的力偶 $M=2Fa$，则平移前后此梁的支座反力没有变化，对不对？为什么？

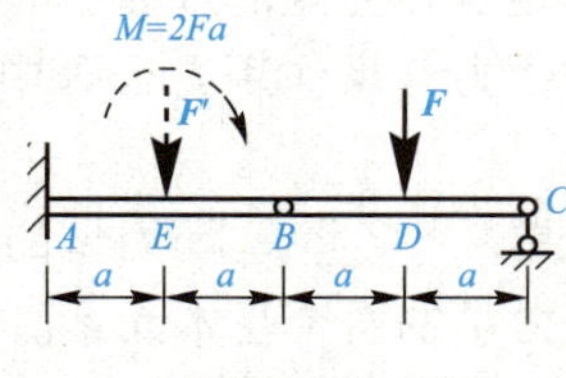

思考题 3-18 图

习　题

习题解答

3-1　习题图 3-1 中 A 点作用一平面汇交力系，已知 $F_1=F_3=2$ kN，$F_2=3$ kN，$F_4=4$ kN。求此平面汇交力系的合力对 O 点的矩。

3-2　求题 3-2 图中力 $\boldsymbol{F}$、力 $\boldsymbol{G}$ 对 A 点的矩。

3-3　习题 3-3 图所示，横梁 AB 上作用一个力偶，其力偶矩 $m=$ 200 N·m。不计各杆自重，试求 A、D 处的支座反力。

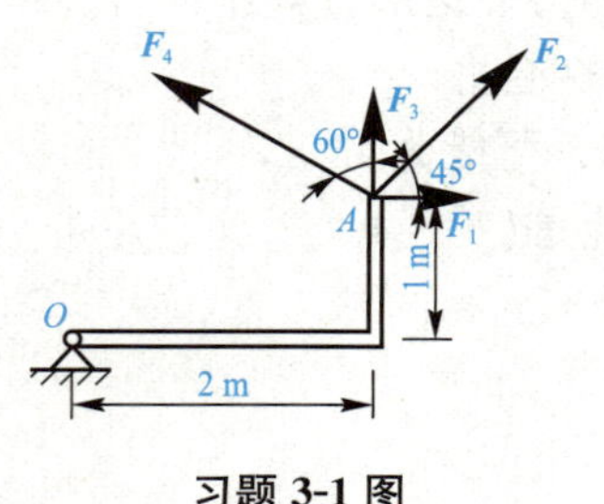

习题 3-1 图

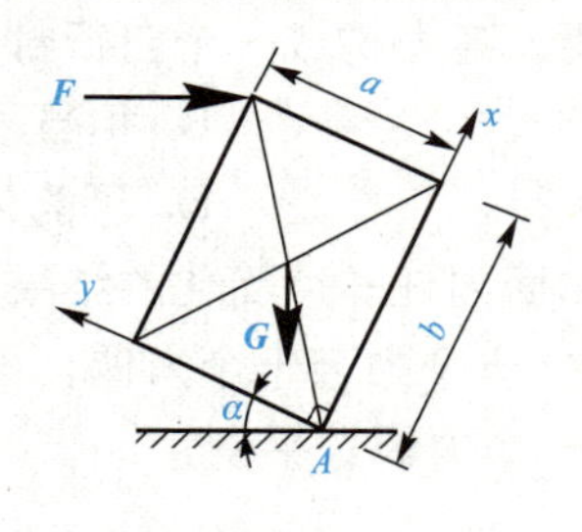

习题 3-2 图

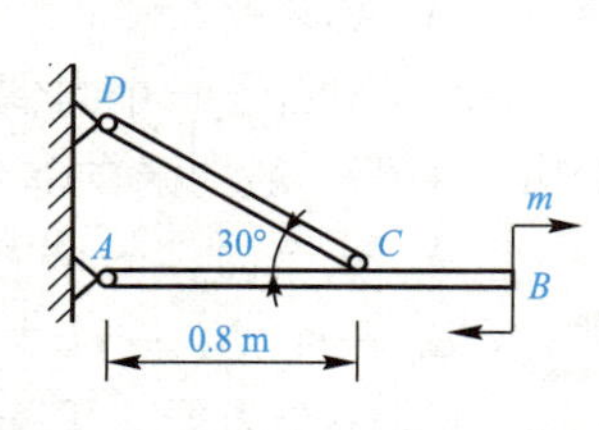

习题 3-3 图

3-4　习题 3-4 图所示的结构中，已知 $m=2$ kN·m，试求 A、B 处的支座反力(不计自重)。

3-5　习题 3-5 图所示的组合梁，已知力偶矩 $m=4$ kN·m，试求 A、D 处的约束反力。

3-6　习题 3-6 图所示的平面刚架，作用一已知力偶 $m=6$ kN·m。不计自重，试求支座 A 的约束反力。

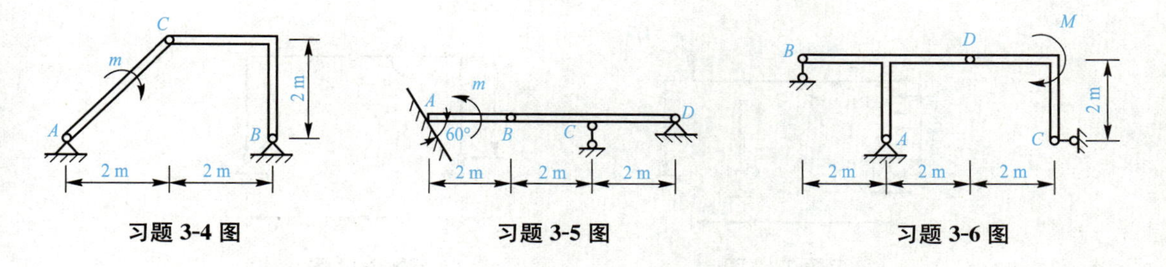

习题 3-4 图　　习题 3-5 图　　习题 3-6 图

3-7　习题 3-7 图所示的挡土墙，墙身重 $W=300$ kN，土压力 $F_1=200$ kN，水压力 $F_2=120$ kN。试求这些力向 O 点简化的结果。

3-8　习题 3-8 图所示某桥墩顶部受到桥梁的压力 $F_1=2\ 040$ kN，力偶 $m=450$ kN·m，水平力 $F_2=203$ kN，风压力的合力 $F_3=140$ kN，桥墩重量 $W=5\ 680$ kN。试求这些力向基底中心 O 的简化结果。

3-9　求习题 3-9 图所示外伸梁的支座反力。

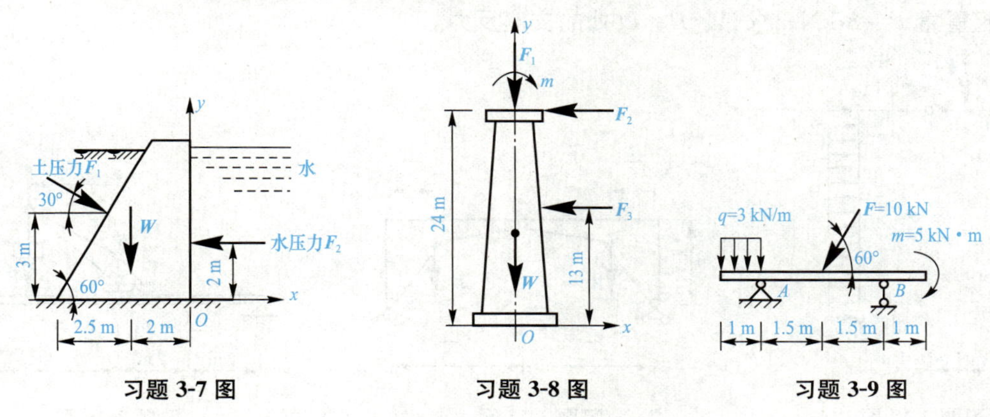

习题 3-7 图　　习题 3-8 图　　习题 3-9 图

3-10　求习题 3-10 图所示简支刚架 A、B 处的支座反力(不计刚架自重)。

3-11　求习题 3-11 图所示刚架的支座反力。

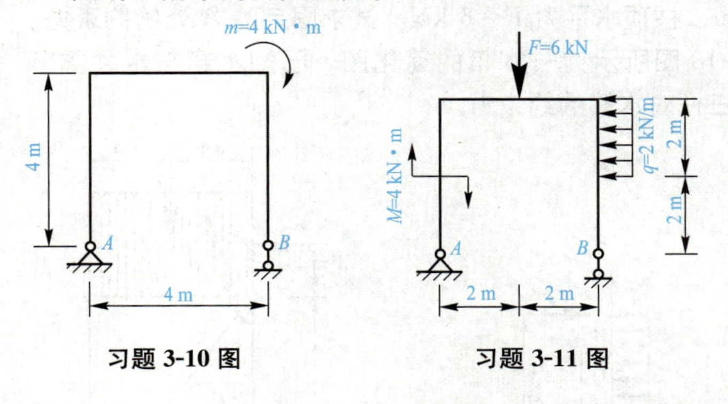

习题 3-10 图　　习题 3-11 图

3-12　求习题 3-12 图所示刚架 A、B 处的支座反力。

3-13　求习题 3-13 图所示刚架的支座反力。设 m、a 为已知。

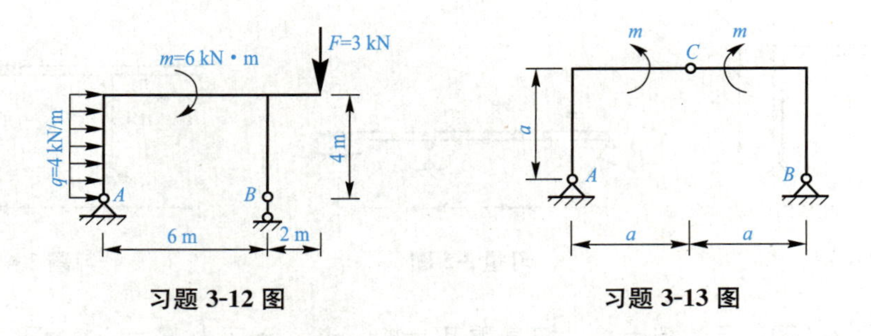

习题 3-12 图　　　　习题 3-13 图

3-14　习题 3-14 图所示的刚架中，已知 $P=4$ kN，$m=6$ kN·m，$q=2$ kN/m，求支座 A、B 处的约束力。

3-15　三铰拱桥如习题 3-15 图所示。已知桥身重 $W=320$ kN，$l=36$ m，$h=12$ m。求 A、B 处的支座反力。

3-16　习题 3-16 图所示，起重机放在多跨静定梁上，机身重 $W=50$ kN，重心通过 C 点。起重量 $P=8$ kN，求 A、B、D 处的支座反力。

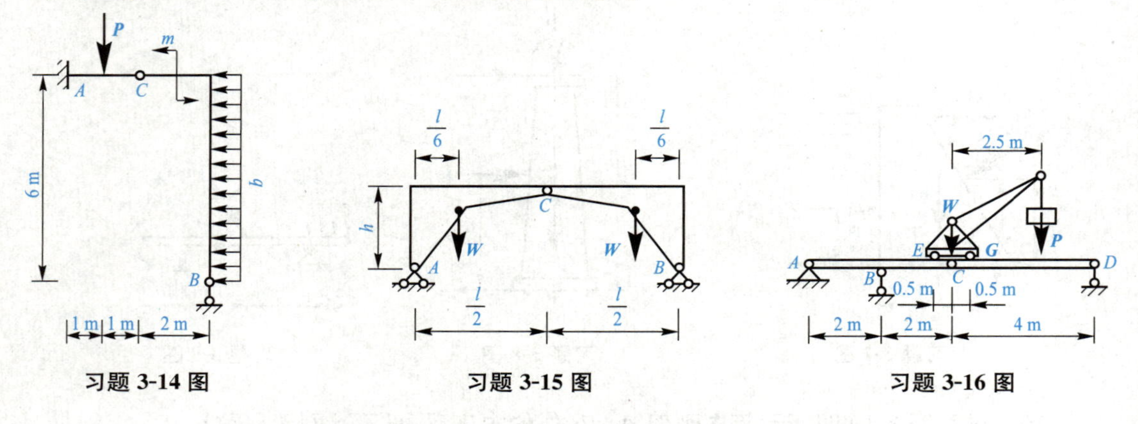

习题 3-14 图　　　　习题 3-15 图　　　　习题 3-16 图

3-17　习题 3-17 图所示为一厂房立柱，柱子上段重 $W_1=8$ kN，下段重 $W_2=37$ kN，风荷载 $q=2$ kN/m，柱顶水平力 $P=6$ kN。试求固定端 A 处的约束力。

3-18　习题 3-18 图所示为一水箱的简化图。已知水箱与水共重 $W=360$ kN，风压力 $P=30$ kN。试求三杆对水箱的约束力。

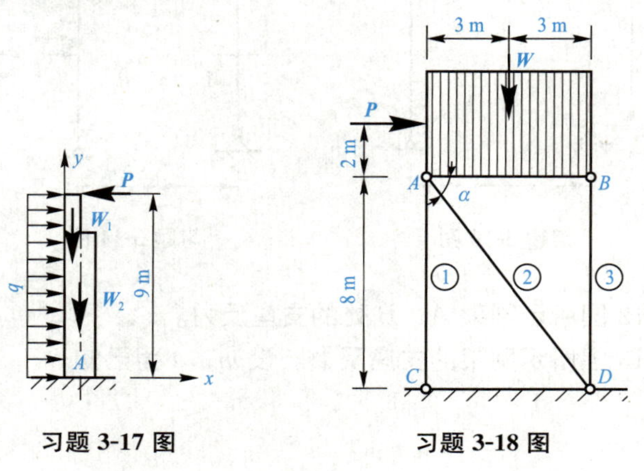

习题 3-17 图　　　　习题 3-18 图

3-19　习题 3-19 图所示机构处于平衡。已知 $m_1=10\ \text{kN}\cdot\text{m}$，$m_2=4\ \text{kN}\cdot\text{m}$，$AB=4\ \text{m}$，$O_2B=2\ \text{m}$。试求支座 O_1、O_2 处的约束力及 O_1A 的长度。

3-20　习题 3-20 图所示为挡土墙。已知墙身重 $W_1=80\ \text{kN}$，铅垂土压力 $W_2=100\ \text{kN}$，水平土压力 $P=110\ \text{kN}$。试求此三力对 A 点之矩，并判断该挡土墙是否会翻倒。

3-21　求习题 3-21 图所示组合梁 A、C 处的支座反力。

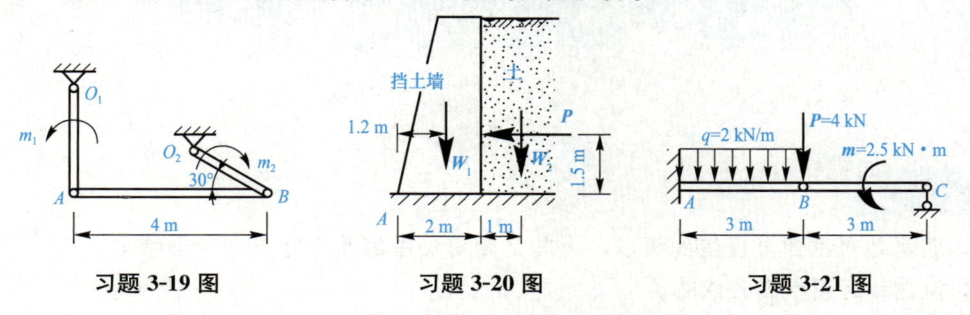

习题 3-19 图　　习题 3-20 图　　习题 3-21 图

3-22　习题 3-22 图所示为二层三铰拱结构，试求 A、B 处的约束力。

3-23　求习题 3-23 图所示组合屋架中杆 AC、CB、DC 所受的力(各杆自重不计)。

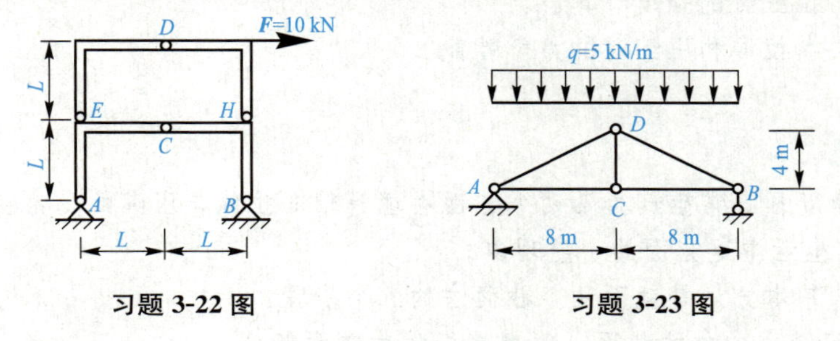

习题 3-22 图　　习题 3-23 图

3-24　习题 3-24 图所示，梁由支座 A 及 BE、DE、CE 三杆支承。试求此三杆所受的力。

3-25　习题 3-25 图所示平面结构由 CDE、EH 和 AG 三部分组成，不计自重。已知 $q=1\ \text{kN/m}$，$F=5\ \text{kN}$，$M_1=M_2=4\ \text{kN}\cdot\text{m}$。试求 A、B、C 处的约束力。

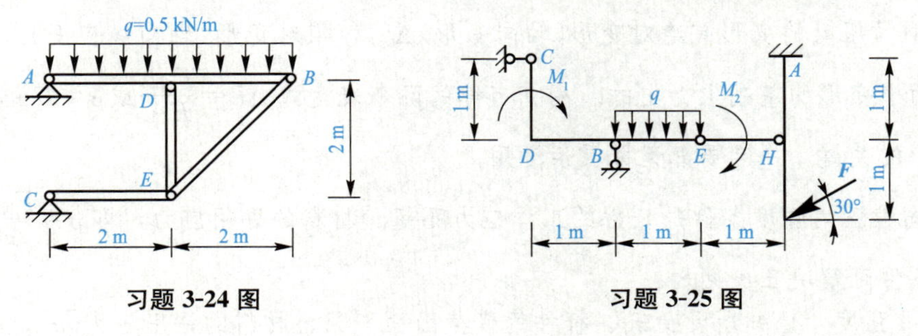

习题 3-24 图　　习题 3-25 图

第四章　轴向拉伸与压缩

学习目标

1. 理解轴向拉伸与压缩的概念，尤其是轴向拉压的受力特点和变形特点。

2. 能熟练运用截面法求内力。

3. 理解应力的概念，掌握轴向拉压时横截面上正应力的计算。

4. 能熟练运用胡克定律分析计算轴向拉压时的变形。

5. 掌握轴向拉压时的强度计算。

6. 了解材料在拉伸和压缩时的力学性能。

技能目标

1. 从力学角度和日常生产生活两个方面去理解轴向拉伸与压缩的受力特点和变形特点，尤其是观察日常生活中这方面的一些现象。

2. 求内力的基本方法是截面法。截面法的三个步骤：

(1)截开。沿欲求内力的截面，假想将杆件截成两部分。

(2)代替。用作用于截面上的内力代替移去部分对剩余部分的作用。

(3)平衡。列出剩余部分的静力平衡方程，求得内力。

3. 正确理解应力的概念。轴向拉压时横截面上只有一个内力即轴力，所以横截面上只有一个应力即正应力。

4. 轴向拉压时的变形有绝对变形(轴向变形)ΔL和相对变形(轴向线应变)ε，而胡克定律是在这两个变形的基础上得出的。胡克定律的两个表达式$\Delta L=\frac{F_N L}{EA}$或$\sigma=E\cdot\varepsilon$是求解轴向拉压变形的关键，一定要熟记并灵活运用。

5. 轴向拉压的强度条件是杆件的工作应力不超过材料的许用应力，即$\sigma=\frac{F_N}{A}\leqslant[\sigma]$，利用此强度条件可解决三类问题：

(1)校核强度。已知所受荷载、杆件的横截面面积A、材料的许用应力$[\sigma]$，校核式$\sigma=\frac{F_N}{A}\leqslant[\sigma]$是否满足，从而检验杆件是否安全。

(2)设计截面。已知所受荷载、材料的许用应力$[\sigma]$，根据式$\sigma=\frac{F_N}{A}\leqslant[\sigma]$设计杆件截面尺寸。

(3)确定许可荷载。已知杆件横截面面积 A、材料的许用应力$[\sigma]$，根据式 $\sigma=\frac{F_N}{A}\leqslant[\sigma]$ 确定许可荷载。

注意：利用强度条件解决问题时，关键是分析杆件的轴力。

第一节 材料力学的基本概念

一、变形固体及其基本假设

(一)变形固体

在静力学中，人们把物体看成是刚体，即在外力作用下，物体的大小和形状都不发生变化。实际上，刚体在自然界是不存在的。任何物体在外力作用下都会或多或少地产生变形，有些变形可直接观察到，有些变形肉眼看不出，但可通过仪器测出。在外力作用下会产生变形的固体材料称为变形固体，如工程中常用的钢、铸铁、木材、混凝土等固体材料都是变形固体。

变形固体在外力作用下产生的变形，据其变形性质可分为两种：一种是当外力去掉后能完全消失的变形，称为弹性变形；另一种是当外力去掉后变形不能完全消失而留有残余，此残余变形称为塑性变形。一般情况下，物体在外力作用下，既有弹性变形，又有塑性变形。但工程中常用的材料，在外力不超过一定范围时，塑性变形很小，可以忽略不计，认为只有弹性变形，这时可将这些材料视为理想弹性体。

在后面章节中，主要讨论材料在弹性范围内的受力及变形。

(二)变形固体的基本假设

变形固体多种多样，组成和性质也十分复杂，为使材料力学研究的问题得到简化，对变形固体作出下列假设。

1. 均匀连续性假设

假设变形固体在其整个体积内毫无空隙地充满了物质，并且各点处的材料力学性能完全相同。

2. 各向同性假设

假设变形固体在各个方向上具有相同的力学性能。

二、材料力学的研究内容

在静力学中，主要研究物体在力的作用下的平衡问题。物体在力的作用下的微小变形对研究平衡问题影响很小，可以忽略不计，因此，在静力学中，可把物体视为刚体来进行分析。而在材料力学中，主要研究构件在外力作用下的强度、刚度和稳定性问题，对于这类问题，即使变形很微小也是主要影响因素之一，必须予以考虑而不能忽略。因此，在材料力学中，必须将研究的各种固体视为变形固体。下面简要介绍强度、刚度和稳定性的概念。

强度：结构或构件在外力作用下抵抗破坏的能力；

刚度：结构或构件在外力作用下抵抗变形的能力；

稳定性：压杆在外力作用下保持原有平衡形态的能力。

三、材料力学的基本变形形式

构件的形状多种多样，材料力学的主要研究对象是杆件。所谓杆件，就是指长度尺寸远大于其他两个方向尺寸的构件。如房屋中的梁、柱，屋架中的各杆，机器中的主轴等。

作用在杆件上的外力是多种多样的，因此，杆件的变形也是多种多样的。杆件的变形不外乎是下列四种基本变形之一，或是两种或两种以上基本变形的组合。

1. 轴向拉伸和压缩

杆件两端沿轴向作用一对等值、反向的拉力(或压力)，使杆件沿轴向伸长(或缩短)，如图 4-1(a)所示。

2. 剪切与挤压

杆件受一对等值、反向、作用线平行且相距很近的横向力作用，使杆件在二力间的横截面产生相对错动，如图 4-1(b)所示。

3. 圆轴扭转

圆轴两端作用一对大小相等、转向相反、作用面与轴线垂直的力偶，使圆轴任意两横截面发生相对转动，如图 4-1(c)所示。

4. 平面弯曲

杆件在一对大小相等、方向相反、位于杆的纵向对称面内的力偶作用下，使杆件轴线在此纵向对称面内由直线变成曲线，如图 4-1(d)所示。

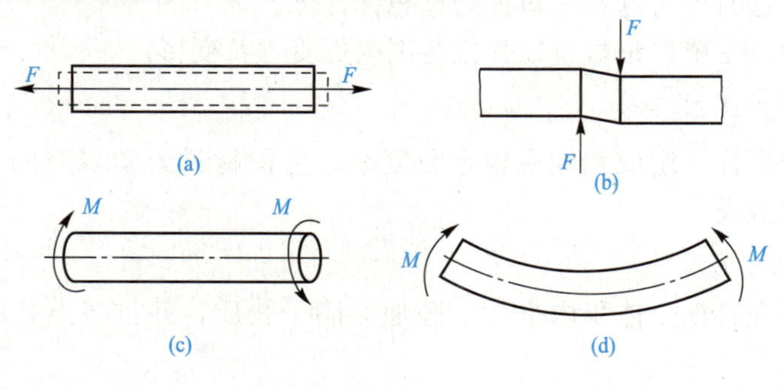

图 4-1

本章介绍材料力学的第一个基本变形，即轴向拉伸和压缩。

第二节　轴向拉伸和压缩的概念

轴向拉伸和压缩变形是杆件四种基本变形之一，在工程中非常常见。如图 4-2(a)所示

的三脚架 ABC，在铰节点 B 受重物 W 作用时，BC 杆受到拉伸[图 4-2(b)]，AB 杆受到压缩[图 4-2(c)]；又如图 4-2(d)中的立柱是轴向压缩。这些杆件的受力特点是：直杆两端沿杆轴向作用一对等值、反向的力；这些杆件的变形特点是：杆件在外力作用下沿轴向伸长或缩短。

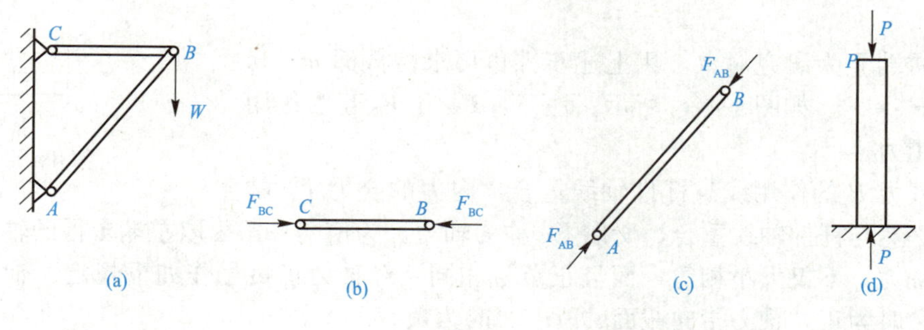

图 4-2

当作用力背离杆端时，作用力是拉力，杆件产生轴向伸长变形，叫作轴向拉伸，如图 4-3(a)所示；当作用力指向杆端时，作用力是压力，杆件产生轴向缩短变形，叫作轴向压缩，如图 4-3(b)所示。

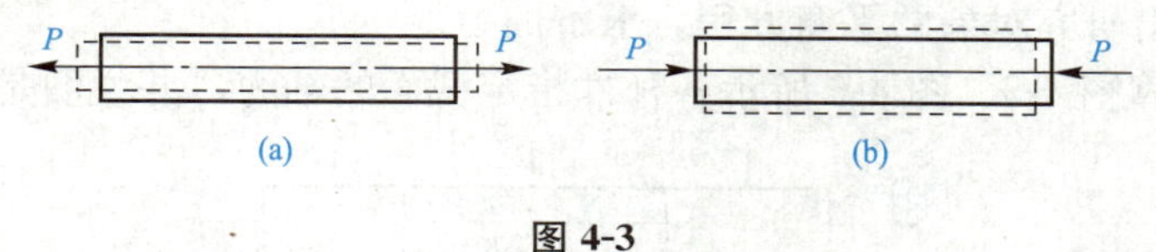

图 4-3

第三节 轴向拉伸和压缩时的内力

一、内力的概念

当我们用手拉一根橡皮筋时，橡皮筋被拉长了；同时，感觉到橡皮筋也在拉我们的手，反抗把它拉长，这种反抗拉长的力就是橡皮筋的内力，这是对内力的一种感性认识。

物体在未受外力作用时，物体内各质点间本来就有相互作用力，所以，物体能保持固定的形状。当物体在外力作用下，物体内各质点间的相对位置将发生改变，各质点间的相互作用力也会发生改变，这种力的改变量，就是材料力学中的内力。也就是说，内力是由外力引起的杆件内各部分间的相互作用力，内力随外力的改变而改变，但不能随外力无限增大，当外力增大到杆件不能承受时，杆件就会断裂破坏。

研究杆件的强度、刚度和稳定性问题，首先要计算内力。

二、轴向拉伸和压缩时的内力——轴力

(一)截面法求轴力

直杆两端沿轴向作用一对拉力 $\boldsymbol{P}$，如图 4-4(a)所示。为求出截面 $m-m$ 上的内力，首

先，可假想在此截面处将杆件切开，分为Ⅰ、Ⅱ两部分。其次，取左端Ⅰ为研究对象，移去部分Ⅱ对Ⅰ的作用以内力代替，其合力为 F_N，如图 4-4(b)所示。最后，由于杆件原来处于平衡状态，切开后各部分仍维持平衡，由平衡条件可得

$$F_N = P$$

若取右端Ⅱ为研究对象，用上述步骤也可求得截面 $m-m$ 上的内力 $F'_N = P$，如图 4-4(c)所示。注意，$\boldsymbol{F}_N$ 和 $\boldsymbol{F}'_N$ 互为作用力与反作用力。

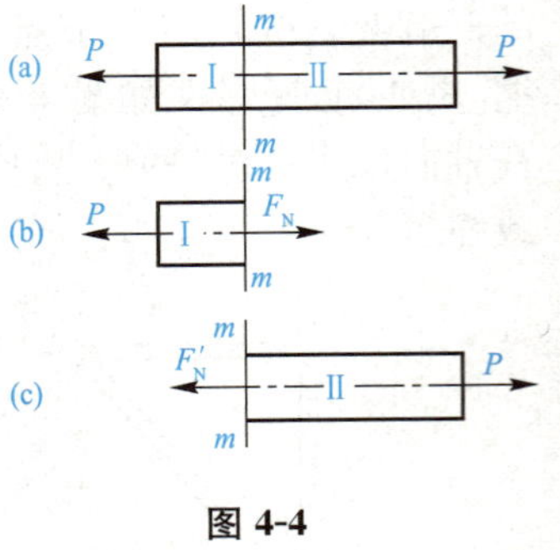

图 4-4

由于外力 P 的作用线与杆件轴线重合，内力的合力 F_N 的作用线也必然与杆件轴线重合，所以 F_N 称为轴力。为使同一截面取左端求得的轴力与取右端求得的轴力，不仅大小相等，而且正负号相同，对轴力正负号作如下规定：轴力背离截面(即拉力)时为正，轴力指向截面(即压力)时为负。

上面这种假想用一截面将杆件截开为两部分，然后取其中一部分为研究对象，再利用平衡条件求截面内力的方法称为截面法。截面法求内力的步骤如下：

(1)截开。沿欲求内力的截面，假想将杆件截成两部分。

(2)代替。取其中一部分为研究对象，用内力代替移去部分对研究部分的作用。

(3)平衡。列出研究对象的平衡方程，求解内力。

【例 4-1】 计算图 4-5、图 4-6 所示各杆件指定截面的轴力，并说明是拉力还是压力。

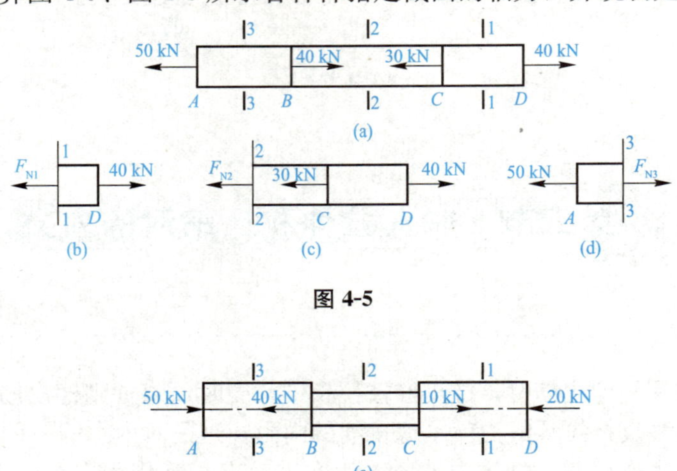

图 4-5

图 4-6

【解】 (1)用截面法求解(图 4-5)。

(b)图：$\sum F_x = 0 \quad 40 - F_{N1} = 0 \quad F_{N1} = 40\ \text{kN}$(拉力)

(c)图：$\sum F_x = 0 \quad 40 - 30 - F_{N2} = 0 \quad F_{N2} = 10\ \text{kN}$(拉力)

(d)图：$\sum F_x = 0 \quad F_{N3} - 50 = 0 \quad F_{N3} = 50\ \text{kN}$(拉力)

(2)用截面法求解(图 4-6)。

(b)图：$\sum F_x = 0 \quad F_{N1} - 20 = 0 \quad F_{N1} = 20\ \text{kN}$(压力)

(c)图：$\sum F_x = 0 \quad F_{N2} + 10 - 20 = 0 \quad F_{N2} = 10\ \text{kN}$(压力)

(d)图：$\sum F_x = 0 \quad 50 - F_{N3} = 0 \quad F_{N3} = 50\ \text{kN}$(压力)

(二)轴力图

当杆件受到两个以上的轴向外力作用时，在杆件的不同区段轴力不等，为表明轴力随截面位置的变化情况，可用平行于杆轴线的坐标表示横截面位置，垂直坐标表示横截面上的轴力，按选定比例把正轴力画在轴的上方，负轴力画在轴的下方，这样画出的图形即为轴力图。

【例 4-2】 绘制图 4-7、图 4-8 所示杆件的轴力图。

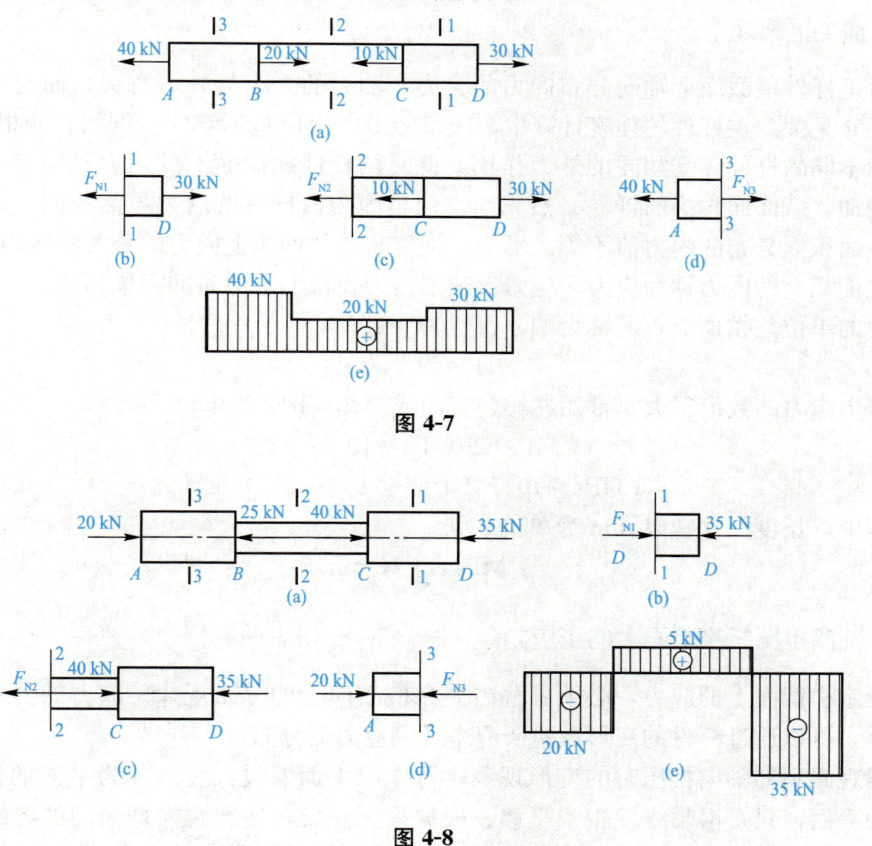

图 4-7

图 4-8

【解】 (1)用截面法计算图 4-7 所示各段轴力。

CD 段(1—1 截面)：$\sum F_x = 0 \quad 30 - F_{N1} = 0 \quad F_{N1} = 30\ \text{kN}$(拉力)

BC 段(2—2 截面)：$\sum F_x = 0 \quad 30 - 10 - F_{N2} = 0 \quad F_{N2} = 20\ \text{kN}$(拉力)

AB 段(3—3 截面)：$\sum F_x = 0 \quad F_{N3} - 40 = 0 \quad F_{N3} = 40\ \text{kN}$(拉力)

绘制轴力图，如图 4-7(e)所示。

(2)用截面法计算图 4-8 所示各段轴力。

CD 段(1—1 截面)：$\sum F_x = 0 \quad F_{N1} - 35 = 0 \quad F_{N1} = 35$ kN(压力)

BC 段(2—2 截面)：$\sum F_x = 0 \quad 40 - 35 - F_{N2} = 0 \quad F_{N2} = 5$ kN(拉力)

AB 段(3—3 截面)：$\sum F_x = 0 \quad 20 - F_{N3} = 0 \quad F_{N3} = 20$ kN(压力)

绘制轴力图如图 4-8(e)所示。

第四节　轴向拉压杆横截面上的正应力

一、应力的概念

轴力是杆件横截面上轴向分布内力的合力。轴力的大小与外力有关，而与杆件的材料和截面尺寸无关。在杆件的强度计算中，仅仅知道内力值是不够的。例如，两根材料相同、截面面积不同的杆件，受相同的外力作用，此时两杆件横截面上的内力是相等的。但随着外力的增加，截面面积小的杆件必然先断。这是因为两杆件的内力虽然相同，但两杆件横截面单位面积上分布的内力值不等。可见，强度与单位面积上内力的分布密切相关。

单位面积上的内力称为应力。应力反映了内力在截面上分布的密集程度。

应力的单位是帕斯卡，简称为帕，符号为“Pa”。

$$1\ \text{Pa} = 1\ \text{N/m}^2$$

工程中应力的数值很大，常用兆帕(MPa)或吉帕(GPa)为单位。

$$1\ \text{MPa} = 10^6\ \text{Pa} = 10^6\ \text{N/m}^2$$

$$1\ \text{GPa} = 10^3\ \text{MPa} = 10^9\ \text{Pa} = 10^9\ \text{N/m}^2$$

工程中，长度尺寸常以 mm 为单位，则

$$1\ \text{MPa} = 1\ \text{N/mm}^2$$

二、轴向拉压杆横截面上的正应力

要确定横截面上的应力，必须了解内力在横截面上的分布规律。应力的分布与变形有关，因此，可以通过杆件的变形试验研究来推测应力的分布。

根据观察到的轴向拉压时的变形现象，可作出平面假设：变形前为平面的横截面，变形后仍为平面，只是沿轴线发生了平移。根据平面假设，任意两横截面间的各纵向线的伸长或缩短都相同，即杆横截面上各点处的变形都相同。由于前面有材料的均匀连续性假设，而应力的分布与变形有关，因此通过推理可知，横截面上的内力是均匀分布的。由于轴向拉压杆的内力是轴力，轴力是垂直于横截面的，故相应的内力分布即应力必然垂直于横截面。垂直于横截面的应力称为正应力，用符号 σ 表示。

结论：轴向拉压时，杆件横截面上只产生正应力，且各点处的正应力相等。其计算公式如下：

$$\sigma=\frac{F_N}{A} \tag{4-1}$$

式中，F_N 为轴力，A 为杆件的横截面面积。

由式(4-1)可知，σ 的正负号与轴力 F_N 相同，即拉应力为正，压应力为负。

【例 4-3】 如图 4-9 所示的杆件，已知 $A_1=500\ \text{mm}^2$，$A_2=300\ \text{mm}^2$，受轴向力作用。试求杆中各段轴力和应力。

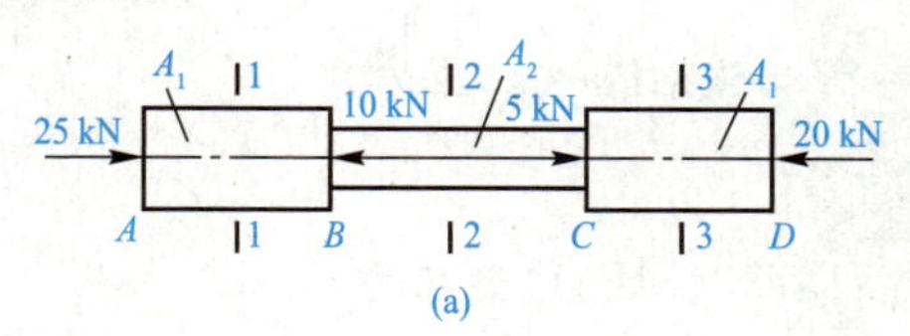

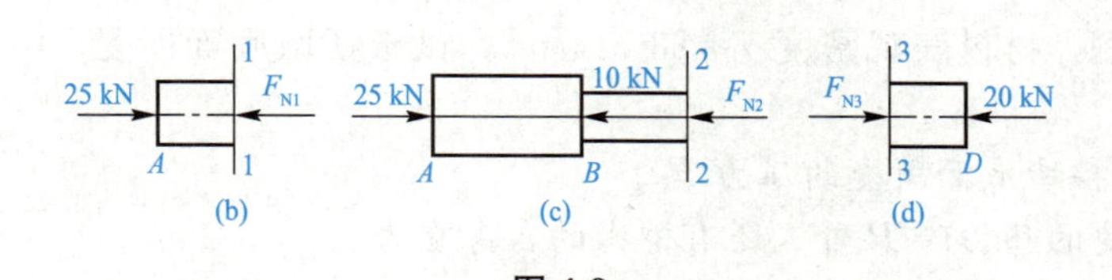

图 4-9

【解】 (1)用截面法计算各段轴力。

AB 段(1—1 截面)：$\sum F_x=0\quad 25-F_{N1}=0$，得 $F_{N1}=25\ \text{kN}$(压力)

BC 段(2—2 截面)：$\sum F_x=0\quad 25-10-F_{N2}=0$，得 $F_{N2}=15\ \text{kN}$(压力)

CD 段(3—3 截面)：$\sum F_x=0\quad F_{N3}-20=0$，得 $F_{N3}=20\ \text{kN}$(压力)

(2)计算各段应力。

AB 段：$\sigma_1=\frac{F_{N1}}{A_1}=\frac{25\times10^3}{500}=50(\text{MPa})$(压应力)

BC 段：$\sigma_2=\frac{F_{N2}}{A_2}=\frac{15\times10^3}{300}=50(\text{MPa})$(压应力)

CD 段：$\sigma_3=\frac{F_{N3}}{A_3}=\frac{20\times10^3}{500}=40(\text{MPa})$(压应力)

【例 4-4】 如图 4-10 所示的结构中，AB 为圆截面钢杆，直径 $d=20$ mm，AC 为边长为 100 mm 的正方形木杆。试求两杆的正应力。

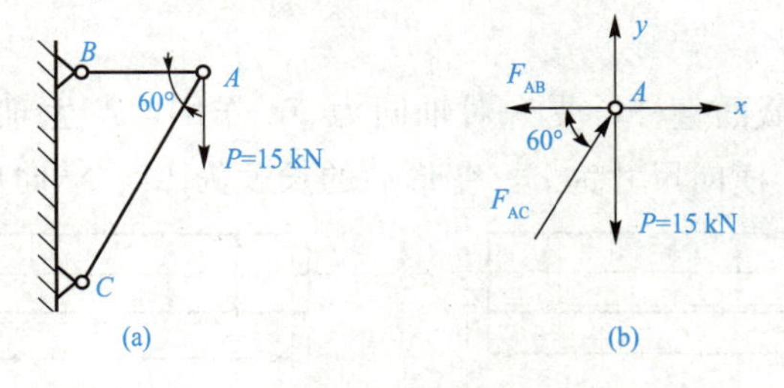

图 4-10

【解】 (1)求两杆的轴力。

取铰 A 为研究对象，受力如图 4-10(b)所示。

列平衡方程(平面汇交力系)

$$\sum F_y = 0 \quad F_{AC} \times \sin 60° - P = 0 \quad F_{AC} \times 0.866 - 15 = 0 \quad F_{AC} = 17.32\ \text{kN}$$

$$\sum F_x = 0 \quad F_{AC} \times \cos 60° - F_{AB} = 17.32 \times 0.5 - F_{AB} = 0 \quad F_{AB} = 8.66\ \text{kN}$$

(2)求各杆的正应力。

$$\sigma_{AB} = \frac{F_{AB}}{A_{AB}} = \frac{8.66 \times 10^3}{\frac{\pi}{4} \times 20^2} = 27.58(\text{MPa})(\text{拉应力})$$

$$\sigma_{AC} = \frac{F_{AC}}{A_{AC}} = \frac{17.32 \times 10^3}{100 \times 100} = 1.732(\text{MPa})(\text{压应力})$$

【例 4-5】 如图 4-11 所示为一个石砌桥墩，横截面尺寸如图所示。已知 P=1 000 kN，材料表观密度 γ=23 kN/m^3，试求桥墩底面所受的压应力。

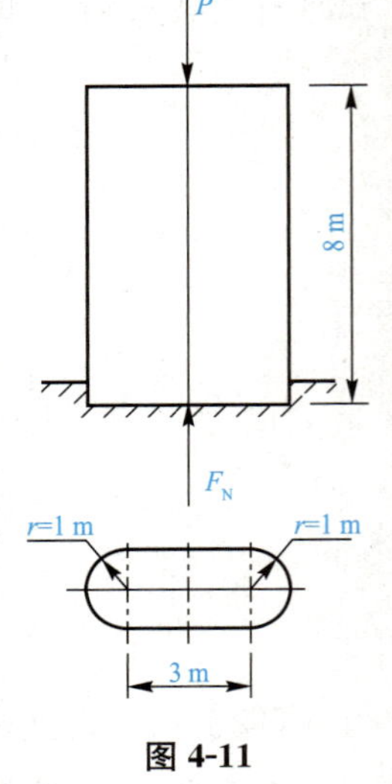

图 4-11

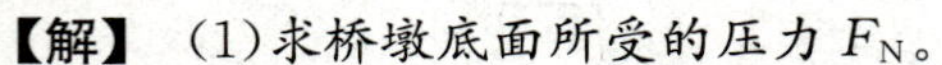

【解】 (1)求桥墩底面所受的压力 F_N。

桥墩底面所受的压力除 P 外，还有桥墩的自身重力。

$$F_N = P + \gamma V = 1\,000 + 23 \times A \times h = 1\,000 + 23 \times (3 \times 2 + \pi \times 1^2) \times 8$$
$$= 2\,681.76(\text{kN})$$

(2)求桥墩底面所受的压应力。

$$\sigma = \frac{F_N}{A} = \frac{2\,681.76 \times 10^3}{(3 \times 2 + \pi \times 1^2) \times 10^6} = 0.29(\text{MPa})$$

第五节　轴向拉压杆的变形与胡克定律

一、轴向拉压杆的变形

杆件受轴向力作用时，既产生沿轴向的纵向变形，又产生垂直于轴向的横向变形。杆件的变形量与所受外力有关，也与杆件的材料、长度、截面尺寸等有关。

1. 杆件的纵向变形及纵向线应变

如图 4-12 所示为等截面直杆，受一对轴向力 $\boldsymbol{F}_N$ 作用，产生轴向拉伸和压缩变形，设杆件变形前的长度为 L，横向尺寸为 d，变形后的长度为 L_1，横向尺寸为 d_1。

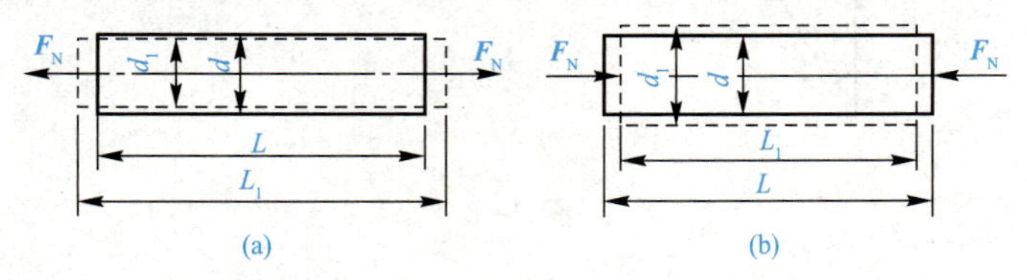

图 4-12

则杆件的纵向变形为

$$\Delta L = L_1 - L$$

轴向拉伸时，ΔL 为正，轴向压缩时，ΔL 为负。ΔL 只反映杆的总变形量，不能反映杆的变形程度，我们可用单位长度的变形量来反映杆的变形程度。

单位长度的纵向变形称为纵向线应变(简称线应变)，用 ε 表示，则

$$\varepsilon = \frac{\Delta L}{L} \tag{4-2}$$

ε 的正负号与 ΔL 相同，即拉伸时为正，压缩时为负。需注意的是，ε 无量纲。

2. 杆件的横向变形及横向应变

由图 4-10 可以看出，杆件的横向变形为

$$\Delta d = d_1 - d$$

与之相应的横向应变为

$$\varepsilon' = \frac{\Delta d}{d} \tag{4-3}$$

ε' 的正负号与 Δd 相同，轴向拉伸时为负，压缩时为正。

3. 泊松比

由上面分析可知，轴向拉压变形时，ε 和 ε' 总是正负相反的。试验表明，当轴向拉压杆的应力不超过材料的比例极限时，横向应变 ε' 与纵向线应变 ε 的比值的绝对值为一常数，此常数称为泊松比(或横向变形系数)，用 μ 表示，即

$$\mu = \left| \frac{\varepsilon'}{\varepsilon} \right| \tag{4-4}$$

μ 是无量纲的量，不同材料的 μ 值不同，可通过试验测出。

表 4-1 列出了建筑工程中常用的几种材料的弹性模量和泊松比。

表 4-1　建筑工程中常用的几种材料的弹性模量和泊松比

材料名称	弹性模量 E/GPa	泊松比 μ
Q235 钢	200～210	0.24～0.28
铸铁	115～160	0.23～0.27
铝合金	70～72	0.26～0.33
铜及其合金	72.5～127	0.31～0.42
混凝土	15～36	0.16～0.18
木材(顺纹)	9～12	—

二、胡克定律

试验证明，当杆的轴向外力不超过某一限度时，杆件的纵向变形 ΔL 与轴力 F_N、杆长 L 及横截面面积 A 之间存在如下比例关系：

$$\Delta L \propto \frac{F_N L}{A}$$

引入比例常数 E，得

$$\Delta L=\frac{F_N L}{EA} \tag{4-5}$$

这一公式是英国科学家胡克提出来的，故称为胡克定律。

式中 F_N——杆段的轴力；

L——杆段的原长；

E——材料的拉压弹性模量；

A——杆段的横截面面积。

由式(4-5)可知，当其他条件相同时，材料的弹性模量越大，则变形越小，也就是说材料抵抗变形的能力越大。E 的数值随材料而异，通过试验测定，单位与应力相同。式(4-5)中的 EA 称为材料的抗拉(压)刚度。

将式(4-5)两端同时除以 L，并把 $\varepsilon=\frac{\Delta L}{L}$，$\sigma=\frac{F_N}{A}$代入，可得

$$\sigma=E\cdot\varepsilon \tag{4-6}$$

式(4-6)是胡克定律的另一个表达式，它表明在线弹性范围内，应力与应变成正比。

【例 4-6】 钢杆长 $L=3$ m，截面面积 $A=240$ mm^2，受轴向力 $P=40$ kN 的作用，钢杆材料的弹性模量 $E=2.0\times10^5$ MPa。试计算钢杆的轴向变形 ΔL。

【解】 此钢杆的轴力 $F_N=P=40$ kN，由胡克定律可得

$$\Delta L=\frac{F_N L}{EA}=\frac{40\times10^3\times3\times10^3}{2.0\times10^5\times240}=2.5(\text{mm})$$

【例 4-7】 已知钢的弹性模量为 $E_1=2\times10^5$ MPa，混凝土的弹性模量为 $E_2=28\times10^3$ MPa，两杆分别受轴向压力作用。试求：

(1)当两杆应力相等时，混凝土杆的应变 ε_2 为钢杆应变 ε_1 的多少倍？

(2)当两杆应变相等时，钢杆的应力 σ_1 为混凝土杆应力 σ_2 的多少倍？

(3)当 $\varepsilon_1=\varepsilon_2=-2\times10^{-3}$时，两杆的应力各为多少？

【解】 (1)钢杆的应力 $\sigma_1=E_1\cdot\varepsilon_1$，混凝土杆的应力 $\sigma_2=E_2\cdot\varepsilon_2$

当两杆应力相等时，即 $\sigma_1=\sigma_2$

$E_1\varepsilon_1=E_2\varepsilon_2$ $\quad \frac{\varepsilon_2}{\varepsilon_1}=\frac{E_1}{E_2}=\frac{2\times10^5}{28\times10^3}=7.14$(倍)

(2)由 $\sigma_1=E_1\cdot\varepsilon_1$ 得 $\varepsilon_1=\frac{\sigma_1}{E_1}$

由 $\sigma_2=E_2\cdot\varepsilon_2$ 得 $\varepsilon_2=\frac{\sigma_2}{E_2}$

当两杆应变相等时，即 $\varepsilon_1=\varepsilon_2$

$\frac{\sigma_1}{E_1}=\frac{\sigma_2}{E_2}$得$\frac{\sigma_1}{\sigma_2}=\frac{E_1}{E_2}=\frac{2\times10^5}{28\times10^3}=7.14$(倍)

(3)当 $\varepsilon_1=\frac{\sigma_1}{E_1}=-2\times10^{-3}$，则

$\sigma_1=E_1\cdot\varepsilon_1=-2\times10^5\times2\times10^{-3}=-400$(MPa)(压应力)

当 $\varepsilon_2=\frac{\sigma_2}{E_2}=-2\times10^{-3}$，则

$\sigma_2=E_2\cdot\varepsilon_2=-28\times10^3\times2\times10^{-3}=-56$(MPa)(压应力)

【例 4-8】 如图 4-13 所示的直杆，AB 段的横截面面积 $A_1=600\ \text{mm}^2$，BC 段的横截面面积 $A_2=400\ \text{mm}^2$，材料的弹性模量 $E=2\times10^5$ MPa。试求此杆的轴向变形 ΔL 及最大线应变 ε_{max}。

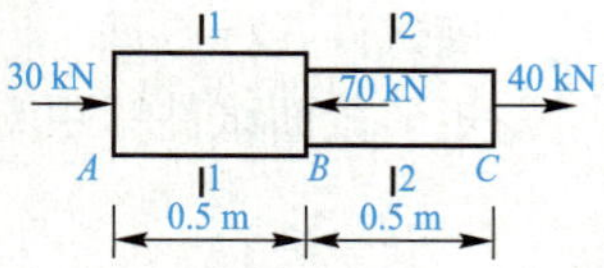

图 4-13

【解】 (1)计算各段的轴力(用截面法)。

AB 段：$F_{N1}=-30$ kN(压力)

BC 段：$F_{N2}=40$ kN(拉力)

(2)计算此杆的轴向变形 ΔL。此杆的轴向变形等于 AB 段的轴向变形与 BC 段的轴向变形的代数和，AB 段受压缩，BC 段受拉伸。用胡克定律计算如下：

$$\Delta L=\Delta L_1+\Delta L_2=\frac{F_{N1}L_1}{EA_1}+\frac{F_{N2}L_2}{EA_2}=-\frac{30\times10^3\times0.5\times10^3}{E\times600}+\frac{40\times10^3\times0.5\times10^3}{E\times400}$$

$$=\frac{1}{E}(-2.5\times10^4+5\times10^4)=\frac{2.5\times10^4}{2\times10^5}=0.125(\text{mm})(\text{伸长})$$

(3)求此杆的最大线应变 ε_{max}。

AB 段的线应变 $\varepsilon_1=\dfrac{\Delta L_1}{L_1}=\dfrac{F_{N1}}{EA_1}=\dfrac{-30\times10^3}{2\times10^5\times600}=-0.25\times10^{-3}$(压缩)

BC 段的线应变 $\varepsilon_2=\dfrac{\Delta L_2}{L_2}=\dfrac{F_{N2}}{EA_2}=\dfrac{40\times10^3}{2\times10^5\times400}=0.5\times10^{-3}$(拉伸)

所以此杆的最大线应变在 BC 段，即 $\varepsilon_{max}=\varepsilon_2=0.5\times10^{-3}$。

【例 4-9】 一拉伸试件的截面为矩形，截面尺寸 $b\times h=30\ \text{mm}\times4\ \text{mm}$。现在试件表面纵向贴上电阻应变片，每增加 3 kN 的拉力测得试件纵向线应变 $\varepsilon=120\times10^{-6}$。求该试件材料的弹性模量 E。

【解】 由题意可知

$$\sigma=\frac{F_N}{A}=\frac{3\times10^3}{30\times4}==25(\text{MPa})$$

再由胡克定律

$$\sigma=E\varepsilon\ \text{得}\ E=\frac{\sigma}{\varepsilon}=\frac{25}{120\times10^{-6}}=2.08\times10^5(\text{MPa})$$

第六节　材料在拉伸和压缩时的力学性能

构件的强度、刚度和稳定性，不仅与构件的形状、尺寸及所受的外力有关，还与材料的力学性能有关。材料在拉伸和压缩时的力学性能，是通过实验得出的。

本节主要介绍在常温、静载条件下，几种常用工程材料在拉伸和压缩时的力学性能。

一、材料拉伸时的力学性能

拉伸试验是研究材料力学性能的最基本试验。规定圆形截面标准试件的工作长度 l(也称标距)与截面直径 d 的比例为

长试件：$l=10d$

短试件：$l=5d$

矩形截面试件标距 l 与横截面面积 A 的比例为

$$l=11.3\sqrt{A} \quad 或 \quad l=5.65\sqrt{A}$$

(一)低碳钢拉伸时的力学性能

低碳钢是工程中应用较广泛的金属材料，力学性能具有典型性。下面以低碳钢作为塑性材料的代表，认识这类材料的力学性能。

拉伸试验时，首先将标准试件两端装入试验机的两个尖头内，然后开动机器，均匀缓慢加载，直到试件拉断为止。在拉伸过程中，自动绘图器将各时刻的荷载 F 与伸长 ΔL 的关系绘成 F-ΔL 曲线图，如图 4-14(a)所示。此图称为拉伸图，图中横坐标为伸长 ΔL，纵坐标为荷载 F。

试件的拉伸图不仅与试件的材料有关，而且与试件横截面尺寸及标距 l 有关。为消除试件尺寸的影响，以得到材料本身的力学性能，常将拉伸图中的 F 值除以试件的横截面面积 A，即用应力 $\sigma=\dfrac{F}{A}$ 来表示；将 ΔL 值除以标距 L，即用应变 $\varepsilon=\dfrac{\Delta L}{L}$ 来表示。由此得应力 σ 与应变 ε 之间的关系曲线，称为材料的应力-应变图(即 σ-ε 图)，如图 4-14(b)所示。

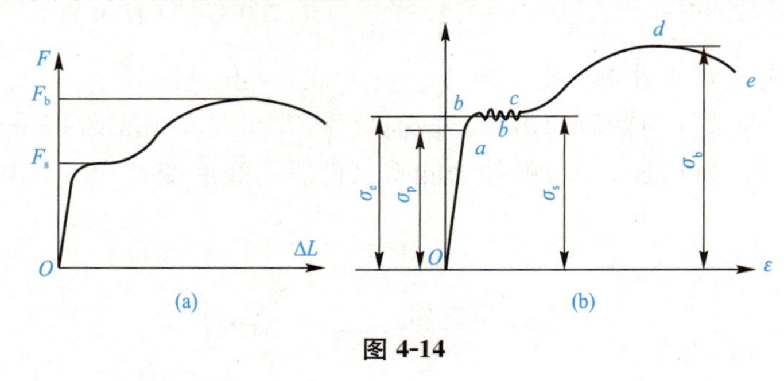

图 4-14

1. σ-ε 图的四个阶段

(1)弹性阶段(Ob)段。当试件应力不超过 b 点所对应的应力时，材料的变形完全是弹性的，即去除外力后变形可完全消失。与这段图线最高点 b 相对应的应力值，称为材料的弹性极限，用 σ_e 表示。

在弹性阶段的初始阶段，即 Oa 段，是一条直线，表明在这段范围内，应力 σ 与应变 ε 成正比。a 点对应的应力值称为材料的比例极限，用 σ_P 表示。

弹性极限与比例极限的数值非常接近，所以实际工程中将两者视为相等，近似认为在弹性范围内材料服从胡克定律。对于低碳钢来说，这数值约为 200 MPa。

(2)屈服阶段(bc 段)。当应力超过 b 点对应的应力后，应变增加很快，而应力几乎不变，或仅在一个微小范围内波动，这种现象称为屈服或流动。屈服时的应力称为屈服极限，用 σ_s 表示。低碳钢的屈服极限 σ_s 约为 240 MPa。当材料屈服时，试件表面将出现与轴线约成 45°角的条纹，这种条纹称为滑移线。

屈服阶段后的变形是外力去除后不能消失的塑性变形，它能使构件不能正常工作，这在许多工程中是不允许的，所以屈服极限是衡量塑性材料强度的一个重要指标。

(3)强化阶段(cd 段)。材料经过屈服阶段，又重新具有了抵抗变形的能力，即欲使试件继续变形，必须增加应力，这种现象称为强化。强化阶段的最高点 d 点对应的应力称为强度极限，用 σ_b 表示。低碳钢的强度极限 σ_b 约为 400 MPa。强度极限是材料所能承受的最大应力，所以强度极限是衡量材料强度的另一个重要指标。

(4)颈缩阶段(de 段)。应力达到强度极限后，试件在某一小段内的横截面出现显著收缩，这种现象称为颈缩。颈缩现象出现后，试件继续变形所需拉力迅速下降，最后试件被拉断。

上述四个阶段是由量变到质变的过程。比例极限 σ_P、屈服极限 σ_s、强度极限 σ_b 是材料力学性能的重要特征值。

2. 塑性指标

试件被拉断后，弹性变形消失了，留下的残余变形是塑性变形。工程中，用试件拉断后的塑性变形来衡量材料的塑性性能。塑性性能指标有两个：

(1)延伸率 δ。

$$\delta=\frac{l_1-l}{l}\times100\%$$

式中，l 为标距原长，l_1 为拉断后的标距长度。

延伸率是衡量材料塑性性能的重要指标，一般可按延伸率的大小将材料分为两类。工程中常将 $\delta\geqslant5\%$ 的材料称为塑性材料，如低碳钢、低合金钢等；$\delta<5\%$ 的材料称为脆性材料，如铸铁、砖石、混凝土等。低碳钢的延伸率为 20%～30%。

(2)截面收缩率 ψ。

$$\psi=\frac{A-A_1}{A}\times100\%$$

式中，A 为原横截面面积，A_1 为试件断口处的最小横截面面积。低碳钢的截面收缩率为 60%～70%。

3. 冷作硬化

如图 4-5 所示，在试验过程中，若加载到强化阶段某点 f 时，然后缓慢卸载到零，在卸载过程中，试件的应力、应变仍保持直线关系，且卸载直线 fO_1 与直线 Oa 近乎平行。OO_1 则为卸载后不能消失的塑性应变。对已有塑性变形的试件重新加载，即应力、应变沿卸载直线 O_1f 上升，到 f 点后仍沿曲线 fde 发展直至断裂。通过这种预拉，材料的比例极限提高到了 f 点，而断裂时的塑性应变则比原来少了 OO_1 这一段。这种现象称为冷作硬化。工程中常利用冷作硬化来提高钢筋等构件的屈服极限，节约钢材。

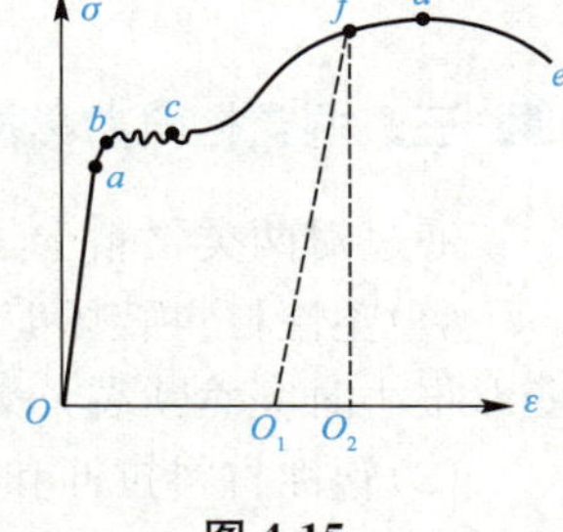

图 4-15

(二)铸铁拉伸时的力学性能

铸铁作为脆性材料的代表，其 σ-ε 图如图 4-16 所示。

由图中可以看出，铸铁的应力-应变图是一段微弯曲线，没有明显的屈服和颈缩现象，变形很小时就突然断裂。因此，一般规定试件在产生 0.1%应变时所对应的应力范围为弹性范围，并认为这个范围内服从胡克定律。

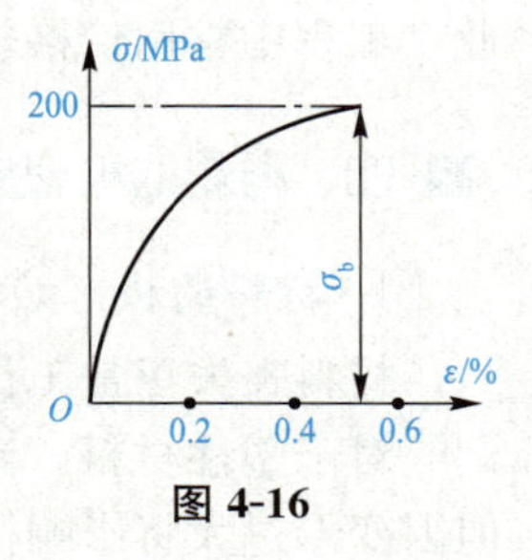

图 4-16

衡量铸铁的唯一指标是强度极限 σ_b。

二、材料压缩时的力学性能

材料压缩试验的试件通常做成短圆柱体，圆柱体高度是直径的1.5～3倍。

(一)低碳钢压缩时的力学性能

以低碳钢作为塑性材料的代表，其压缩时的σ-ε曲线如图4-17中的实线所示，图中虚线是低碳钢拉伸时的σ-ε曲线。比较两条曲线可知，在屈服阶段以前两条线重合，表明低碳钢压缩时的比例极限、屈服极限、弹性模量等参数均与拉伸时相同。进入强化阶段后，试件越压越扁，先是压成鼓形，最后压成饼状，测不出强度极限。

工程中，通常认为塑性金属材料在拉伸和压缩时具有相同的主要力学性能，并以拉伸时的力学性能为准。

(二)铸铁压缩时的力学性能

以铸铁为代表的脆性材料，其压缩时的σ-ε曲线如图4-18中的实线所示，图中虚线是铸铁拉伸时的σ-ε曲线。由图中可以看出，铸铁压缩时的强度极限远高于拉伸时的强度极限(3～5倍)。铸铁试件在压缩破坏时，破坏面与轴线大致成45°角。

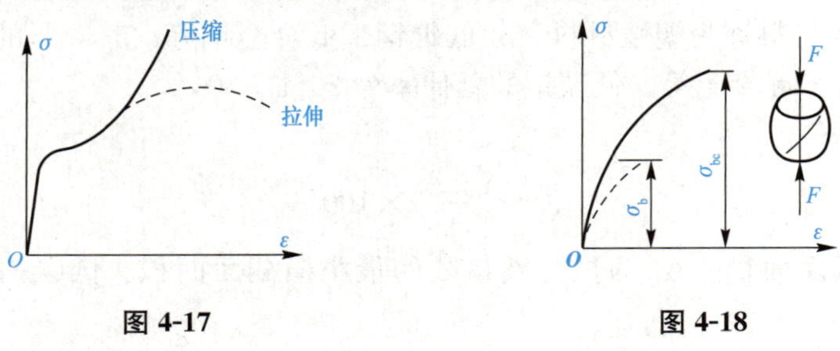

图4-17　　图4-18

三、两类材料力学性能的比较

通过对两类材料上述试验的研究，可分析对比如下：

(1)塑性材料破坏前有较大的塑性变形，出现明显的屈服现象，塑性性能好；脆性材料变形很小时突然断裂，无屈服现象。

(2)塑性材料拉伸和压缩时有相同的比例极限、屈服极限和弹性模量，说明拉伸和压缩时具有相同的强度和刚度；脆性材料压缩时的强度远高于抗拉强度。

总的来说，塑性材料的力学性能优于脆性材料，然而脆性材料价格相对比较低廉，因此，工程中常用价格较低的铸铁、砖石、混凝土等脆性材料制作受压构件。

四、材料的极限应力和许用应力

1. 材料的极限应力

材料丧失正常工作时的应力，称为极限应力，用σ_u表示。

对于塑性材料，当应力达到屈服极限σ_s时，材料产生较大的塑性变形，此时虽未破坏但因变形过大将影响构件的正常工作，所以，塑性材料的$\sigma_u=\sigma_s$；对于脆性材料，变形很小时就突然断裂，所以脆性材料的$\sigma_u=\sigma_b$。

2. 材料的许用应力

设计构件时，有很多因素难以准确估计，同时还必须有足够的安全储备。因此，构件的实际工作应力必须小于极限应力。为安全计，把极限应力除以一个大于1的安全系数n，所得结果称为许用应力，用$[\sigma]$表示，即

$$[\sigma]=\frac{\sigma_u}{n}$$

对于塑性材料：$[\sigma]=\frac{\sigma_s}{n_s}$　一般$n_s=1.4\sim1.8$

对于脆性材料：$[\sigma]=\frac{\sigma_b}{n_b}$　一般$n_b=2.0\sim3.5$

安全系数的选取是一个比较复杂的问题，定低了构件不安全，定高了浪费材料。安全系数不能自己随意确定，确定许用应力就是确定材料的安全系数，各种材料的许用应力值在有关规范中查得，几种常用材料的许用应力值见表4-2。

表4-2　几种常用材料的许用应力值

材料名称	许用应力/MPa	
	许用拉应力$[\sigma_t]$	许用压应力$[\sigma_c]$
低碳钢(Q235)	140～170	140～170
16锰钢	215～240	215～240
灰铸铁	28～78	118～147
混凝土	0.098～0.69	0.98～8.8
木材(顺纹)	6.9～9.8	8.8～12

第七节　轴向拉(压)杆的强度条件与计算

一、轴向拉(压)杆的强度条件

前面已讨论了轴向拉(压)杆的工作应力$\sigma=\frac{F_N}{A}$，为保证构件安全正常工作，杆内的最大工作应力不能超过材料的许用应力，即

$$\sigma_{max}=\frac{F_N}{A}\leqslant[\sigma] \tag{4-7}$$

式中　σ_{max}——杆件横截面上的最大正应力；

F_N——横截面上的轴力；

A——横截面面积；

$[\sigma]$——材料的许用应力。

式(4-7)称为拉(压)杆的强度条件。

在轴向拉(压)杆中，产生最大正应力的截面称为危险截面，破坏往往从危险截面开始。对于等截面直杆，轴力最大的截面即为危险截面；对于变截面杆，危险截面要考虑 F_N 和 A 两个因素才能确定。

二、轴向拉(压)杆的强度计算

利用强度条件，可以解决三类强度计算问题。

1. 强度校核

已知$[\sigma]$、A 和 F_N，检查和校核杆的强度是否足够。根据式(4-7)来判定，若 $\sigma_{max}=\frac{F_N}{A}\leqslant[\sigma]$，表示杆件满足强度条件；若 $\sigma_{max}=\frac{F_N}{A}>[\sigma]$，则强度不够。

2. 设计截面

已知$[\sigma]$、F_N，确定杆件所需的最小横截面面积或相应的尺寸。这时，强度条件可变换为以下形式

$$A\geqslant\frac{F_N}{[\sigma]}$$

3. 确定许可荷载

已知$[\sigma]$、A，确定杆件或结构所能承受的最大荷载。这时，按下式计算杆能承受的最大轴力

$$F_N\leqslant A\cdot[\sigma]$$

然后，根据静力平衡条件，确定结构所能承受的许可荷载。

【例 4-10】 如图 4-19 所示为矩形截面木杆，BC 段有切口削弱截面，承受轴向力 $P=50$ kN。材料的许用应力$[\sigma]=6$ MPa，试校核此杆的强度。

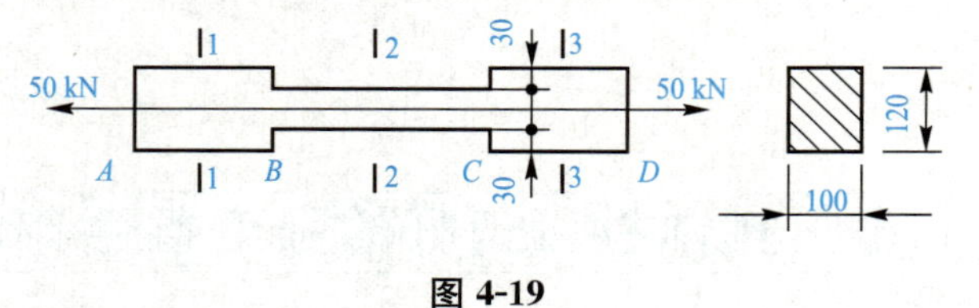

图 4-19

【解】 (1)计算各段轴力。

由截面法可分析出此杆各段的轴力相等，均等于 P

即 $F_{N1}=F_{N2}=F_{N3}=50$ kN

(2)计算此杆中的最大工作应力。

$$\sigma_1=\sigma_3=\frac{F_{N1}}{A_1}=\frac{50\times10^3}{100\times120}=4.17(\text{MPa})$$

$$\sigma_2=\frac{F_{N2}}{A_2}=\frac{50\times10^3}{100\times(120-2\times30)}=8.33(\text{MPa})>[\sigma]$$

由于 $\sigma_2=8.33$ MPa$>[\sigma]$，故此杆强度不够。

【例 4-11】 如图 4-20 所示，构件 AB 重 $W=100$ kN，用钢索起吊，钢索的直径 $d=$

30 mm，许用应力$[\sigma]=160$ MPa。试校核钢索的强度。

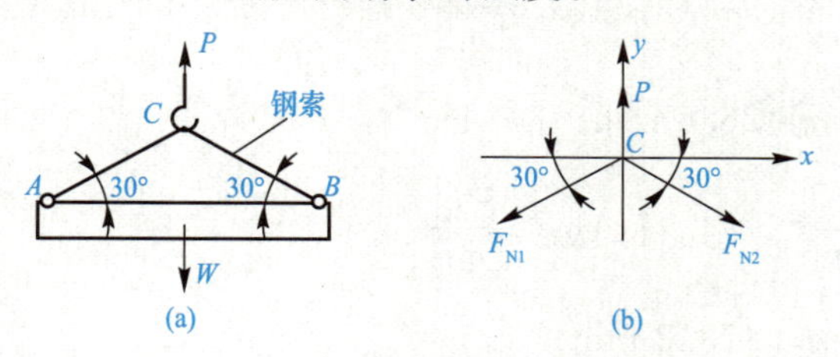

图 4-20

【解】 (1)取整体为研究对象，由二力平衡可知$P=W=100$ kN。

(2)取吊钩C为研究对象，受力如图 4-20(b)所示。列平衡方程(平面汇交力系)

$$\sum F_x=0 \quad F_{N2}\times\cos30^\circ-F_{N1}\times\cos30^\circ=0 \quad 得\ F_{N1}=F_{N2}$$

$$\sum F_y=0 \quad P-F_{N1}\times\sin30^\circ-F_{N2}\times\sin30^\circ=0 \quad 得\ F_{N1}=F_{N2}=100\ \text{kN}$$

(3)校核钢索的强度。

$$\sigma_1=\sigma_2=\frac{F_{N1}}{A}=\frac{100\times10^3}{\frac{\pi d^2}{4}}=\frac{100\times10^3}{\frac{\pi\times30^2}{4}}=141.5(\text{MPa})<[\sigma]$$

所以，钢索满足强度条件。

【例 4-12】 如图 4-21 所示，支架不计各杆自重，荷载$P=120$ kN，AB杆为圆截面钢杆，许用应力$[\sigma]_1=160$ MPa；AC杆为正方形截面木杆，许用应力$[\sigma]_2=5$ MPa。试确定钢杆的直径d和木杆的截面边长a。

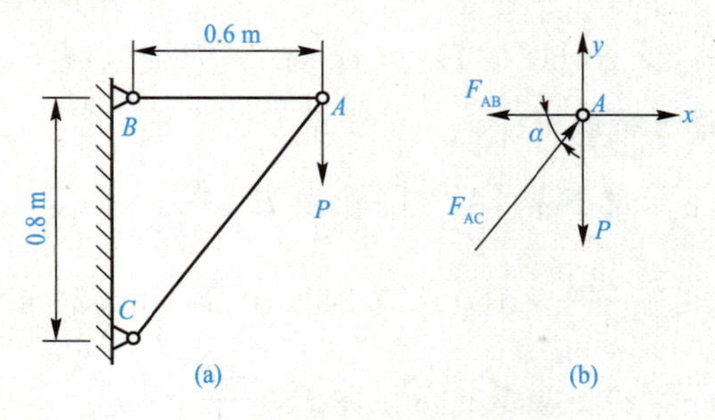

图 4-21

【解】 (1)求各杆轴力。

取铰A为研究对象，受力如图 4-21(b)所示。列平衡方程(平面汇交力系)

$$\sum F_y=0 \quad F_{AC}\times\sin\alpha-P=0\ (\sin\alpha=0.8)$$

$$F_{AC}=\frac{P}{\sin\alpha}=\frac{120}{0.8}=150(\text{kN})(压力)$$

$$\sum F_x=0 \quad F_{AC}\times\cos\alpha-F_{AB}=0 \quad (\cos\alpha=0.6)$$

$$F_{AB}=F_{AC}\times\cos\alpha=150\times0.6=90(\text{kN})(拉力)$$

(2)根据强度条件确定d和a。

AB 杆：由 $\sigma_{AB}=\frac{F_{AB}}{A_{AB}}\leqslant[\sigma]_1$ 得 $A_{AB}\geqslant\frac{F_{AB}}{[\sigma]_1}$

即 $\frac{\pi d^2}{4}\geqslant\frac{90\times10^3}{160}$ 得 $d\geqslant26.8$ mm

AC 杆：由 $\sigma_{AC}=\frac{F_{AC}}{A_{AC}}\leqslant[\sigma]_2$ 得 $A_{AC}\geqslant\frac{F_{AC}}{[\sigma]_2}$

即 $a^2\geqslant\frac{150\times10^3}{5}$ 得 $a\geqslant173.2$ mm

【例 4-13】 如图 4-22 所示的结构中，AB 杆为直径 $d_1=20$ mm 的钢杆，许用应力 $[\sigma]_1=160$ MPa；AC 杆为直径 $d_2=30$ mm 的钢杆，许用应力 $[\sigma]_2=130$ MPa。试求结构的许可荷载 P。

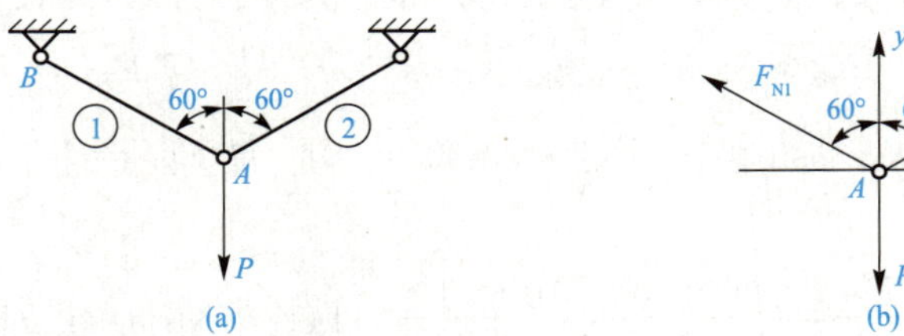

图 4-22

【解】 (1)计算各杆轴力。

取 A 为研究对象，受力如图 4-22(b)所示。列平衡方程

$$\sum F_x=0\quad F_{N2}\times\sin60^\circ-F_{N1}\times\sin60^\circ=0\text{ 得 }F_{N1}=F_{N2}$$

$$\sum F_y=0\quad F_{N1}\times\cos60^\circ+F_{N2}\times\cos60^\circ-P=0\text{ 得 }F_{N1}=F_{N2}=P$$

(2)根据强度条件求许可荷载 P。

①杆：由 $\sigma_1=\frac{F_{N1}}{A_1}\leqslant[\sigma]_1$ 得 $F_{N1}\leqslant A_1\times[\sigma]_1$ 即 $P\leqslant\frac{\pi d_1^2}{4}\times[\sigma]_1$

$$P\leqslant\frac{\pi\times20^2}{4}\times160=50.24\times10^3\text{ N}=50.24\text{ kN}$$

②杆：由 $\sigma_2=\frac{F_{N2}}{A_2}\leqslant[\sigma]_2$ 得 $F_{N2}\leqslant A_2[\sigma]_2$ 即 $P\leqslant\frac{\pi d_2^2}{4}\times[\sigma]_2$

$$P\leqslant\frac{\pi\times30^2}{4}\times130=91.85\times10^3\text{ N}=91.85\text{ kN}$$

为使 P 同时满足两杆的强度，必须取其中较小值，故取 $[P]=50.24$ kN。

【例 4-14】 如图 4-23 所示为起重机，绳索 AB 的直径 $d=25$ mm，材料的许用应力 $[\sigma]=50$ MPa，试根据绳索的强度条件求最大起重量 W。

【解】 (1)求绳索 AB 的拉力 F_N。

取起重机为研究对象，受力如图 4-23(b)所示。列平衡方程

$$\sum M_O(F)=0\quad F_N\times\cos\alpha\times6-W\times4=0\left(\cos\alpha=\frac{10}{\sqrt{10^2+6^2}}=0.86\right)$$

$$F_N\times0.86\times6-W\times4=0$$
$$F_N=0.78W$$

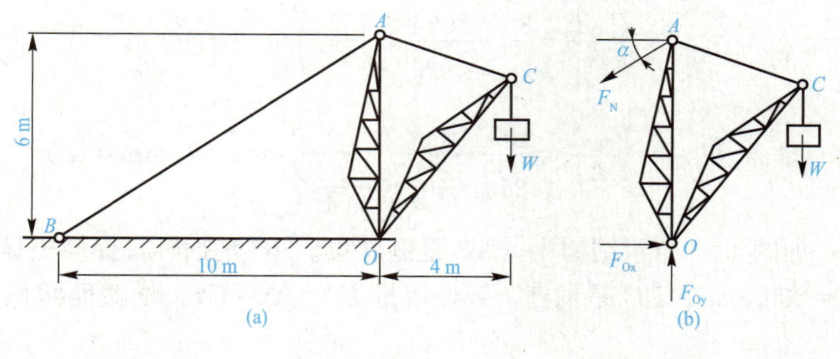

图 4-23

(2)根据绳索强度条件求最大起重量W。

由 $\sigma=\dfrac{F_N}{A}\leqslant[\sigma]$ 得 $F_N\leqslant A\times[\sigma]$ 即 $0.78\ W\leqslant\dfrac{\pi d^2}{4}\times[\sigma]=\dfrac{\pi\times 25^2}{4}\times 50$

$$W\leqslant 31.45\times 10^3\ N=31.45\ kN$$

【例 4-15】 刚性杆 AB 用两根等长钢杆 AC、BD 悬挂，作用在 AB 上的力 $F=120$ kN，如图 4-24 所示。已知杆 AC、BD 的直径分别为 $d_1=25$ mm，$d_2=18$ mm，钢的许用应力 $[\sigma]=170$ MPa，弹性模量 $E=210$ GPa，试校核杆 AC、BD 的强度并计算 A、B 两点的竖向位移。

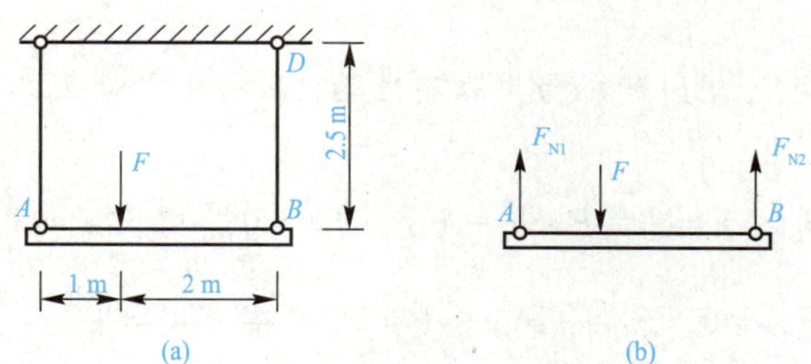

图 4-24

【解】 (1)计算杆 AC、BD 的轴力。取刚性杆 AB 为研究对象，受力如图 4-24(b)所示。列平衡方程

$$\sum M_A(F)=0 \quad F_{N2}\times 3-F\times 1=0 \quad F_{N2}=\frac{F\times 1}{3}=\frac{120}{3}=40(\mathrm{kN})$$

$$\sum F_y=0 \quad F_{N1}+F_{N2}-F=0 \quad F_{N1}=F-F_{N2}=120-40=80(\mathrm{kN})$$

(2)校核杆 AC、BD 的强度。

杆 AC：$\sigma_1=\dfrac{F_{N1}}{A_1}=\dfrac{80\times 10^3}{\dfrac{\pi d_1^2}{4}}=\dfrac{80\times 10^3}{\dfrac{\pi\times 25^2}{4}}=162.97(\mathrm{MPa})<[\sigma]$

杆 BD：$\sigma_2=\dfrac{F_{N2}}{A_2}=\dfrac{40\times 10^3}{\dfrac{\pi d_2^2}{4}}=\dfrac{40\times 10^3}{\dfrac{\pi\times 18^2}{4}}=157.19(\mathrm{MPa})<[\sigma]$

两杆均满足强度条件。

(3)计算 A、B 两点的竖向位移。A、B 两点的竖向位移即为杆 AC、BD 的轴向变形。

$$\delta_A=\Delta L_{AC}=\frac{F_{N1}L}{EA_1}=\frac{80\times10^3\times2.5\times10^3}{210\times10^3\times\frac{\pi\times25^2}{4}}=1.94(\text{mm})(\downarrow)$$

$$\delta_B=\Delta L_{BD}=\frac{F_{N2}L}{EA_2}=\frac{40\times10^3\times2.5\times10^3}{210\times10^3\times\frac{\pi\times18^2}{4}}=1.87(\text{mm})(\downarrow)$$

【例 4-16】 如图 4-25 所示结构中，AB 是刚性梁。AC 是钢杆，弹性模量 $E_1=200$ GPa，横截面面积 $A_1=200\ \text{mm}^2$；BD 是铜杆，弹性模量 $E_2=100$ GPa，横截面面积 $A_2=800\ \text{mm}^2$。试求：

(1)若使刚性梁 AB 保持水平，荷载 F 应作用在何处？(即求 x)

(2)当刚性梁 AB 保持水平，且竖向位移不超过 2 mm 时，求荷载 F 的最大值。

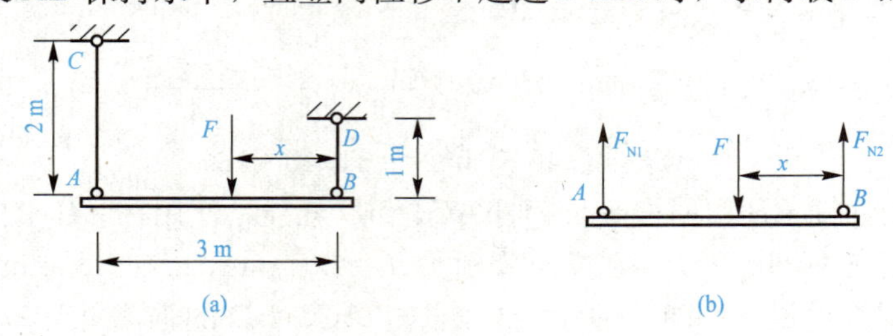

图 4-25

【解】 (1)计算杆 AC、BD 的轴力。取刚性梁 AB 为研究对象，受力如图 4-25(b)所示。列平衡方程

$$\sum M_B(F)=0\quad F\cdot x-F_{N1}\times3=0\quad 得\ F_{N1}=\frac{F\cdot x}{3}$$

$$\sum F_y=0\quad F_{N1}+F_{N2}-F=0\quad 得\ F_{N2}=\frac{F(3-x)}{3}$$

(2)若使刚性梁 AB 保持水平，求 x。

设杆 AC、BD 的轴向变形分别为 ΔL_1，ΔL_2，由题意可知

$$\Delta L_1=\Delta L_2\ 即\frac{F_{N1}L_1}{E_1A_1}=\frac{F_{N2}L_2}{E_2A_2}$$

$$\frac{\frac{F\cdot x}{3}\times2}{200\times200}=\frac{\frac{F(3-x)}{3}\times1}{100\times800}$$

化简求得

$$x=\frac{3}{5}\ \text{m}$$

(3)当竖向位移不超过 2 mm 时，求 F 的最大值(设 F 为 kN)。

由题意可知 $\Delta L_1=\Delta L_2\leqslant2$ mm

$$\frac{F_{N1}L_1}{E_1A_1}\leqslant2\ \text{mm}$$

$$\frac{\frac{F\times\frac{3}{5}}{3}\times10^3\times2\times10^3}{200\times10^3\times200}\leqslant2\ 得\ F\leqslant200\ \text{kN}$$

第八节　应力集中的概念

等截面直杆轴向拉压时，横截面上的应力是均匀分布的。但在工程中出于实际需要，常在一些构件上钻孔、开槽或制成阶梯形等，在这些截面突变地方附近，应力局部数值剧烈增加；而在离这些区域稍远的地方，应力急剧下降而趋于平缓，这种现象称应力集中。

应力集中对塑性材料影响不大，因为当最大应力达到屈服极限时，此处的最大应力将停止增大，只是变形继续增加。这样，截面其他处小于屈服极限的应力，将因变形增加而继续提高，使整个截面上的应力趋于均匀，直至同样达到屈服极限，构件丧失了工作能力。因此，对于塑性材料制成的构件，虽有应力集中，但不会显著降低抵抗荷载的能力，故在强度计算中可不考虑应力集中的影响。

脆性材料没有屈服现象，当应力集中处的最大应力达到材料的强度极限时，会导致构件突然断裂。因此，必须考虑应力集中对强度的影响。

小实验

找一个正方形框架，用麻绳套在框架外面往上拉，如小实验 4-1 图所示。通过角度 α 的变化，体验拉力 F 的变化，F 是随 α 的增大而增大还是减小？

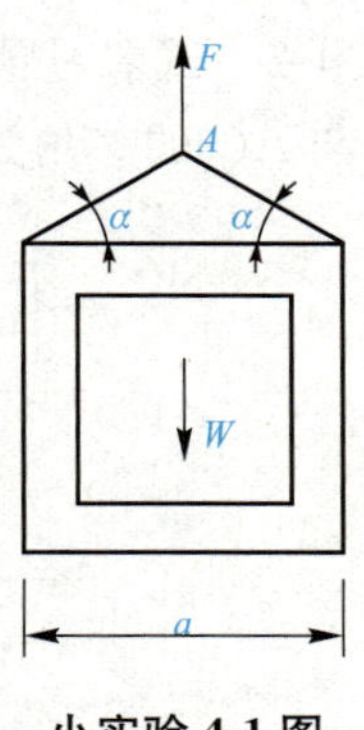

小实验 4-1 图

思考题

4-1　在材料力学中，对变形固体作了哪三个基本假设？

4-2　什么是内力？内力能否直接观察？

4-3　轴向拉压时的内力为什么叫轴力？轴力的正负号是如何规定的？

4-4　下列哪个量的单位与其他不同(　　)。

A. 轴力　　B. 压力　　C. 支座反力　　D. 应力

4-5　一根钢杆，一根铜杆，承受相同的轴向拉力，两杆的横截面面积不同，则两杆的内力(　　)，应力(　　)。

A. 相同　　B. 不同　　C. 无法确定

4-6　轴向拉压杆的危险截面一定是(　　)最大的截面。

A. 外力　　B. 内力　　C. 应力

4-7　杆件变形的基本形式有四种，分别是________、________、________、________。

4-8　构件的承载能力是用________、________、________三个指标来衡量的。

4-9　轴向拉压杆的受力特点是________________________________；变形特点是____。

4-10　截面法求内力的步骤是________、________、________。

4-11　轴向拉压时横截面上的正应力是________分布的。

4-12　胡克定律的两个表达式是____________和____________。

4-13　两杆材料不同、长度相同、截面相同，承受相同的外力，则它们的内力________、应力________、变形________(填“相同”或“不同”)。

4-14　利用拉压强度条件，可解决三类问题：__________、__________、__________。

4-15　低碳钢拉伸过程中表现为几个阶段？有哪几个特征点？怎样从 σ-ε 曲线上求出拉压弹性模量 E 的值。

4-16　指出下列概念的区别：

(1)外力和内力；(2)线应变和延伸率；(3)工作应力、极限应力和许用应力；(4)屈服极限和强度极限。

习　题

习题解答

4-1　计算习题 4-1 图所示各杆件指定截面的轴力，并说明是拉力还是压力。

4-2　试求习题 4-2 图所示结构中各杆的轴力。各杆自重不计。图中 AB 与 AC 的夹角为 30°。

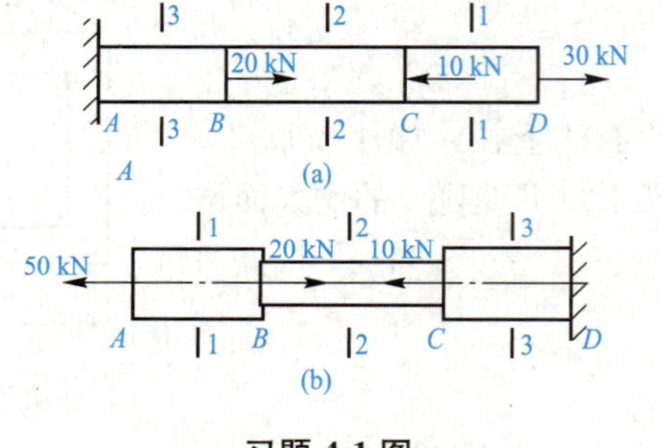

习题 4-1 图

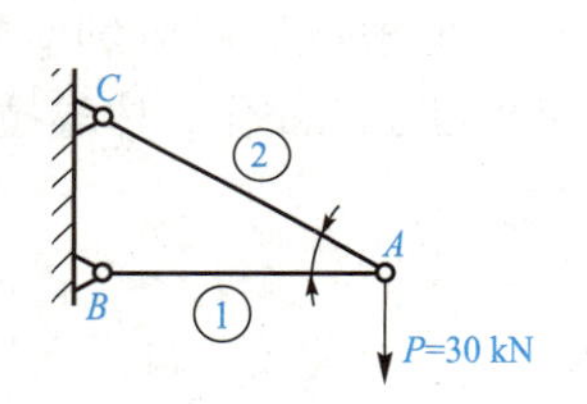

习题 4-2 图

4-3　求习题 4-3 图所示阶梯直杆中各段的轴力和应力，并求出杆中的最大正应力。

4-4　习题 4-4 图所示结构中，$P=120$ kN，各杆横截面面积均等于 2 000 mm²，试求各杆的应力。

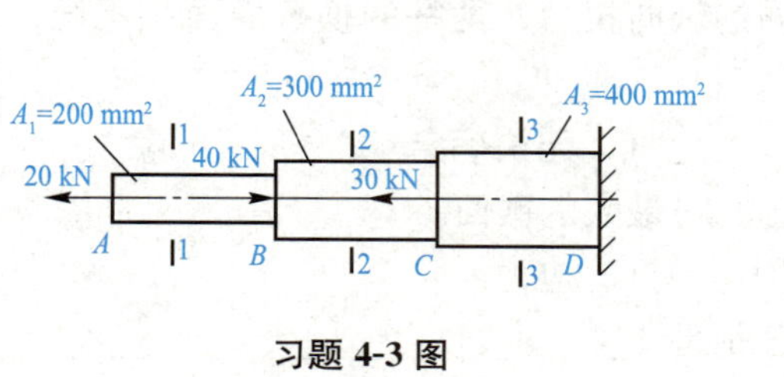

习题 4-3 图

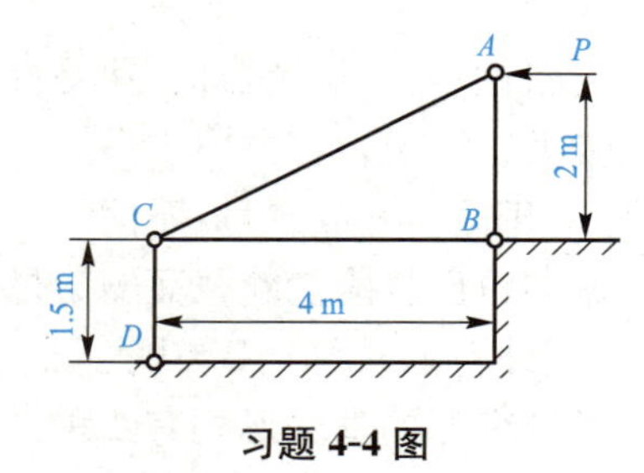

习题 4-4 图

4-5　习题 4-5 图所示的正方形截面直杆，边长 $a=50$ cm，BC 段开有长 2 m、宽 25 cm 的通槽，受力如图所示。试求各段轴力和正应力。

4-6　习题 4-6 图所示为一屋架的计算简图。已知屋架的上弦杆和拉杆均由两根 30×30×4 的等边角钢制成，屋面承受均布荷载 $q=20$ kN/m。试求拉杆 AB 上的应力。

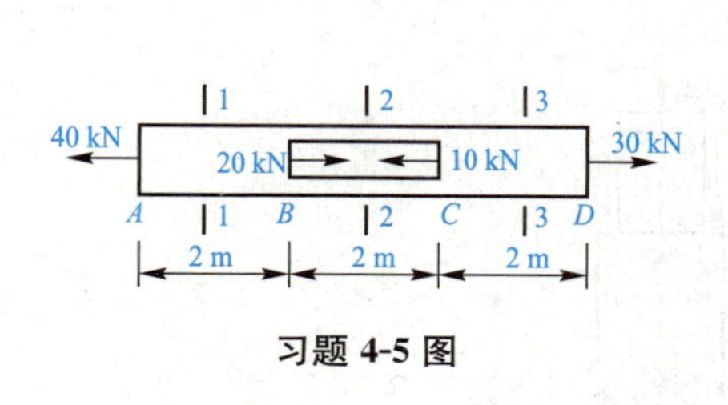

习题 4-5 图

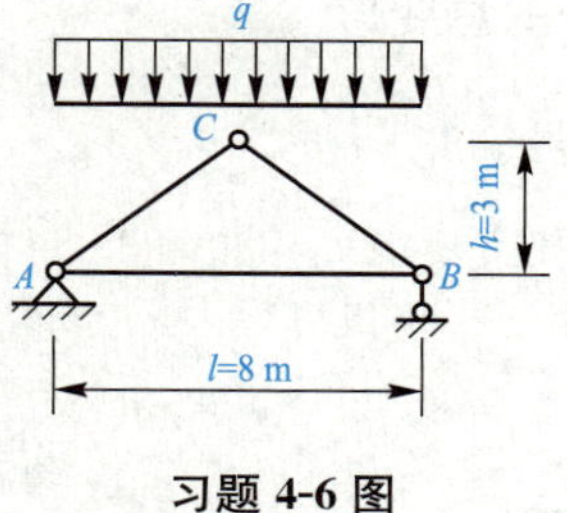

习题 4-6 图

4-7　习题 4-7 图所示水箱用①、②、③杆支承，水箱重 $W=400$ kN，水平风力 $P=120$ kN，设三杆的横截面面积均为 $A=1\ 800\ \text{mm}^2$，求各杆的正应力。

4-8　习题 4-8 图所示简易起重架，已知 AC 为圆截面钢杆，直径 $d=30$ mm，许用应力 $[\sigma]_1=160$ MPa；AB 为 200 mm×300 mm 的木杆，许用应力 $[\sigma]_2=6$ MPa。试求此起重架的最大吊重 F。

4-9　吊车如习题 4-9 图所示，小车可在 AB 梁上移动，已知小车荷载 $Q=260$ kN。斜杆 AC 为圆截面钢杆，其许用应力 $[\sigma]=170$ MPa，试求斜杆 AC 的直径 d。

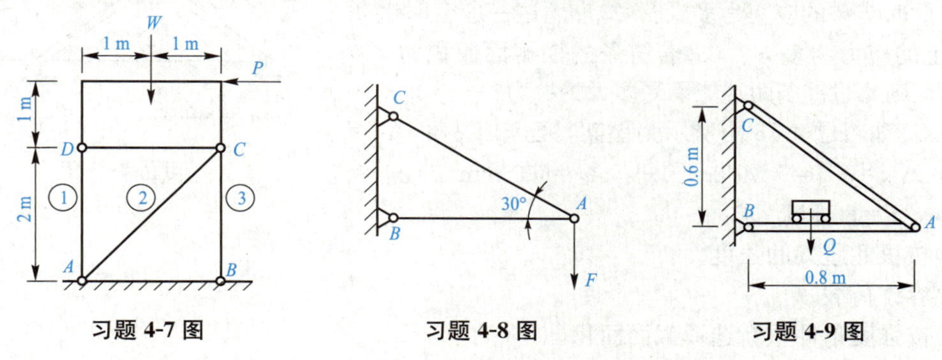

习题 4-7 图　　习题 4-8 图　　习题 4-9 图

4-10　如习题 4-10 图所示为变截面钢杆，已知许用应力 $[\sigma]=160$ MPa，$E=2\times10^5$ MPa。各段横截面面积分别为 $A_1=250\ \text{mm}^2$，$A_2=400\ \text{mm}^2$，$A_3=500\ \text{mm}^2$。

(1)校核此杆强度。

(2)求杆的总变形。

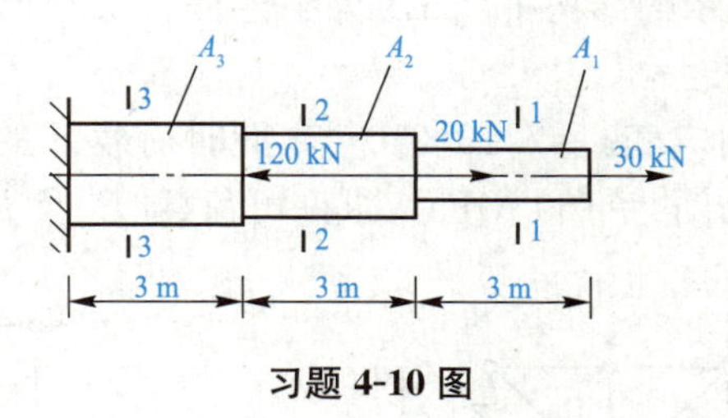

习题 4-10 图

4-11　如习题 4-11 图所示一厂房的柱子，已知荷载 $F_1=150$ kN，$F_2=120$ kN，$l_1=3$ m，$l_2=8$ m，$A_1=450\ \text{cm}^2$，$A_2=700\ \text{cm}^2$。柱子材料的弹性模量 $E=18$ GPa。试求：

(1)绘制柱子的轴力图。

(2)柱子上、下段的应力。

(3)柱子的总变形。

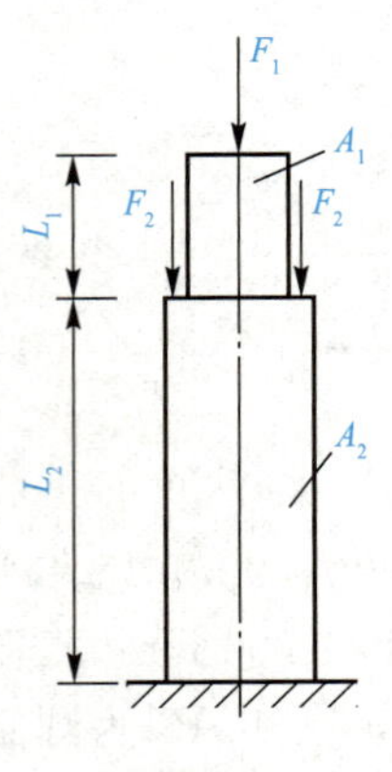

习题 4-11 图

4-12　一根链条两端受拉后，从原长 15 m 拉长到 15.011 m，若链条材料为钢，弹性模量 $E=200$ GPa。试问：(1)此时链条的应变为多少？(2)产生这一应变时链条横截面上的应力为多大？(3)若链条的横截面面积为 5×10^{-4} m^2，则此时链条两端能承受多大的拉力？

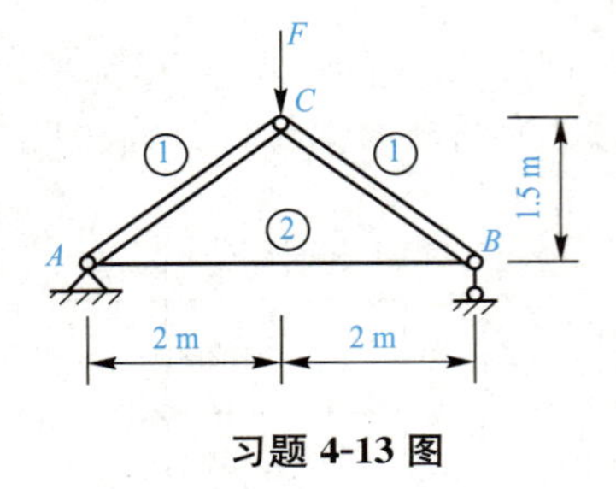

习题 4-13 图

4-13　如习题 4-13 图所示为屋架，已知①杆：$A_1=$ 10 000 mm^2，$[\sigma_1]=7$ MPa；②杆：$A_2=600$ mm^2，$[\sigma_2]=$ 160 MPa，$F=80$ kN。求：

(1)校核此屋架的强度。

(2)容许荷载$[F]$。

(3)按强度条件重新选择截面面积。

4-14　有一低碳钢试件，当应力为 315 MPa 时，总应变为 0.02。已知材料的弹性模量 $E=210$ GPa，试计算在此时刻的弹性应变 ε_e 和塑性应变 ε_p。

4-15　如习题 4-15 图所示结构为钢桁架，即各杆均为钢杆(二力杆)，钢材的许用应力 $[\sigma]=160$ MPa，荷载 $F=20$ kN。试问 CD 杆的直径至少多大才能满足强度条件？

4-16　如习题 4-16 图所示的结构中，AB 为刚性杆。CD 杆的直径 $d=30$ mm，材料的弹性模量 $E=210$ GPa。试求：

(1)若测得 CD 杆的轴向应变 $\varepsilon=7.15\times10^{-4}$，此时荷载 F 的值。

(2)若 CD 杆的许用应力$[\sigma]=160$ MPa，求许可荷载$[F]$及 B 点的竖向位移。

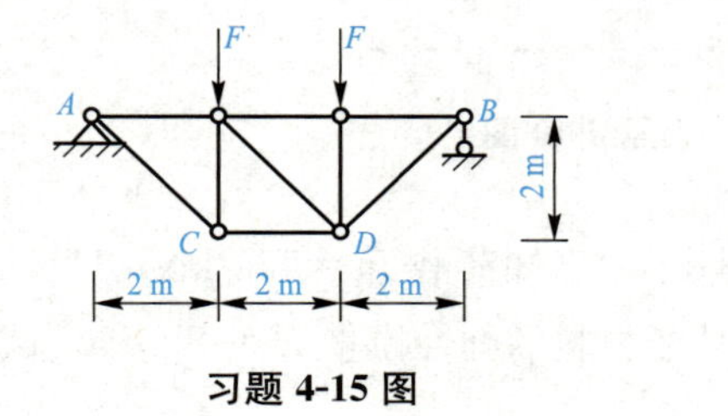

习题 4-15 图

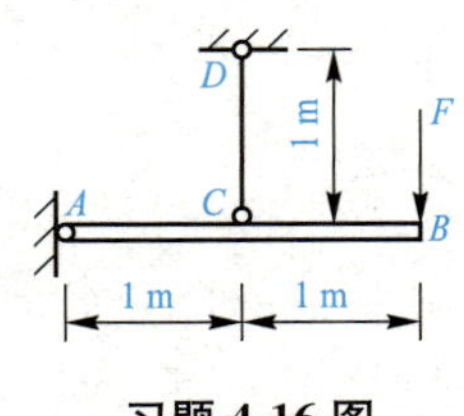

习题 4-16 图

4-17　如习题 4-17 图所示为一钢制正方形框架，边长 $a=400$ mm，重 $W=460$ N，用麻绳套在框架外面吊起。麻绳在 290 N 的拉力作用下将被拉断。

(1)若麻绳长为 1.8 m，试校核其强度。

(2)若要安全起吊，麻绳的长度至少应为多少？

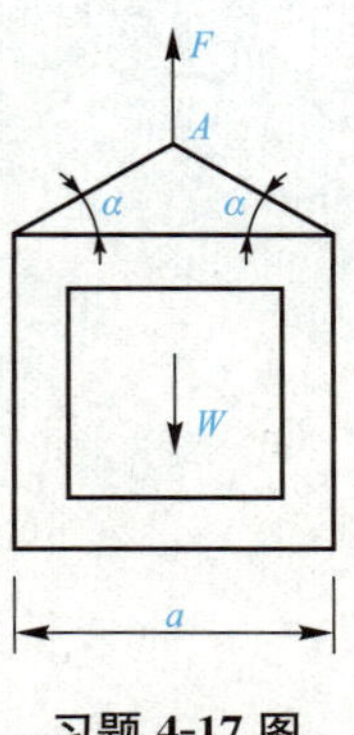

习题 4-17 图

4-18　如习题 4-18 图所示的结构，已知①杆、②杆均为圆截面钢杆，两杆的直径分别为 $d_1=12$ mm，$d_2=15$ mm，钢的弹性模量 $E=210$ GPa，荷载 $F=40$ kN。求 A 点的竖向位移 δ_A。

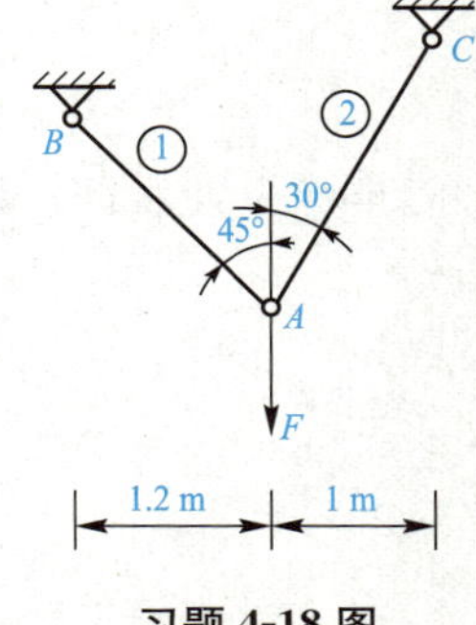

习题 4-18 图

4-19　如习题 4-19 图所示的结构中，AB 为刚性杆，CD 为钢杆。CD 杆的横截面面积 $A=200\ \text{mm}^2$，钢的弹性模量 $E=200$ GPa，荷载 $F=10$ kN。求 CD 杆的轴向变形和 B 点的竖向位移。

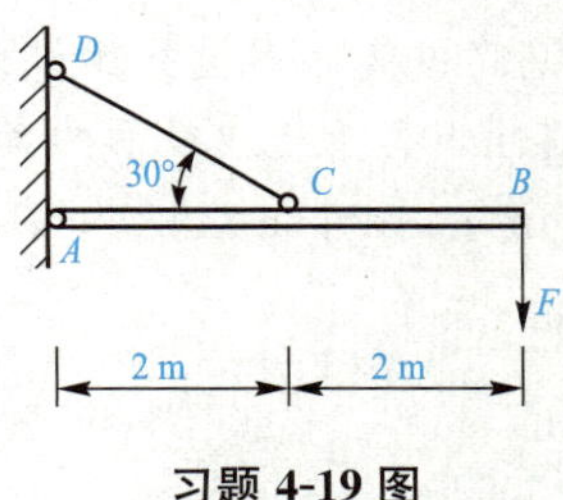

习题 4-19 图

4-20　习题 4-20 图中阴影线所示形状的均质钢板，尺寸如图所示。在 A、B 处用长度相同的圆截面钢杆吊住，若要求钢板 AB 边保持水平，试求两圆杆直径之比。

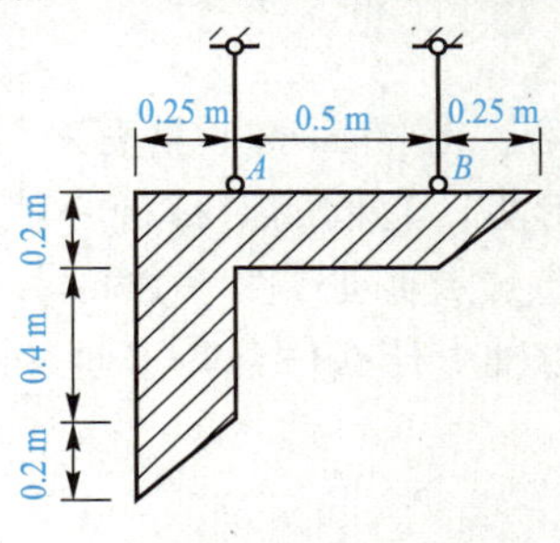

习题 4-20 图

第五章　截面的几何性质

学习目标

1. 掌握形心坐标公式，并能用形心坐标公式求组合截面的形心。
2. 了解静矩(面积矩)。
3. 熟记基本平面图形的惯性矩公式。
4. 掌握组合截面的惯性矩。

技能目标

1. 矩形、圆形、圆环形等基本图形的形心就是几何中心，直接确定；而组合截面的形心位置必须通过形心坐标公式计算而得。

2. 同一截面对不同的坐标轴而言静矩是不同的，静矩的值可能为正，可能为负，也可能为零。静矩的单位为 m^3，cm^3，mm^3。

3. 惯性矩是本章的重点。要熟记简单截面惯性矩的计算公式，理解并准确运用惯性矩的平行移轴公式。组合截面对某轴的惯性矩等于组成截面的各简单图形对该轴惯性矩的代数和。

注意：惯性矩恒为正，单位为 m^4，cm^4，mm^4。

第一节　形心和静矩

一、形心

形心是指平面图形的几何中心。当平面图形具有对称中心时，其对称中心就是形心，例如矩形(正方形)、圆形、圆环形等，它们的对称中心就是形心[图 5-1(a)]；当平面图形具有两个对称轴时，对称轴的交点就是形心[图 5-1(b)]；当平面图形只有一个对称轴时，形心一定在对称轴上，具体在对称轴上什么位置，需通过计算确定[图 5-1(c)]。

二、静矩

平面图形的面积 A 与其形心到某一坐标轴的距离的乘积，叫作该平面对该坐标轴的静矩，也叫作面积矩，用 S 表示。

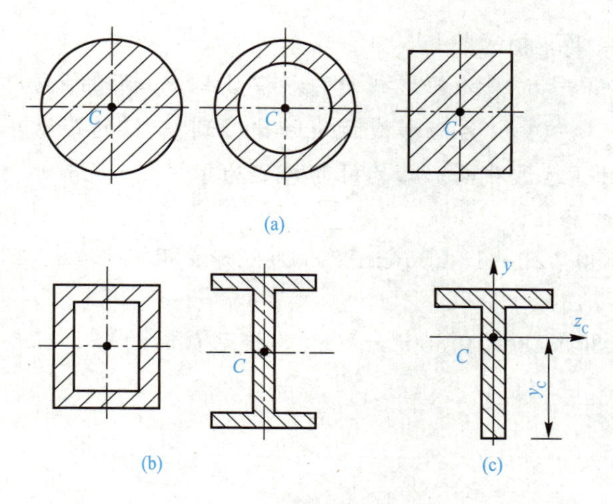

图 5-1

如图 5-2 所示，平面图形的面积为 A，其形心为 C，C 到 z 轴的距离为 y_C，C 到 y 轴的距离为 z_C，则此平面图形对 z 轴的静矩为

$$S_z = A \cdot y_C \tag{5-1}$$

此平面图形对 y 轴的静矩为

$$S_y = A \cdot z_C \tag{5-2}$$

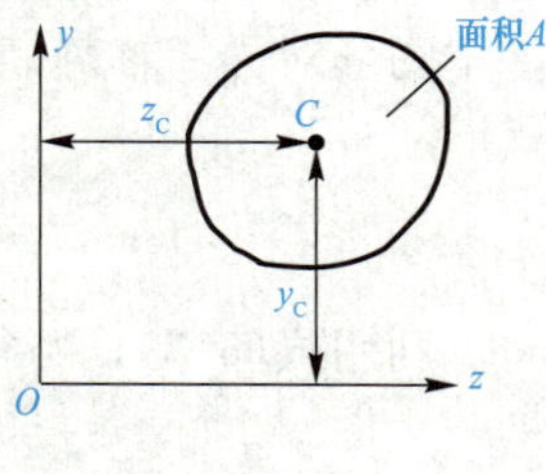

图 5-2

静矩是对某一坐标轴而言的，同一截面对不同的坐标轴，其静矩不同。静矩的值可能为正，可能为负，也可能为零。静矩的单位是长度的三次方，如 m^3、cm^3、mm^3。

由静矩定义可知：若平面图形对某一轴的静矩为零，则该轴必通过图形的形心；反之，若某一轴通过平面图形的形心，则平面图形对该轴的静矩必为零。

【例 5-1】 如图 5-3 所示平面图形的面积为 $A=500\ cm^2$，其形心为 C，C 的坐标为 $z_C=30\ cm$，$y_C=35\ cm$，求该平面图形对 z 轴、y 轴的静矩。

【解】 该平面图对 z 轴的静矩为 $S_z=A \cdot y_C=500\times 35=17\ 500(cm^3)$

该平面图形对 y 轴的静矩为 $S_y=A \cdot z_C=500\times 30=15\ 000(cm^3)$

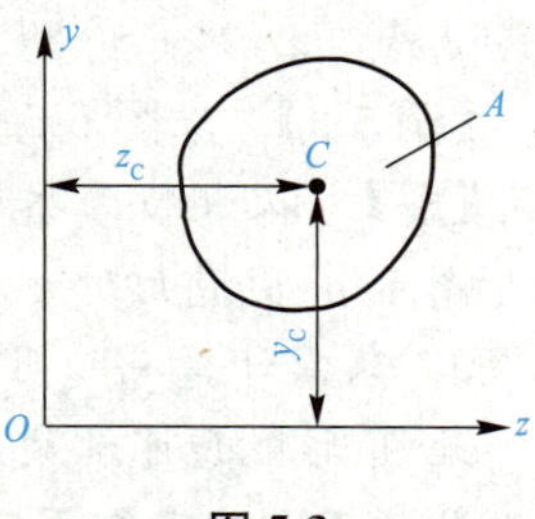

图 5-3

【例 5-2】 求如图 5-4 所示矩形截面对 z_0 轴、y_0 轴和对 z 轴、y 轴的静矩。

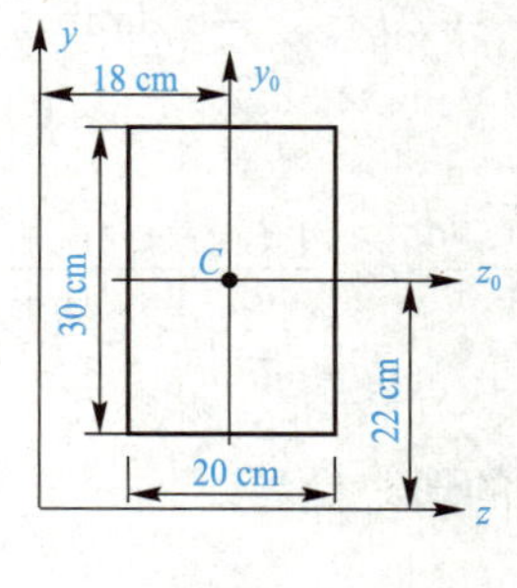

图 5-4

【解】 (1)对 z_0 轴、y_0 轴的静矩。

$S_{z_0}=A\cdot y_{C_0}=A\times 0=0$($y_{C_0}$ 为矩形截面的形心 C 到 z_0 轴的距离)

$S_{y_0}=A\cdot z_{C_0}=A\times 0=0$($z_{C_0}$ 为矩形截面的形心 C 到 y_0 轴的距离)

注意：任何截面对通过该截面形心的轴的静矩为零。

(2)对 z 轴、y 轴的静矩。

$S_z=A\cdot y_C=20\times 30\times 22=13\ 200\ \text{cm}^3$($y_C$ 为矩形截面的形心 C 到 z 轴的距离，此处为 22 cm。)

$S_y=A\cdot z_C=20\times 30\times 18=10\ 800\ \text{cm}^3$($z_C$ 为矩形截面的形心 C 到 y 轴的距离，此处为 18 cm。)

三、形心坐标公式

工程中常用构件的截面形状，除矩形、圆形、圆环形等这些基本图形外，有些截面形状是由若干个这些基本图形组合而成的，称作组合图形。组合图形对某一轴的静矩等于各基本图形对同一轴静矩的代数和，即

$$S_z=\sum S_{zi}=\sum A_i y_{Ci}$$
$$S_y=\sum S_{yi}=\sum A_i z_{Ci} \tag{5-3}$$

利用式(5-3)，可得组合截面的形心坐标公式为

$$z_C=\frac{\sum A_i z_{Ci}}{\sum A_i}$$
$$y_C=\frac{\sum A_i y_{Ci}}{\sum A_i} \tag{5-4}$$

式中，A_i，z_{Ci}，y_{Ci}分别表示各基本图形的面积和形心坐标。

【例 5-3】 求图 5-5 所示 T 形截面的形心位置。

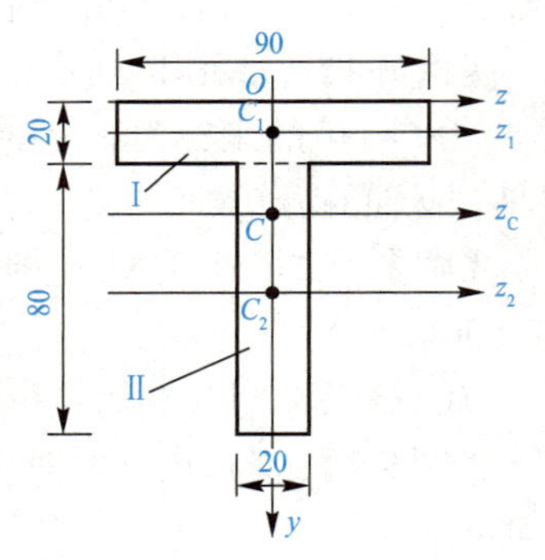

图 5-5

【解】 以 zOy 为参考坐标系。

图示 T 形截面对 y 轴对称，所以形心 C 必在 y 轴上，即 $z_C=0$，只需计算 y_C。

此 T 形截面可看做是矩形Ⅰ和矩形Ⅱ的组合。矩形Ⅰ和矩形Ⅱ的面积以及在图示参考坐标系中的坐标如下：

$A_1=20\times 90=1\ 800(\text{mm}^2)$，$y_{C_1}=10\ \text{mm}$

$A_2=80\times 20=1\ 600(\text{mm}^2)$，$y_{C_2}=20+\frac{80}{2}=60(\text{mm})$

则由形心坐标公式可得

$$y_C=\frac{\sum A_i y_{Ci}}{\sum A_i}=\frac{A_1 y_{C_1}+A_2 y_{C_2}}{A_1+A_2}=\frac{1\ 800\times 10+1\ 600\times 60}{1\ 800+1\ 600}=33.53(\text{mm})$$

即此截面的形心坐标为(0，33.53)。

【例 5-4】 求如图 5-6 所示截面的形心位置。

【解】 以 zOy 为参考坐标系。

图示截面对 z 轴对称，所以形心 C 必在 z 轴上，即 $y_C=0$，只需计算 z_C。

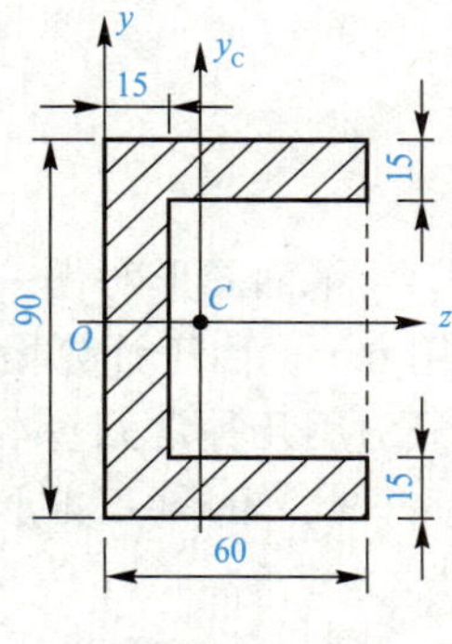

图 5-6

此截面可看做是矩形Ⅰ减去矩形Ⅱ。

矩形Ⅰ和矩形Ⅱ的面积以及在图示参考坐标系中的坐标如下：

$$A_1=60\times90=5\ 400(\text{mm}^2),\ z_{C1}=30\ \text{mm}$$

$$A_2=(60-15)\times(90-2\times15)=2\ 700(\text{mm}^2)$$

$$z_{C2}=15+\frac{60-15}{2}=37.5(\text{mm})$$

则由形心坐标公式可得

$$z_C=\frac{\sum A_i z_{Ci}}{\sum A_i}=\frac{A_1 z_{C1}-A_2 z_{C2}}{A_1-A_2}=\frac{5\ 400\times30-2\ 700\times37.5}{5\ 400-2\ 700}=22.5(\text{mm})$$

即此截面的形心坐标为(22.5，0)。

【例 5-5】 求如图 5-7 所示截面的形心位置。

【解】 以图示 zOy 为参考坐标系。

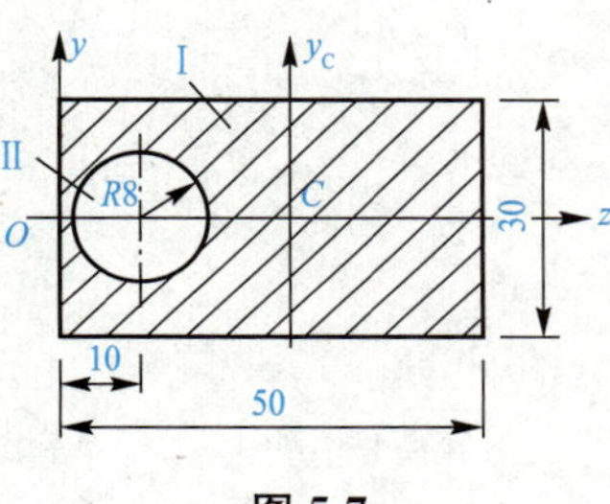

图 5-7

图示截面对 z 轴对称，形心 C 必在 z 轴上，即 $y_C=0$，只需计算 z_C。

图示截面可看成是矩形Ⅰ减去圆形Ⅱ。

矩形Ⅰ和圆形Ⅱ的面积以及在图示参考坐标中的坐标如下：

$$A_1=50\times30=1\ 500(\text{mm}^2),\ z_{C1}=25\ \text{mm}$$

$$A_2=\pi R^2=\pi\times8^2=200.96(\text{mm}^2),\ z_{C2}=10\ \text{mm}$$

则由形心坐标公式可得

$$z_C=\frac{\sum A_i z_{Ci}}{\sum A_i}=\frac{A_1 z_{C1}-A_2 z_{C2}}{A_1-A_2}=\frac{1\ 500\times25-200.96\times10}{1\ 500-200.96}=27.32(\text{mm})$$

即形心坐标为(27.32，0)。

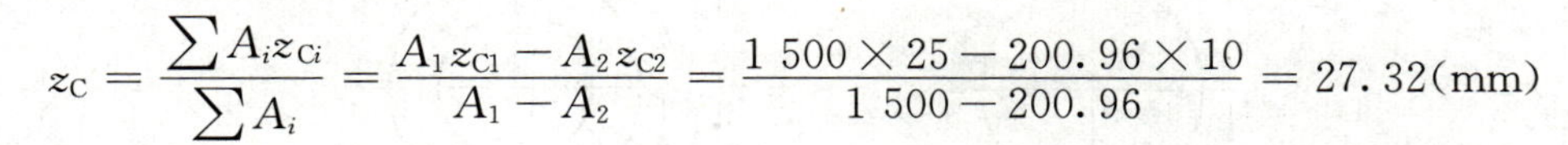

第二节 惯性矩

一、惯性矩的概念

如图 5-8 所示为平面图形，在坐标为(z，y)处取微面积 dA，dA 对 z 轴、y 轴的惯性矩分别为 y^2dA，z^2dA，则整个平面图形对 z 轴、y 轴的惯性矩分别为

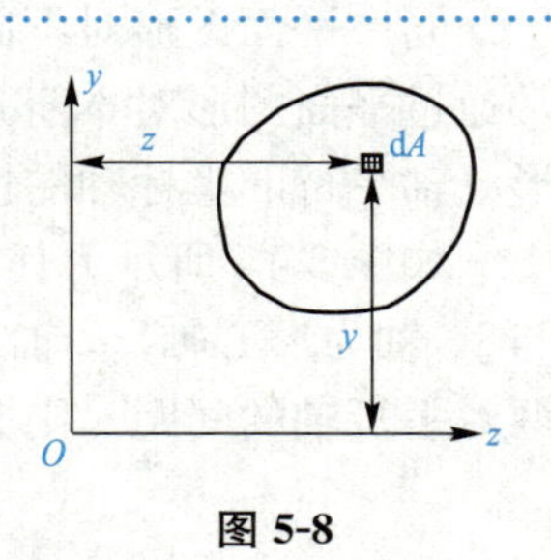

图 5-8

$$I_z = \int_A y^2 \mathrm{d}A$$
$$I_y = \int_A z^2 \mathrm{d}A \tag{5-5}$$

平面图形对任一轴的惯性矩恒为正值，单位是长度的四次方，常用 mm^4、m^4，有时也用 cm^4。由于计算惯性矩时，要把平面图形分成无数个微面积，再用积分计算，所以这里只引用几种常见基本图形的惯性矩计算公式。

(1)矩形(正方形)惯性矩计算公式如图 5-9 所示。

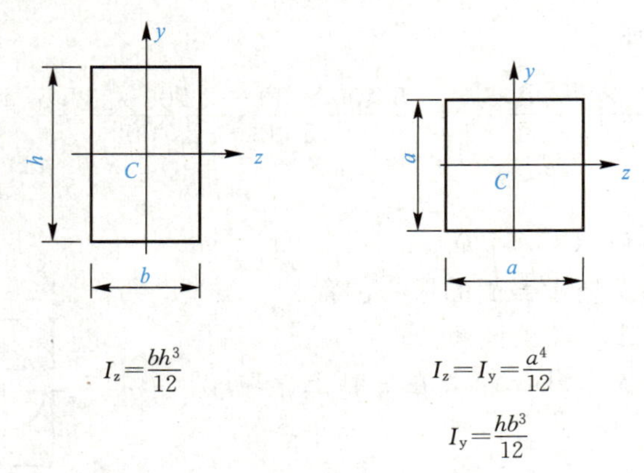

$I_z=\frac{bh^3}{12}$　　$I_z=I_y=\frac{a^4}{12}$

$I_y=\frac{hb^3}{12}$

图 5-9

(2)圆形、圆环形惯性矩计算公式如图 5-10 所示。

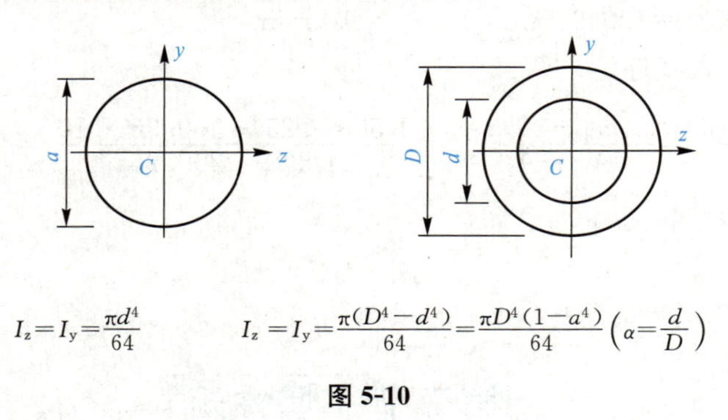

$I_z=I_y=\frac{\pi d^4}{64}$　　$I_z=I_y=\frac{\pi(D^4-d^4)}{64}=\frac{\pi D^4(1-\alpha^4)}{64}\left(\alpha=\frac{d}{D}\right)$

图 5-10

二、惯性矩的平行移轴公式

同一平面图形对不同坐标轴的惯性矩是不同的。在工程计算中，常通过平面图形对本身形心轴的惯性矩推算出平面图形对其他与该形心轴平行的坐标轴的惯性矩。

如图 5-11 所示为任意平面图形，其形心为 C，面积为 A，z_C 轴与 y_C 轴为形心轴。z 轴、y 轴分别与 z_C 轴、y_C 轴平行，a、b 分别为两对平行轴的间距。则此平面图形对 z 轴、y 轴的惯性矩分别为

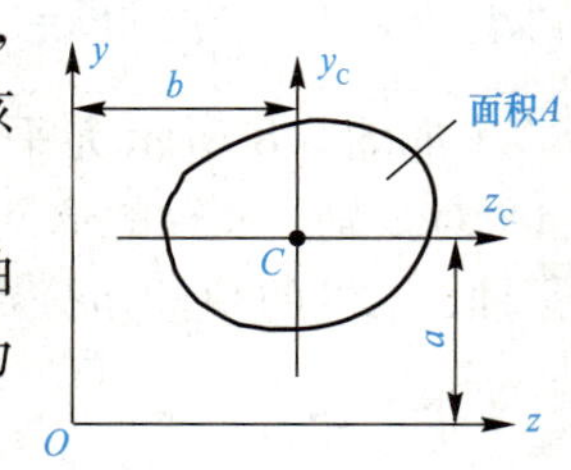

图 5-11

$$\begin{cases} I_z = I_{z_C} + a^2 A \\ I_y = I_{y_C} + b^2 A \end{cases} \tag{5-6}$$

式(5-6)称为惯性矩的平行移轴公式。此式表明平面图形对任一轴的惯性矩，等于平面图形对平行于该轴的形心轴的惯性矩，加上图形面积与两轴间距离平方的乘积。

注意，公式中的 I_{z_C}、I_{y_C} 是平面图形对其本身形心轴的惯性矩。

三、组合图形的惯性矩

工程中经常会遇到一些截面是由矩形、圆形或型钢截面等组成的组合截面，组合截面对某一轴的惯性矩等于各简单图形对该轴惯性矩之和。

【例 5-6】 求如图 5-12 所示工字形截面对 z 轴的惯性矩 I_z。

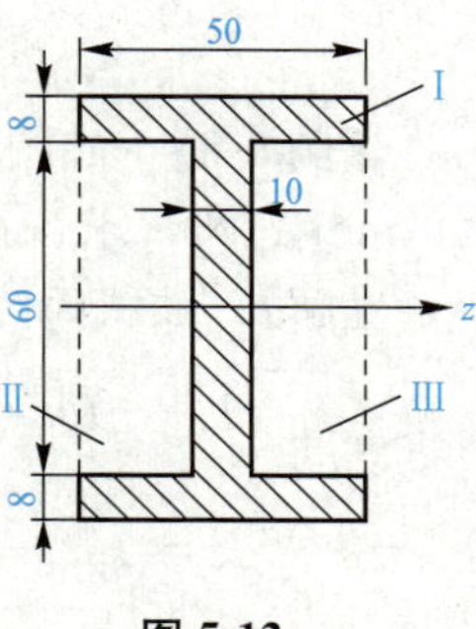

图 5-12

【解】 图示阴影部分截面可看成是 50 mm×76 mm 的矩形Ⅰ减去 20 mm×60 mm 的矩形Ⅱ和矩形Ⅲ，则阴影部分对 z 轴的惯性矩等于矩形Ⅰ、Ⅱ、Ⅲ对 z 轴惯性矩的代数和。

$$I_z = I_z^{\mathrm{I}} - I_z^{\mathrm{II}} - I_z^{\mathrm{III}} = \frac{50\times(60+8+8)^3}{12} - \frac{\left(\frac{50-10}{2}\right)\times 60^3}{12} - \frac{\left(\frac{50-10}{2}\right)\times 60^3}{12}$$

$$= 1\ 109\ 066.7(\mathrm{mm}^4) = 1.11\times 10^6\ \mathrm{mm}^4$$

【例 5-7】 确定图 5-13 所示 T 形截面的形心 C 的位置，并求此 T 形截面对形心轴 z_C 的惯性矩 I_{z_C}。

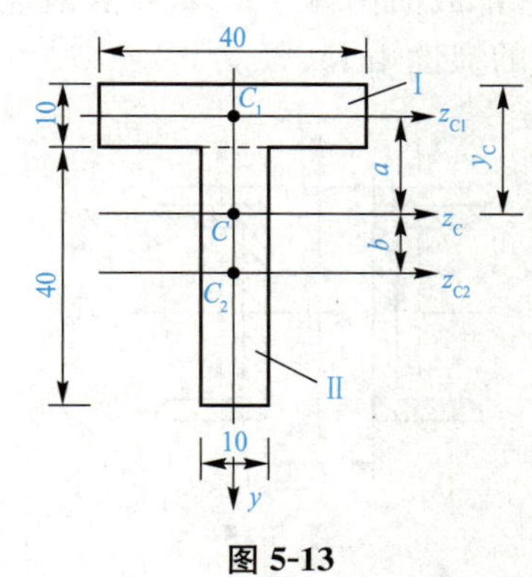

图 5-13

【解】 (1)确定形心 C 的位置。此 T 形截面左右对称，即对 y 轴对称，所以形心 C 必在 y 轴上，只需计算 y_C。

此截面可看成是矩形Ⅰ和矩形Ⅱ的组合，矩形Ⅰ、矩形Ⅱ的面积以及在图示坐标系中的形心坐标如下：

$$A_1 = 40\times 10 = 400(\mathrm{mm}^2),\quad y_{c1} = \frac{10}{2} = 5(\mathrm{mm})$$

$$A_2 = 10\times 40 = 400(\mathrm{mm}^2),\quad y_{c2} = 10 + \frac{40}{2} = 30(\mathrm{mm})$$

则由形心坐标公式可得

$$y_C=\frac{\sum A_i y_{Ci}}{\sum A_i}=\frac{A_1 y_{C1}+A_2 y_{C2}}{A_1+A_2}=\frac{400\times5+400\times30}{400+400}=17.5(\text{mm})$$

(2)求 I_{z_C}。

此T形截面对 z_C 轴的惯性矩，等于矩形Ⅰ、矩形Ⅱ对 z_C 轴的惯性矩之和，即

$$I_{z_C}=I_{z_C}^{\text{I}}+I_{z_C}^{\text{II}}$$

$$I_{z_C}^{\text{I}}=I_{z_{C1}}+a^2A_1=\frac{40\times10^3}{12}+(y_C-5)^2\times40\times10=\frac{40\times10^3}{12}+12.5^2\times400$$

$$=65.83\times10^3(\text{mm}^4)$$

$$I_{z_C}^{\text{II}}=I_{z_{C2}}+b^2A_2=\frac{10\times40^3}{12}+12.5^2\times10\times40=115.83\times10^3(\text{mm}^4)$$

$$\therefore\ I_{z_C}=I_{z_C}^{\text{I}}+I_{z_C}^{\text{II}}=(65.83+115.83)\times10^3=181.66\times10^3(\text{mm}^4)$$

【例 5-8】 如图 5-14 所示截面为矩形中挖去一个直径为 20 mm 的圆，求该截面对 z 轴、y 轴的惯性矩 I_z、I_y。

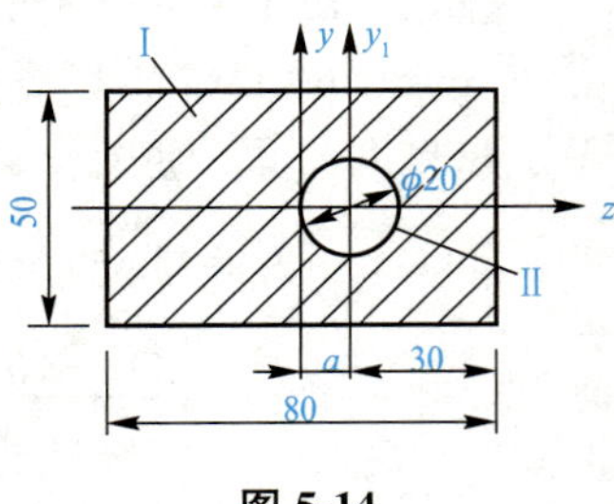

图 5-14

【解】 该截面为矩形Ⅰ减去圆形Ⅱ，则有

$$I_z=I_z^{\text{I}}-I_z^{\text{II}}=\frac{80\times50^3}{12}-\frac{\pi\times20^4}{64}=82.55\times10^4\ \text{mm}^4$$

$$I_y=I_y^{\text{I}}-I_y^{\text{II}}=\frac{50\times80^3}{12}-(\frac{\pi\times20^4}{64}+a^2\cdot A)$$

$$=\frac{50\times80^3}{12}-\left[\frac{\pi\times20^4}{64}+(40-30)^2\times\frac{\pi\times20^2}{4}\right]$$

$$=209.41\times10^4(\text{mm}^4)$$

【例 5-9】 如图 5-15 所示组合截面由两个 25a 号槽钢组成，两槽钢间距 $a=120$ mm，求此截面对其形心轴 z 轴、y 轴的惯性矩 I_z、I_y。

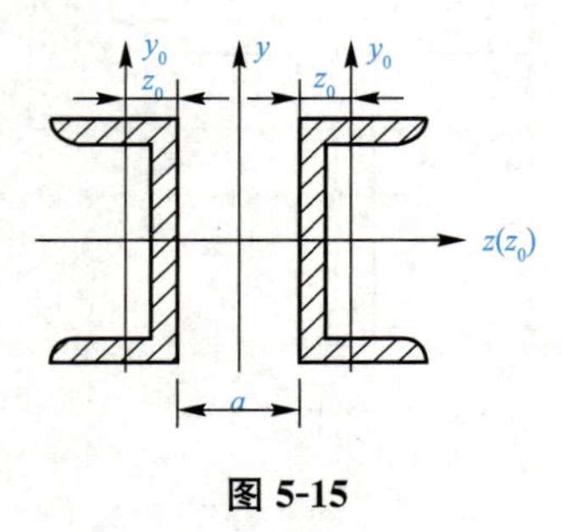

图 5-15

【解】 查型钢表，25a 号槽钢的有关截面参数如下：

$A=34.917\ \text{cm}^2$，$I_{z_0}=3\ 370\ \text{cm}^4$，$I_{y_0}=176\ \text{cm}^4$，$z_0=2.07$ cm

(1)求 I_z、I_y

$I_z=2\times I_{z_0}=2\times3\ 370=6\ 740(\text{cm}^4)$

$$I_y=2\times[I_{y_0}+\left[z_0+\frac{a}{2}\right]^2\times A]=2\times\left[176+\left(2.07+\frac{12}{2}\right)^2\times34.917\right]=4\ 899.93(\text{cm}^4)$$

思考题

5-1 什么是截面的形心？形心的位置如何确定？

5-2 任何截面对于对称轴的静矩为零，为什么？

5-3 静矩可能是正值，可能是负值，也可能是零，对吗？

5-4 截面对任意轴的惯性矩恒为正值，对吗？

5-5 利用惯性矩的平行移轴公式可以解决什么问题？

5-6 思考题 5-6 图所示为 T 形截面，面积为 A，形心为 C，判断下列结论是否正确。

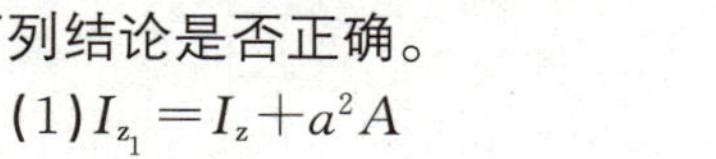

(1) $I_{z_1}=I_z+a^2A$

(2) $I_{y_1}=I_y+b^2A$

思考题 5-6 图

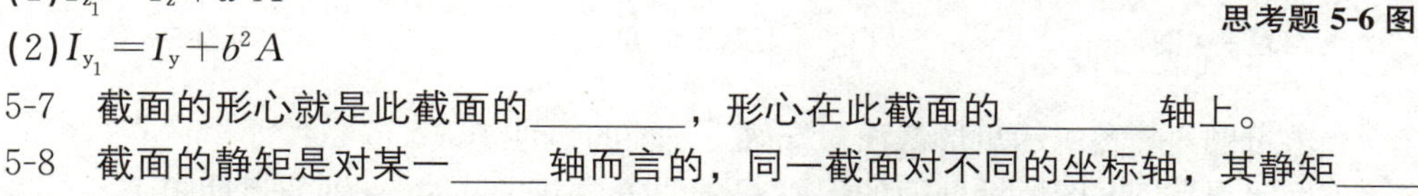

5-7 截面的形心就是此截面的________，形心在此截面的________轴上。

5-8 截面的静矩是对某一______轴而言的，同一截面对不同的坐标轴，其静矩______。

5-9 组合截面对某轴的静矩等于各简单截面对该轴静矩的________。

5-10 静矩的单位是________，惯性矩的单位是________。

5-11 惯性矩的平行移轴公式中的第一项必须是平面图形对其________的惯性矩。

5-12 若正方形和圆形的面积相等，则正方形对形心轴的惯性矩________于圆形对形心轴的惯性矩。

习 题

习题解答

5-1 习题 5-1 图所示截面为工字钢，型号为 20a，求此截面对 z 轴、y 轴的静矩。

5-2 习题 5-2 图所示截面为热轧槽钢，型号为 22a，求此截面对 z 轴、y 轴的静矩。

5-3 习题 5-3 图所示为 T 形截面，已知 $\frac{b}{h}=5$，求截面的形心位置。

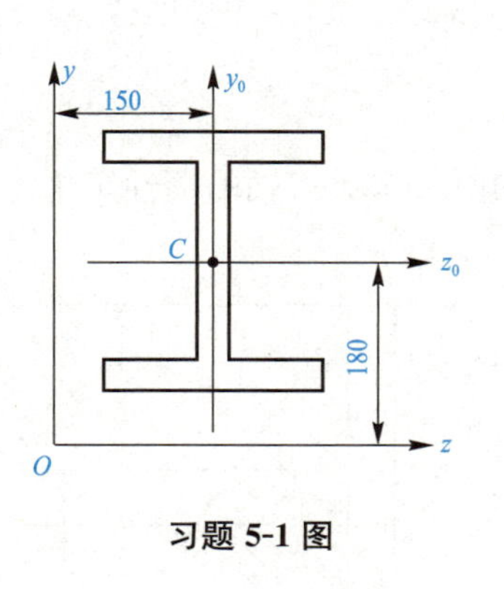

习题 5-1 图

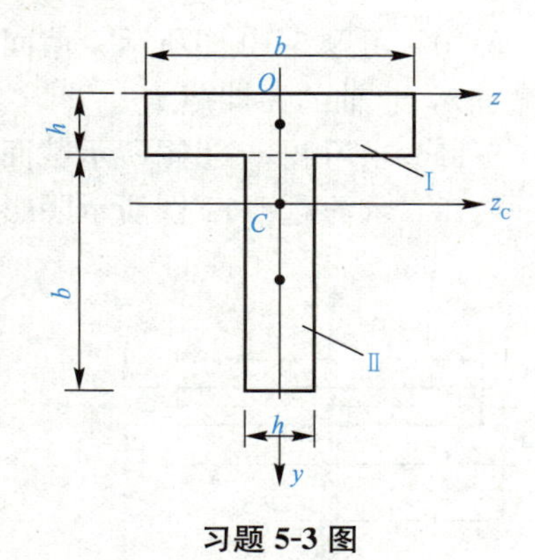

习题 5-2 图　　习题 5-3 图

5-4 求习题 5-4 图所示梯形截面的形心位置。

5-5 习题 5-5 图所示截面由 18 号槽钢和 20a 号工字钢组成，确定该截面的形心位置。

5-6 习题 5-6 图所示为 T 形截面，(1)确定形心 C 的位置。(2)求阴影部分对 z_C 轴的静矩。(3)z_C 轴以下部分的面积对 z_C 轴的静矩与阴影部分对 z_C 轴的静矩有何关系？

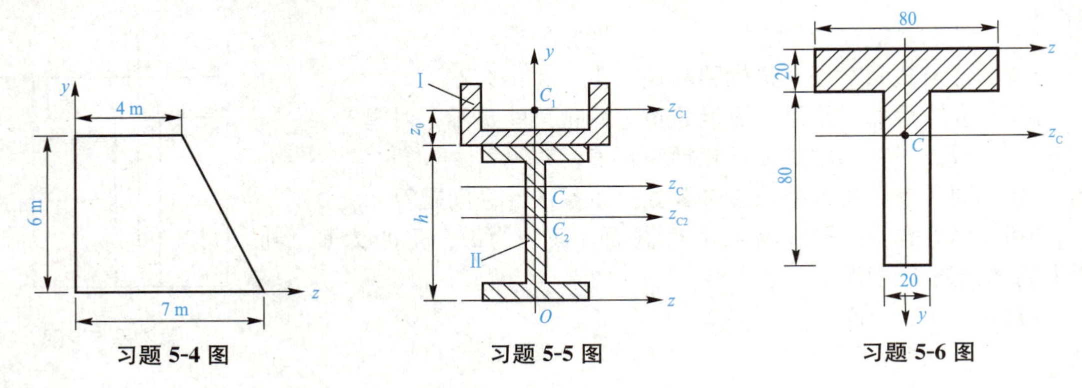

习题 5-4 图　　习题 5-5 图　　习题 5-6 图

5-7 求习题 5-7 图所示矩形截面对 z 轴、y 轴的惯性矩。

5-8 确定习题 5-8 图所示截面的形心 C 的位置，并求其对 z_C 轴的惯性矩 I_{zC}。

5-9 习题 5-9 图所示截面由两个 20a 号槽钢组成，欲使 $I_z = I_y$，试问两根槽钢的间距 a 为多少？

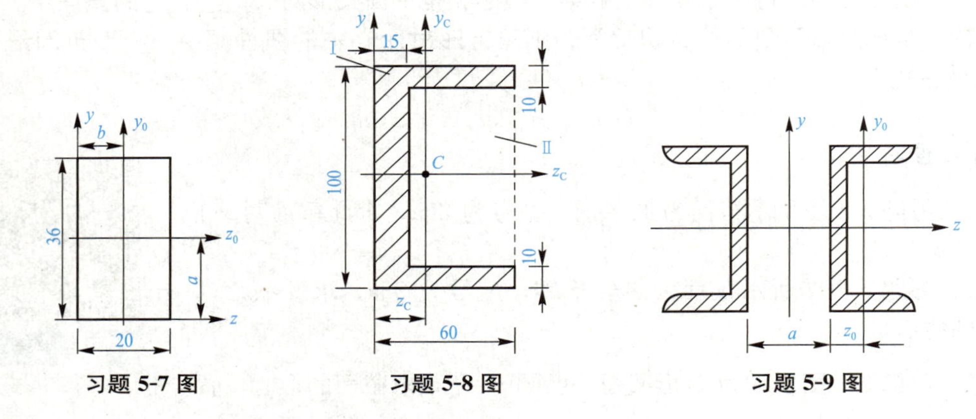

习题 5-7 图　　习题 5-8 图　　习题 5-9 图

5-10 习题 5-10 图所示，截面由 300 mm×40 mm 的矩形和 20a 号工字钢组成，求此组合截面对 z_C 轴的惯性矩 I_{z_C}。

5-11 求习题 5-11 图所示截面对 z 轴的惯性矩 I_z。

5-12 求习题 5-12 图所示阴影直角三角形对 z 轴的惯性矩 I_z 和对 z_2 轴的惯性矩 I_{z_2}。

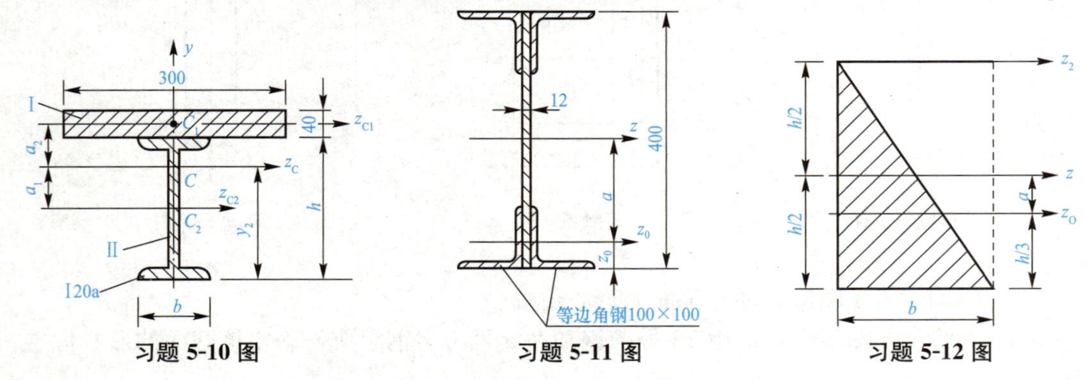

习题 5-10 图　　习题 5-11 图　　习题 5-12 图

第六章　剪切与扭转

学习目标

1. 掌握剪切与挤压的概念。
2. 掌握剪切与挤压的强度计算。
3. 了解剪切胡克定律。
4. 掌握圆轴扭转的概念。
5. 能熟练计算圆轴扭转时的切应力和扭转角。
6. 掌握圆轴扭转时的强度和刚度条件。

技能目标

1. 理解剪切的受力特点和变形特点，剪切面总是平行于外力作用线。连接件在发生剪切变形的同时，传力接触面上会发生挤压，挤压面一般垂直于外力作用线。

2. 计算剪切面上的剪应力一般采用实用计算公式 $\tau=\frac{F_Q}{A}$，式中，τ 为切应力；F_Q 为剪切面上的剪力；A 为剪切面面积。

3. 计算挤压应力也采用实用计算公式 $\sigma_{jy}=\frac{F_{jy}}{A_{jy}}$，式中，$\sigma_{jy}$ 为挤压应力；F_{jy} 为挤压面上的挤压力；A_{jy} 为挤压面的计算面积，当挤压面为平面时，此平面面积就是挤压面面积；当挤压面为圆柱面时，按半圆柱面的正投影面积计算。

4. 从圆轴扭转现象理解圆轴扭转内力即扭矩的产生，扭矩的正负号用右手螺旋法则判定。

5. 圆轴扭转切应力的计算公式 $\tau_\rho=\frac{T\cdot\rho}{I_P}$，式中的 I_P 是截面对圆心的极惯性矩，而最大切应力公式 $\tau_{max}=\frac{T}{W_P}$，式中的 W_P 为抗扭截面系数。

6. 扭转角 φ 的单位是 rad(弧度)，而单位长度的扭转角 θ 的单位是 $\frac{\mathrm{rad}}{\mathrm{m}}$(弧度/米)，不能混淆。

第一节　剪切与挤压

一、剪切与挤压的概念

(一)剪切的概念

在日常生活中，我们经常用剪刀剪断物体，这是剪切破坏的典型实例。在工程中，经常用铆钉、螺栓、销钉、键、榫接头等连接件，这些连接件在工作时常常发生剪切变形。

图 6-1(a)中，用一个铆钉连接两块钢板，钢板分别受到一对力 P 的作用。钢板在拉力 P 作用下使铆钉的左上侧和右下侧受力，铆钉的上、下两部分将发生沿水平方向的相对错动，如图 6-1(b)所示。当拉力 P 增大到一定值时，铆钉将沿水平截面被剪断，这种现象叫作剪切现象。因此，剪切的受力特点是：作用在构件上的横向外力大小相等、方向相反、作用线平行且相距很近。剪切的变形特点是：两横向力之间的截面发生相对错动。两横向力之间的截面叫作剪切面，剪切面一般平行于外力作用线。

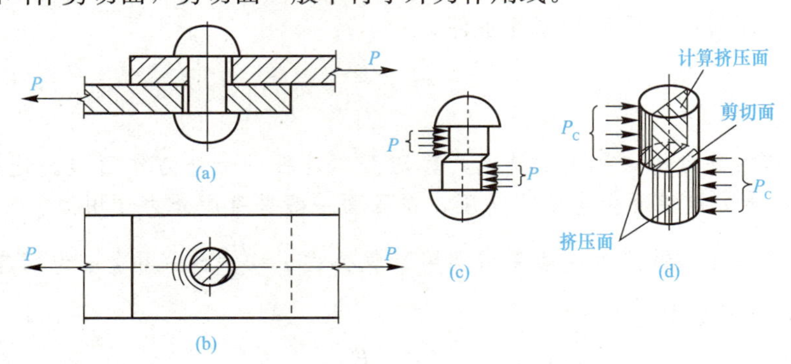

图 6-1

(二)挤压的概念

连接件受剪切变形的同时，还会伴有挤压现象。挤压是指连接件和被连接件的接触面间相互压紧而产生局部受压的现象。如图 6-1 所示的铆钉连接中，上钢板孔左侧与铆钉上部左侧相互挤压，下钢板孔右侧与铆钉下部右侧相互挤压。在钢板和铆钉相互接触的表面上会产生压力，如图 6-1(d)所示。接触面上的压力叫作挤压力，用 P_C 表示；承受挤压力的面叫作挤压面，用 A_C 表示。当钢板与铆钉间的挤压力过大时，接触面将发生显著的塑性变形，使钢板的圆孔变成椭圆形或使铆钉杆部压扁[图 6-1(c)]。

二、剪切与挤压的实用计算

(一)剪切强度实用计算

剪切面上的剪力可用截面法求得。将图 6-1 中的铆钉，在剪切面 $m—m$ 处假想截开，取下部(或上部)为研究对象，由平衡条件可知，剪切面上存在与外力 P 大小相等、方向相反

的内力 F_Q，叫作剪力[图 6-2(a)]。剪力的方向总是与剪切面平行。

剪力在剪切面上的分布集度叫作剪应力，用 τ 表示[图 6-2(b)]。剪应力在剪切面上的实际分布状况很复杂，工程中为了简化计算，常采用以经验为基础的实用计算，即假设剪应力 τ 在剪切面上均匀分布，所以得

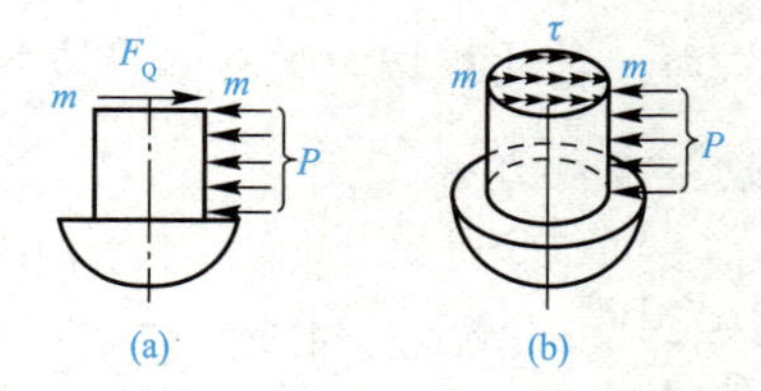

图 6-2

$$\tau=\frac{F_Q}{A} \tag{6-1}$$

式中，F_Q 为剪切面上的剪力；A 为剪切面面积。剪应力 τ 的单位为 MPa。

为保证构件的连接部分的安全性，连接件的工作剪应力不得超过材料的许用剪应力，即

$$\tau=\frac{F_Q}{A}\leqslant[\tau] \tag{6-2}$$

式(6-2)是剪切强度条件表达式。式中[τ]为材料的许用剪应力，可从有关手册中查得。

(二)挤压强度实用计算

图 6-1(d)中，连接部位的挤压力 $P_C=P$。

挤压力在挤压面上的分布集度叫作挤压应力，用 σ_C 表示。挤压应力在挤压面上的分布也很复杂，在实用计算中，也认为挤压应力在计算挤压面上均匀分布，即

$$\sigma_C=\frac{P_C}{A_C} \tag{6-3}$$

式中，P_C 为挤压力，A_C 为计算挤压面面积。当接触面为平面时，计算挤压面积就是实际接触面的面积；当接触面为半圆柱面时，计算挤压面积取圆柱体的直径平面[图 6-1(d)]。

与剪切强度条件类似，挤压强度条件是

$$\sigma_C=\frac{P_C}{A_C}\leqslant[\sigma_C] \tag{6-4}$$

式中，[σ_C]为材料的许用挤压应力，可在有关手册中查得。

【例 6-1】 如图 6-3 所示的切料装置，用刀刃把切料模中 ϕ12 mm 的棒料切断。棒料的抗剪强度 $\tau_b=320$ MPa，试计算切断力 F。

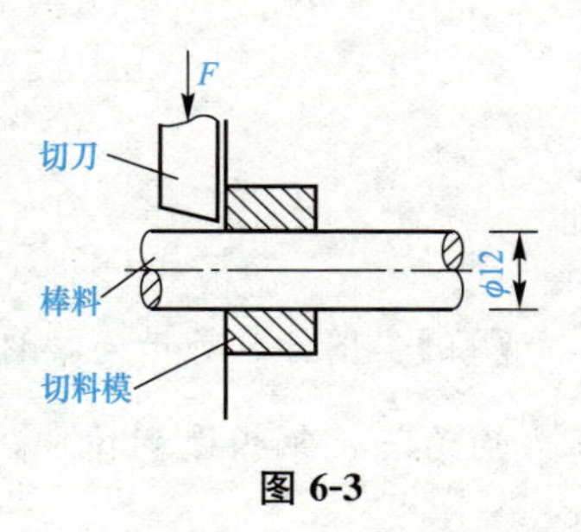

图 6-3

【解】 当棒料受到的切应力达到抗剪强度 $\tau_b=320$ MPa 时，棒料被切断，计算此时的切断力 F。

由 $\tau_b=\dfrac{F}{A}$ 得

$F=\tau_b\cdot A=320\times\dfrac{\pi}{4}\times12^2=36\ 172.8(\text{N})=36.17(\text{kN})$

【例 6-2】 如图 6-4 所示为剪切装置示意图。圆试件的直径 $d=20$ mm，当压力 $P=36$ kN 时试件被剪断，计算试件材料的剪切极限应力 τ_b。

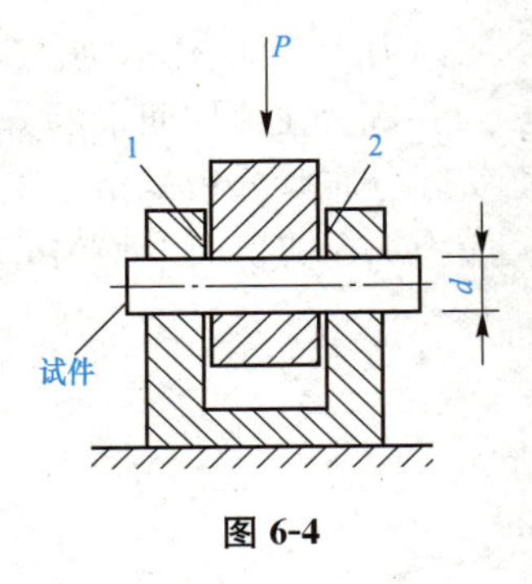

图 6-4

【解】 图 6-4 所示圆试件在压力 P 作用下，1、2 处同时受到剪切，是双剪切，即有两处剪切面，每处剪切面受到的剪力为 $\frac{P}{2}$。试件被剪断时，剪应力达到剪切极限应力 τ_b。

$$\tau_b=\frac{F_Q}{A}=\frac{\frac{P}{2}}{\frac{\pi}{4}d^2}=\frac{18\times10^3}{\frac{\pi}{4}\times20^2}=57.32(\text{MPa})$$

【例 6-3】 如图 6-5 所示的铆钉连接，已知 $P=40$ kN，铆钉直径 $d=20$ mm，许用剪应力 $[\tau]=140$ MPa。试校核此连接的强度。

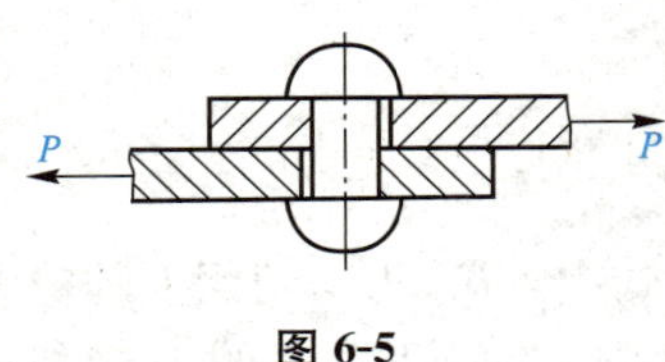

图 6-5

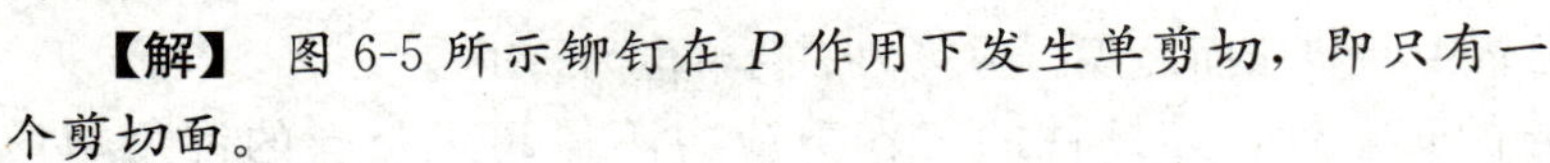

【解】 图 6-5 所示铆钉在 P 作用下发生单剪切，即只有一个剪切面。

其工作剪应力为 $\tau=\frac{F_Q}{A}=\frac{P}{\frac{\pi}{4}d^2}=\frac{40\times10^3}{\frac{\pi}{4}\times20^2}=127.39(\text{MPa})$

由于 $\tau=127.39\text{ MPa}<[\tau]$，所以此连接满足强度要求。

【例 6-4】 如图 6-6 所示铆钉连接件，钢板和铆钉的材料相同，两块钢板的厚度均为 $t=10$ mm，用两个直径均为 $d=16$ mm 的铆钉搭接在一起。已知 $P=52$ kN，许用切应力 $[\tau]=140$ MPa，许用挤压应力 $[\sigma_{jy}]=250$ MPa，许用正应力 $[\sigma]=160$ MPa，试校核此连接件的强度。

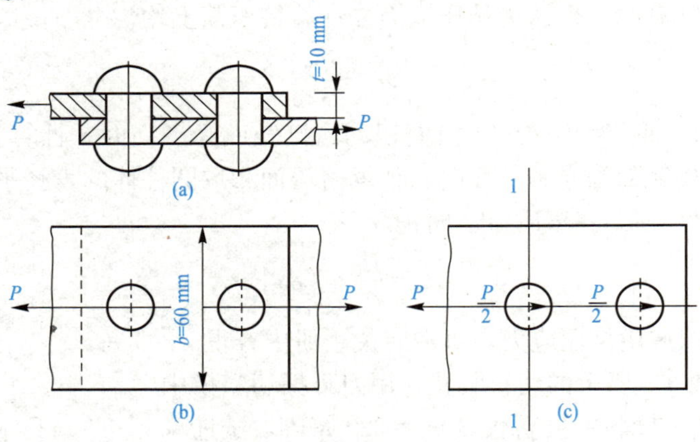

图 6-6

【解】 图 6-6 所示连接件中，铆钉同时受到剪切和挤压，每个铆钉受到的剪切力和挤压力均为 $\frac{P}{2}$；钢板受到拉伸，图 6-6(c)中 1—1 截面处的拉应力最大，校核此截面的正应力强度。

铆钉：$\tau=\frac{F_Q}{A}=\frac{\frac{P}{2}}{\frac{\pi}{4}d^2}=\frac{26\times10^3}{\frac{\pi}{4}\times16^2}=129.38(\text{MPa})<[\tau]$

$\sigma_{jy}=\frac{F_{jy}}{A_{jy}}=\frac{\frac{P}{2}}{dt}=\frac{26\times10^3}{16\times10}=162.5(\text{MPa})<[\sigma_{jy}]$

钢板：$\sigma=\frac{F_N}{A}=\frac{P}{bt-dt}=\frac{52\times10^3}{(60-16)\times10}=118.18(\text{MPa})<[\sigma]$

所以此连接件满足强度要求。

第二节　圆轴扭转

一、扭转的概念

扭转是杆件变形的基本形式之一。生活中和工程中常遇到扭转现象，例如用螺钉旋具拧螺钉时，在螺钉旋具柄上用手指作用一个力偶，而螺钉的阻力偶作用在螺钉旋具口上，与刀柄上的力偶大小相等方向相反，如图 6-7(a)所示。再如图 6-7(b)所示的汽车转向轴，驾驶员转动方向盘时，在方向盘上施加了一个力偶，与此同时，转向轴的另一端受到了来自转向器的阻抗力偶，这两个力偶也是大小相等转向相反。扭转变形的受力特点是：在圆轴两端垂直于杆轴的平面内，作用一对大小相等、转向相反的力偶。变形特点是：各横截面绕杆轴发生相对转动。任意两个横截面间的相对转角叫扭转角，用 φ 表示，如图 6-8 所示。

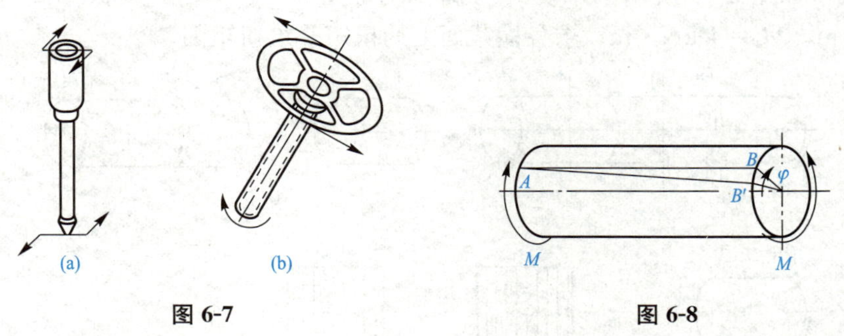

图 6-7　　**图 6-8**

二、圆轴扭转时的内力与应力

(一)外力偶矩

工程中作用于轴上的外力偶矩一般不直接给出，而是给出轴的转速 n 及其所传递的功率 P，换算成外力偶矩如下：

$$M=9\ 550\frac{P}{n} \tag{6-5}$$

式中　M——作用在轴上的外力偶矩(N·m)；

　　P——轴所传递的功率(kW)；

　　n——轴的转速(r/min)。

一般情况下，输入力偶矩为主动力偶矩，转向与轴的转向相同；输出力偶矩为阻力偶矩，转向与轴的转向相反。

(二)内力

如图 6-9(a)所示的圆轴，在两端垂直于杆轴的平面内作用一对力偶 M。现在要求任意截面 $m-m$ 上的内力，可以采用截面法，假想用截面在 $m-m$ 处截开，任取其中的左段为研究对象，画出其受力图，如图 6-9(b)所示。由静力平衡条件可知，在截面 $m-m$ 上必然存在一个与外力偶 M 平衡的内力偶 M_n，这个内力偶称为扭矩。由 $\sum M=0$，得 $M_n=M$。

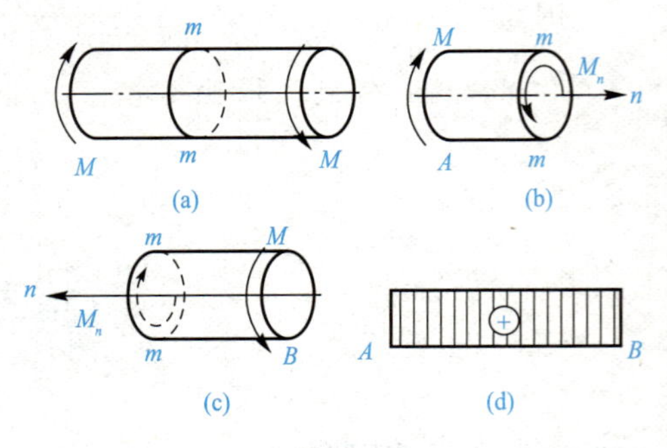

图 6-9

若取 $m-m$ 截面右段为研究对象，如图 6-9(c)所示，同样可得 $M_n=M$，且图 6-9(c)中的 M_n 与图 6-9(b)中的 M_n 大小相等、转向相反。

为了使取同一截面左、右两侧为研究对象所求得的扭矩不仅大小相等，而且正负号相同，对扭矩的正负号规定如下：以右手四指指向扭矩旋转方向，当右手大拇指的指向由横截面向外时为正；反之为负，此方法也称为右手螺旋法则。

与轴力图类似，若以圆轴的轴线为横坐标，表示各横截面的位置，纵坐标表示相应横截面上的扭矩，这样得到的图形叫作扭矩图。一般规定，正扭矩画在轴线上方，负扭矩画在轴线下方，并标明"⊕""⊖"号。如图 6-9(d)所示。

【例 6-5】 如图 6-10 所示圆轴受外力偶作用，已知 $M_1=2\ \text{kN}\cdot\text{m}$，$M_2=3\ \text{kN}\cdot\text{m}$，$M_3=5\ \text{kN}\cdot\text{m}$，$M_4=4\ \text{kN}\cdot\text{m}$。求各横截面上的扭矩并绘扭矩图。

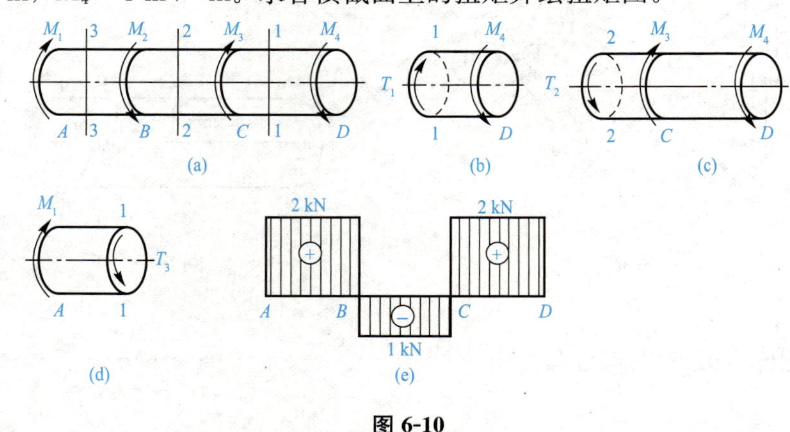

图 6-10

【解】 (1)用截面法计算各横截面上的扭矩。

1—1 截面：$T_1=M_4=4\ \text{kN}\cdot\text{m}$　(正)[图 6-10(b)]

2—2 截面：$T_2+M_4=M_3$

$$T_2=M_3-M_4=5-4=1(\text{kN}\cdot\text{m})\quad(负)[图 6\text{-}10(c)]$$

3—3 截面：$T_3=M_1=2\ \text{kN}\cdot\text{m}$ （正） [图 6-10(d)]

(2)绘扭矩图[图 6-10(e)]。

【例 6-6】 如图 6-11 所示为一传动系统的主轴，其转速 $n=960$ r/min，输入功率 $P_A=27.5$ kW，输出功率 $P_B=20$ kW，$P_C=7.5$ kW。试作此轴的扭矩图。

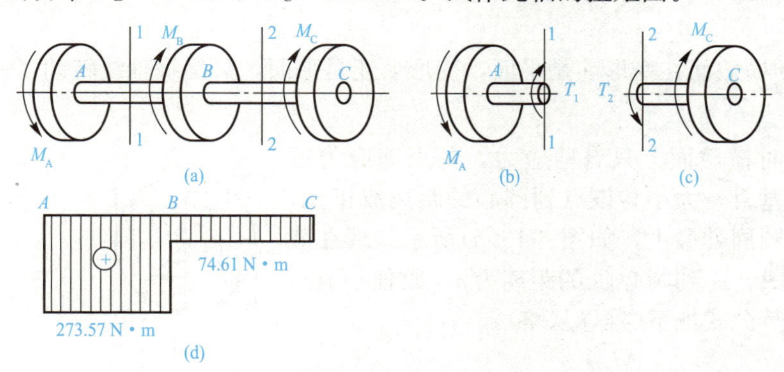

图 6-11

【解】 (1)计算外力偶矩。

$$M_A=9\ 550\frac{P_A}{n}=9\ 550\times\frac{27.5}{960}=273.57(\text{N}\cdot\text{m})$$

$$M_B=9\ 550\frac{P_B}{n}=9\ 550\times\frac{20}{960}=198.96(\text{N}\cdot\text{m})$$

$$M_C=9\ 550\frac{P_C}{n}=9\ 550\times\frac{7.5}{960}=74.61(\text{N}\cdot\text{m})$$

(2)用截面法计算各段扭矩。

AB 段(1—1)截面：$T_1=M_A=273.57\ \text{N}\cdot\text{m}$ （负）[图 6-11(b)]

BC 段(2—2)截面：$T_2=M_C=74.61\ \text{N}\cdot\text{m}$ （负）[图 6-11(c)]

(3)作轴的扭矩图[图 6-11(e)]。

(三)应力

1. 扭转变形现象

研究扭转时横截面上的应力，从观察圆轴扭转变形现象入手。在圆轴表面作许多等距离的平行于轴线的纵向线和垂直于轴线的圆周线，组成许多矩形格子，如图 6-12(a)所示。在圆轴两端加一对外力偶 M，圆轴产生扭转变形，如图 6-12(b)所示。我们可以观察到以下变形现象：

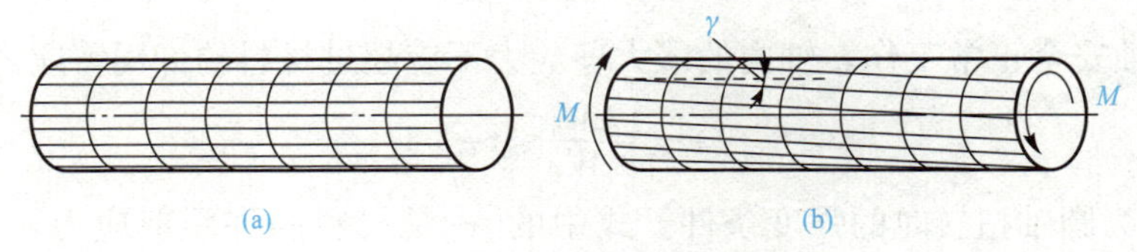

图 6-12

(1)所有纵向线都倾斜了同一角度 γ，产生剪应变，原来的矩形格子也变成了平行四边形。

(2)各圆周线的间距、形状、大小均无改变，只是绕轴线发生了转动。

由以上现象，可得如下推论：

(1)由于各圆周线的间距没变，且矩形格子发生相对错动，所以横截面上没有正应力，只有剪应力。

(2)圆轴的横截面在变形前是平面，变形后还是平面，只是绕轴线转动了一个角度。

2. 横截面上的剪应力

圆轴扭转时横截面上只有剪应力，各点剪应力的方向与半径线垂直，大小与该点到圆心的距离成正比，圆心处为零，圆周处最大，如图 6-13(a)所示。现在截面上任取一点 A，A 到圆心 O 的距离为 ρ，则任一点 A 处的剪应力计算公式如下(推导从略)：

$$\tau=\frac{M_n\cdot\rho}{I_P} \tag{6-6}$$

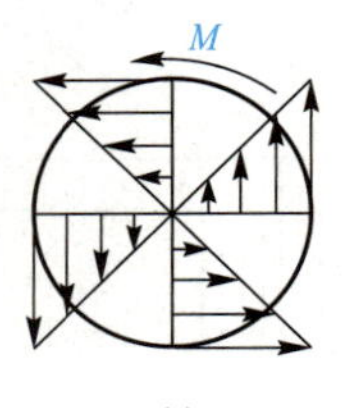

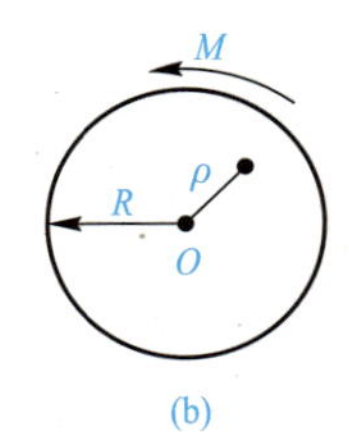

图 6-13

式中 τ——横截面某点处的剪应力；

M_n——横截面上的扭矩；

ρ——欲求应力的点到圆心的距离；

I_P——截面对圆心的极惯性矩，常用单位是 mm^4，有时也用 cm^4。

实心圆轴的 $I_P=\frac{\pi d^4}{32}$，空心圆轴的 $I_P=\frac{\pi(D^4-d^4)}{32}=\frac{\pi D^4(1-\alpha^4)}{32}\left(\alpha=\frac{d}{D}\right)$。

最大剪应力发生在截面圆周上，其值为

$$\tau_{max}=\frac{M_n\cdot\rho_{max}}{I_P}=\frac{M_n}{\frac{I_P}{\rho_{max}}}$$

令 $W_P=\frac{I_P}{\rho_{max}}$，$W_P$ 称为抗扭截面模量，常用单位是 mm^3，有时也用 cm^3。实心圆轴的 $W_P=\frac{\pi d^3}{16}$，空心圆轴的 $W_P=\frac{I_P}{\frac{D}{2}}=\frac{\pi D^3(1-\alpha^4)}{16}$。

则上式可改写为

$$\tau_{max}=\frac{M_n}{W_P} \tag{6-7}$$

三、圆轴扭转时的强度计算

为保证圆轴安全正常工作，轴内的最大剪应力不应超过材料的许用剪应力，即

$$\tau_{max}=\frac{M_n}{W_P}\leqslant[\tau] \tag{6-8}$$

式(6-8)称为圆轴扭转时的强度条件。式中的$[\tau]$是材料的许用剪应力，可从有关手册中查得。

与轴向拉压强度计算类似，利用圆轴扭转的强度条件也可解决强度校核、选择截面、

确定许可荷载三类问题。

【例 6-7】 如图 6-14 所示实心圆轴两端作用外力偶矩 $M=24$ kN·m，已知圆轴的直径 $d=100$ mm，试求图示截面上 A 点处的切应力和该轴的最大切应力。

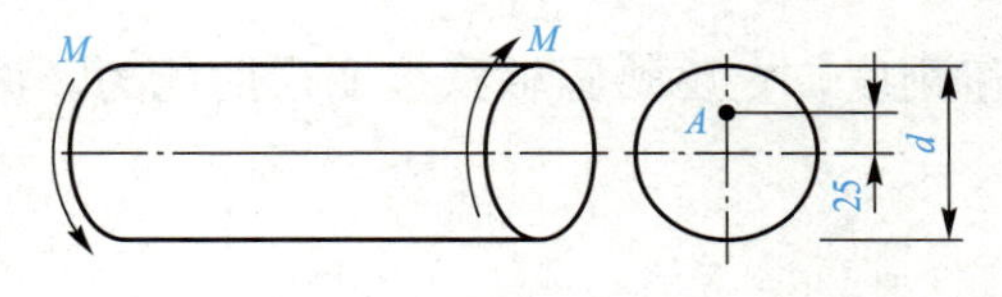

图 6-14

【解】 由截面法可知该轴任意一个横截面上的扭矩均等于外力偶矩 M，即 $T=M=24$ kN·m

则图示截面上 A 点处的切应力为

$$\tau_A=\frac{T\cdot\rho}{I_P}=\frac{24\times10^6\times25}{\frac{\pi}{32}\times100^4}=61.11(\text{N/mm}^2)=61.11\ \text{MPa}$$

最大切应力为

$$\tau_{max}=\frac{T}{W_P}=\frac{24\times10^6}{\frac{\pi}{16}\times100^3}=122.24(\text{N/mm}^2)=122.24\ \text{MPa}$$

【例 6-8】 某传动轴工作时的最大扭矩为 $T=2$ kN·m，材料的许用切应力 $[\tau]=60$ MPa。

(1)若用实心圆轴，试求轴的直径 d_1。

(2)若用空心圆轴，当 $\alpha=0.8$ 时，求其内径 d 和外径 D。

(3)试比较空心轴和实心轴的重量(两轴材料、长度均相同)。

【解】 (1)求实心圆轴的直径 d_1。

由 $\tau_{max}=\frac{T}{W_P}\leqslant[\tau]$ 可得 $W_P\geqslant\frac{T}{[\tau]}$ 即 $\frac{\pi d_1^3}{16}\geqslant\frac{2\times10^6\ \text{N}\cdot\text{mm}}{60\ \text{MPa}}$ 得 $d_1\geqslant55.4$ mm。

(2)求空心圆轴的内径 d 和外径 D。

由 $\tau_{max}=\frac{T}{W_P}\leqslant[\tau]$ 可得 $W_P\geqslant\frac{T}{[\tau]}$ 即 $\frac{\pi D^3(1-\alpha^4)}{16}\geqslant\frac{T}{[\tau]}$。

$\frac{\pi D^3}{16}(1-0.8^4)\geqslant\frac{2\times10^6\ \text{N}\cdot\text{mm}}{60\ \text{MPa}}$ 得 $D\geqslant74.6$ mm，则 $d=\alpha\cdot D=0.8\times74.6=59.7(\text{mm})$

(3)比较空心轴和实心轴的重量。

当两轴材料、长度均相同时，两轴的重量之比等于两轴的横截面面积之比。

$$\frac{G_{空}}{G_{实}}=\frac{A_{空}}{A_{实}}=\frac{\frac{\pi}{4}(D^2-d^2)}{\frac{\pi}{4}d_1^2}=\frac{D^2-d^2}{d_1^2}=\frac{74.6^2-59.7^2}{55.4^2}=0.65$$

四、圆轴扭转时的变形及刚度条件

(一)圆轴扭转时的变形

圆轴的扭转变形通常用扭转角 φ 来度量，扭转角 φ 是指某一截面相对于另一截面的半径线所转过的角度，如图 6-8 所示。对等截面圆轴而言，当扭矩 M_n 为常数时，相距 l 的两横截面间的相对扭转角为

$$\varphi=\frac{M_n \cdot l}{GI_P} \tag{6-9}$$

式中，GI_P 称为圆轴的抗扭刚度，它反映圆轴抵抗变形的能力。该值越大，抵抗变形能力越大，扭转变形程度越小。

(二)刚度条件

为保证轴安全正常工作，除应满足强度条件外，还应满足刚度条件。轴的变形过大，会影响加工精度。工程中对轴的单位长度扭转角进行限制，即

$$\theta=\frac{\varphi}{l}=\frac{M_n}{GI_P}\leqslant[\theta] \quad (\text{rad/m}) \tag{6-10}$$

式(6-10)就是扭转刚度条件。工程中，$[\theta]$的单位习惯用°/m，则用°/m 表示的刚度条件为

$$\frac{M_n}{GI_P}\cdot\frac{180^\circ}{\pi}\leqslant[\theta](^\circ/\text{m})$$

利用刚度条件，也可解决三类刚度问题：

(1)校核刚度。

(2)选择截面尺寸。

(3)确定许可荷载。

【例 6-9】 如图 6-15 所示，传动轴的直径 $d=40$ mm，受到外力偶矩 $M_1=1.2$ kN·m，$M_2=2$ kN·m，$M_3=0.8$ kN·m，材料的剪切弹性模量 $G=80$ GPa。试计算该轴的总扭转角 φ。

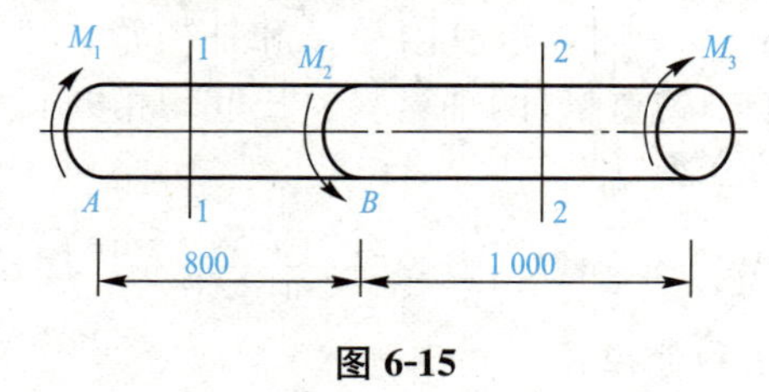

图 6-15

【解】 由于此轴 AB 段和 BC 段的扭矩不同，长度不同，所以 AB 段和 BC 段的扭转角也不同。该轴的总扭转角等于 AB 段和 BC 段扭转角的代数和，即

$$\varphi=\varphi_{AB}+\varphi_{BC}=\varphi_1+\varphi_2$$

(1)计算各段扭矩。

由截面法可求得 $T_1=M_1=1.2$ kN·m(+)，$T_2=M_3=0.8$ kN·m(−)

(2)计算总扭转角 φ。

$$\varphi=\varphi_1+\varphi_2=\frac{T_1 l_1}{GI_P}+\frac{T_2 l_2}{GI_P}=\frac{T_1 l_1+T_2 l_2}{GI_P}$$

$$=\frac{1.2\times10^3\times0.8-0.8\times10^3\times1}{80\times10^9\times\frac{\pi\times40^4}{32}\times10^{-12}}$$

$$=\frac{1.6\times10^2}{200.96\times10^2}=0.008(\text{rad})$$

【例 6-10】 某空心圆轴的内径 $d=50$ mm，外径 $D=100$ mm，材料的剪切弹性模量$G=80$ GPa。已知间距 $l=2.7$ m 的两横截面间的相对转角 $\varphi=1.8°$，试求轴的最大切应力。

【解】 (1)求此轴的扭矩 T。

由题意可知：
$$\varphi=\frac{T\cdot l}{GI_P}\times\frac{180°}{\pi}=1.8°$$

$$\frac{T\times 2.7\times 1\,000}{80\times 10^3\times\frac{\pi(D^4-d^4)}{32}}\times\frac{180°}{\pi}=1.8°$$

$$\frac{T\times 2.7\times 10^3}{80\times 10^3\times\frac{\pi}{32}(100^4-50^4)}\times\frac{180°}{\pi}=1.8°$$

得
$$T=8.56\times 10^6(\text{N}\cdot\text{mm})$$

(2)求轴的最大切应力。

$$\alpha=\frac{d}{D}=\frac{50}{100}=0.5$$

$$\tau_{max}=\frac{T}{W_P}=\frac{8.56\times 10^6}{\frac{\pi D^3}{16}(1-\alpha^4)}=\frac{8.56\times 10^6}{\frac{\pi\times 100^3}{16}(1-0.5^4)}=46.53(\text{MPa})$$

【例 6-11】 如图 6-16 所示，汽车传动轴由无缝钢管制成，外径 $D=100$ mm，内径 $d=80$ mm，转动时输入的力偶矩 $M=1.8$ kN·m。已知材料的许用切应力$[\tau]=60$ MPa，单位长度许用扭转角$[\theta]=1.5°/\text{m}$，材料的剪切弹性模量 $G=80$ GPa，试校核该轴的强度和刚度。

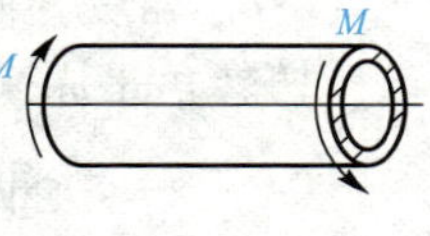

图 6-16

【解】 该轴任意横截面上的扭矩均等于外力偶矩 M，即 $T=M=1.8$ kN·m。

(1)校核轴的强度。

$$\alpha=\frac{d}{D}=\frac{80}{100}=0.8$$

$$\tau_{max}=\frac{T}{W_P}=\frac{T}{\frac{\pi D^3}{16}(1-\alpha^4)}=\frac{1.8\times 10^6}{\frac{\pi\times 100^3}{16}(1-0.8^4)}=15.54(\text{MPa})<[\tau]$$

所以满足强度条件。

(2)校核轴的刚度。

$$\theta=\frac{T}{GI_P}\times\frac{180°}{\pi}=\frac{T}{G\times\frac{\pi D^4}{32}(1-\alpha^4)}\times\frac{180°}{\pi}$$

$$=\frac{1.8\times 10^3}{80\times 10^9\times\frac{\pi\times 0.1^4}{32}(1-0.8^4)}\times\frac{180°}{\pi}=0.22(°/\text{m})<[\theta]$$

所以满足刚度条件。

小实验

实验 1：取两根相同的甘蔗，其中一根刨去皮，另一根不刨皮。分别将两根甘蔗折断，试比较折断时两者所用的力，并观察折断过程及折断部位，用力学知识加以解释。

实验 2：准备一根实心橡胶圆棒，长度大约是直径的 5 倍。在橡胶圆棒表面用粉笔画出许多等距离的平行于轴线的纵向线和垂直于轴线的圆周线，形成许多矩形格子。然后在圆棒两端用左右两手施加一对等值反向的力偶，使圆棒产生扭转变形，观察圆轴扭转变形现象。

思考题

6-1　剪切变形的受力特点是____________________，变形特点是____________________。

6-2　剪切面总是________外力作用线；挤压面一般________外力作用线。

6-3　在剪切和挤压的实用强度计算中做了________假设。

6-4　挤压面和计算挤压面是否相同？举例说明。

6-5　圆轴扭转的受力特点是____________________；变形特点是____________________。

6-6　两根直径和长度相同、材料不同的圆轴，在相同的扭矩作用下，它们的最大切应力________(“相同”或“不同”)；扭转角________(“相同”或“不同”)。

6-7　当受扭圆轴的直径减小一半，其他条件均不变时，最大切应力是原来的________倍；扭转角是原来的________倍。

6-8　一空心圆轴，外径为 D，内径为 d，$\alpha=\dfrac{d}{D}$，则其极惯性矩 $I_P=$________，抗扭截面系数 $W_P=$________。

6-9　思考题 6-9 图中的扭转切应力分布图，正确的是________。

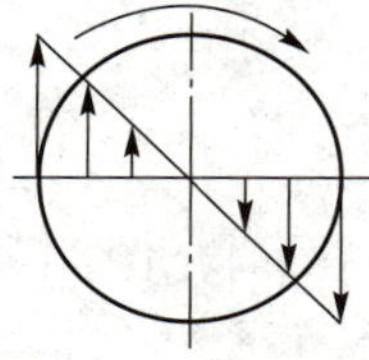
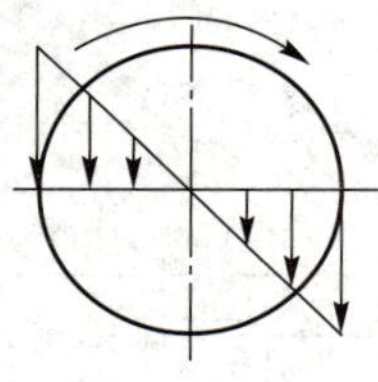
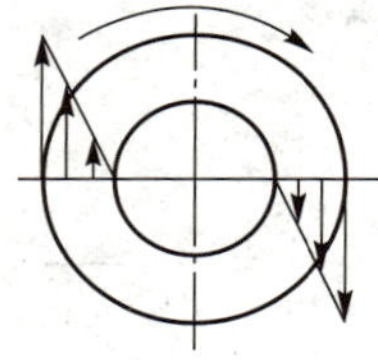

思考题 6-9 图

6-10　减速箱中，高速轴直径较大还是低速轴直径较大？为什么？

习　题

6-1　习题 6-1 图所示螺栓连接件，已知材料的许用切应力$[\tau]$和许用拉应力$[\sigma]$之间的关系为$[\tau]=0.6[\sigma]$，试求螺栓直径 d 与螺栓头高度 h 的合理比值。

习题解答

6-2　习题 6-2 图所示圆轴上作用四个外力偶矩，已知 $M_1=1\ \text{kN}\cdot\text{m}$，$M_2=1\ \text{kN}\cdot\text{m}$，$M_3=2\ \text{kN}\cdot\text{m}$，$M_4=4\ \text{kN}\cdot\text{m}$。(1)绘制该轴的扭矩图，并计算最大扭矩。(2)若将外力偶矩 M_3 和 M_4 的位置对调，最大扭矩有何变化？哪种情况更合理？

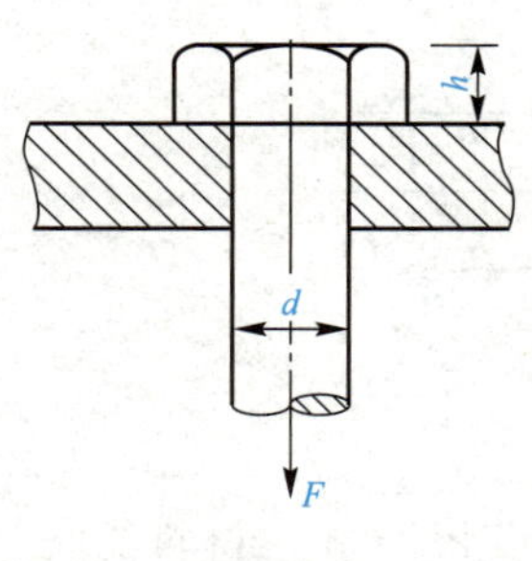

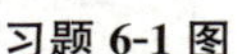

习题 6-1 图

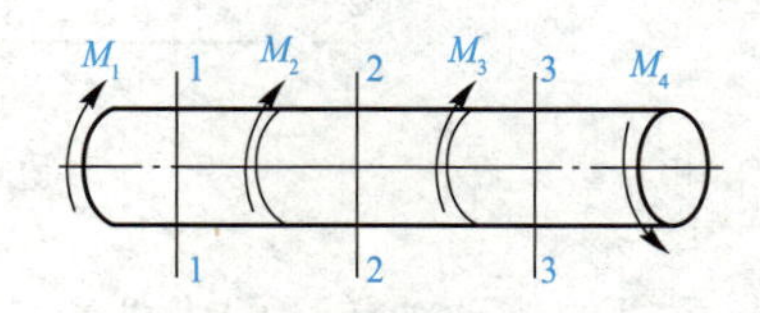

习题 6-2 图

6-3　某汽车传动轴，外径 $D=90$ mm，壁厚 $t=2.5$ mm，材料为 45 钢，许用切应力 $[\tau]=60$ MPa，工作时最大扭矩 $=1.5$ kN·m。

(1)校核此轴的强度。

(2)若将此轴改为实心轴，试在相同条件下，确定轴的直径。

(3)比较空心轴和实心轴的重量。

6-4　如习题 6-4 图所示阶梯轴，B 轮输入功率 $P_B=35$ kW，A 轮输出功率 $P_A=15$ kW，C 轮输出功率 $P_C=20$ kW，轴的转速 $n=200$ r/min，$G=80$ GPa，$[\tau]=60$ MPa，轴的 $[\theta]=2°/\text{m}$。试校核该轴的强度和刚度。

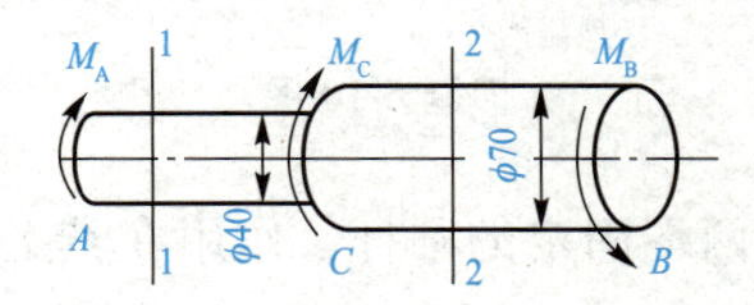

习题 6-4 图

6-5　实心轴和空心轴通过牙嵌离合器连在一起，如习题 6-5 图所示。已知轴的转速 $n=100$ r/min，传递功率 $P=7.5$ kW，$[\tau]=20$ MPa。试选择实心轴的直径 d_1 和内外径比值为 $\frac{1}{2}$ 的空心轴外径 D_2。

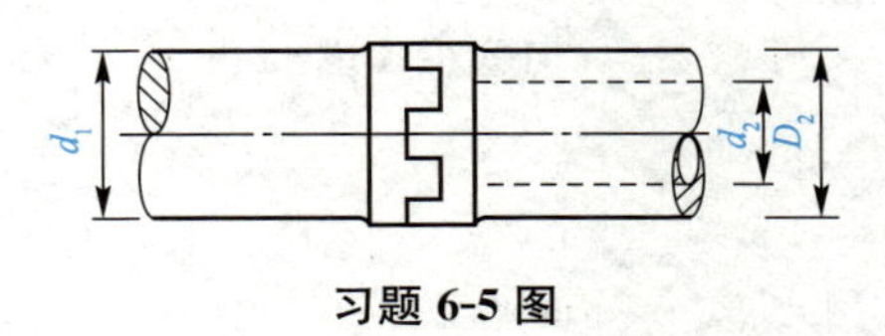

习题 6-5 图

6-6　钢质实心轴和铝质空心轴($\alpha=0.6$)的长度和截面面积均相等，钢的许用切应力 $[\tau]_{钢}=80$ MPa，铝的许用应力 $[\tau]_{铝}=50$ MPa。若仅从强度条件考虑，试计算哪根轴能承受较大的转矩。

6-7　一圆轴因扭转而产生的最大切应力 τ_{max} 达到许用切应力 $[\tau]$ 的两倍，为使轴能安全工作，要将轴的直径 d_1 加大到 d_2。试确定 d_2 是 d_1 的几倍?

6-8　如习题 6-8 图所示为一推进轴，一端是实心，其直径 $d_1=28$ cm；另一端是空心，其内径 $d=14.8$ cm，外径 $D=29.6$ cm，若 $[\tau]=50$ MPa，试求此轴允许传递的外力偶矩。

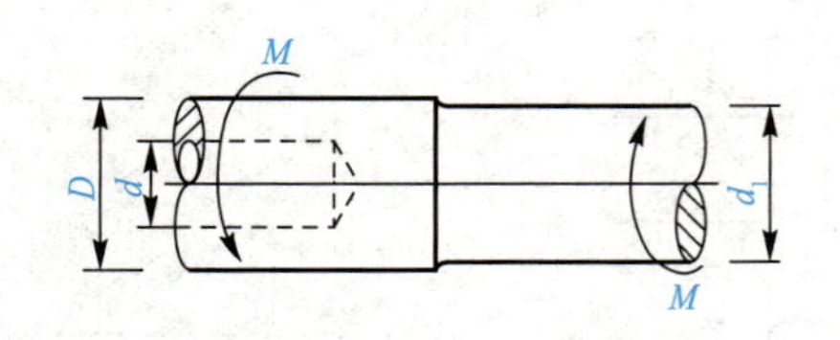

习题 6-8 图

6-9　桥式起重机的传动轴传递的力偶矩 $M=1.08\ \mathrm{kN\cdot m}$，材料的$[\tau]=40\ \mathrm{MPa}$，$G=80\ \mathrm{GPa}$，$[\theta]=0.5°/\mathrm{m}$，试设计轴的直径。

6-10　如习题 6-10 图所示圆轴 AB 两端固定，在截面 C 处受外力偶矩 m 作用。AC 段空心，其内径为 d，外径为 D；CB 段实心，其直径为 d。试求当支座 A、B 处外力偶矩相等时，$\dfrac{a}{l}$的比值。

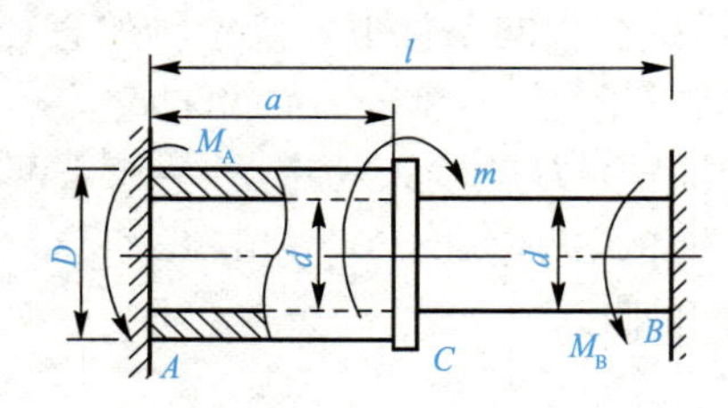

习题 6-10 图

6-11　如习题 6-11 图所示两端固定的圆杆，作用在其上的外力偶矩为 M_1 和 M_2，且 $M_1=2M_2$，$a=c=\dfrac{l}{4}$，$b=\dfrac{l}{2}$，求固定端的约束反力偶矩和 CD 段的扭矩。

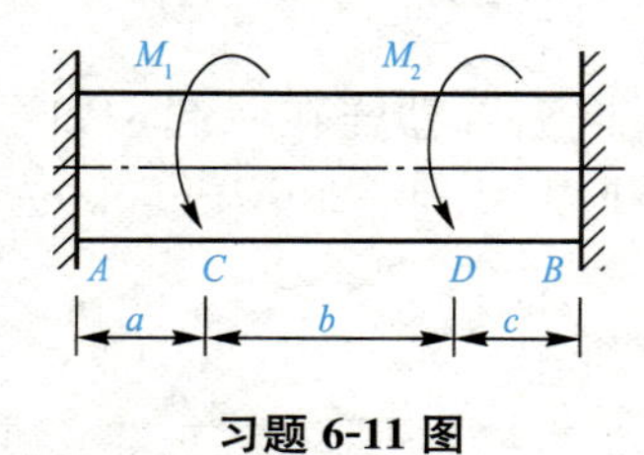

习题 6-11 图

第七章 弯 曲

学习目标

1. 掌握平面弯曲的概念。
2. 掌握梁弯曲时横截面上的内力——剪力和弯矩。
3. 能用截面法计算剪力和弯矩。
4. 能熟练运用简便法求剪力和弯矩。
5. 掌握绘制梁的剪力图和弯矩图的方法。
6. 能熟练计算梁横截面上的正应力和切应力。
7. 掌握梁弯曲时的强度计算。
8. 熟悉梁的变形。
9. 能用梁的刚度条件解决相关问题。

技能目标

1. 平面弯曲的概念包括受力特点和变形特点两个方面。

2. 由梁的弯曲变形现象得出梁弯曲时横截面上的内力有两项：剪力和弯矩。剪力与横截面相切，当剪力对所取梁段内侧任一点之矩为顺时针时，剪力为正，反之为负；弯矩作用面与横截面垂直，当弯矩使所取梁段产生上部受压、下部受拉时为正，反之为负。

3. 求剪力和弯矩的方法有截面法和简便法，一般采用简便法。简便法求剪力和弯矩的思路是：

(1)梁某一横截面上的剪力等于截面一侧所有横向外力的代数和。截面左侧向上的外力为正，截面右侧向下的外力为正，反之为负。即“左上右下剪力为正”。

(2)梁某一横截面上的弯矩等于截面一侧所有外力对该截面形心取力矩的代数和。截面左侧顺时针转向的力矩为正，截面右侧逆时针转向的力矩为正，反之为负。即“左顺右逆弯矩为正”。

4. 绘制梁的内力图可用方程法、控制点法等，尽量采用控制点法，方便、快捷。

5. 内力图的规律简要归纳如下：

(1)在无均布荷载 q 作用的梁段，剪力图平行于梁的轴线，弯矩图为斜直线。其中，当剪力为正值时，弯矩图为下斜线；当剪力为负值时，弯矩图为上斜线。

(2)在有均布荷载 q 作用的梁段，剪力图为斜直线，其中，当 q 垂直向下时，剪力图为下斜线；当 q 垂直向上时，剪力图为上斜线。弯矩图为二次抛物线，其中，当 q 垂直向下时，二次抛物线向下凸，即呈“∪”形；当 q 垂直向上时，二次抛物线向上凸，即呈“⌒”形。

(3)在集中力作用处，左右两侧的剪力突变，突变值等于集中力数值；左右两侧的弯矩不变，但弯矩图在此处发生转折。

(4)在集中力偶作用处，左右两侧的剪力不变；左右两侧的弯矩突变，突变值等于集中力偶的数值。

(5)在有均布荷载 q 作用的梁段，若出现剪力为零的截面，则在该截面上有弯矩的极值。

6. 梁的正应力是由弯矩引起的，而剪应力是由剪力引起的，准确应用应力计算公式。

7. 利用梁的强度条件，可解决三类问题。在分析此类问题时，一定要仔细分析已知条件，根据已知条件来分析此题是正应力强度还是剪应力强度，或是正应力强度和剪应力强度都要考虑。

8. 梁的变形用挠度和转角来表示，计算时充分利用公式，并尽量采用叠加法。

第一节 梁的平面弯曲

一、平面弯曲的概念

工程中常见的梁，其横截面通常采用对称形状，如矩形、圆形、工字形等，这些截面都有一个竖向对称轴 y 轴，y 轴与梁的轴线组成的平面叫作纵向对称面，如图 7-1(a)所示。平面弯曲的受力特点是：作用在梁上的所有外力都位于纵向对称面内；变形特点是：梁的轴线在纵向对称面内由直线弯曲成曲线[图 7-1(b)]。

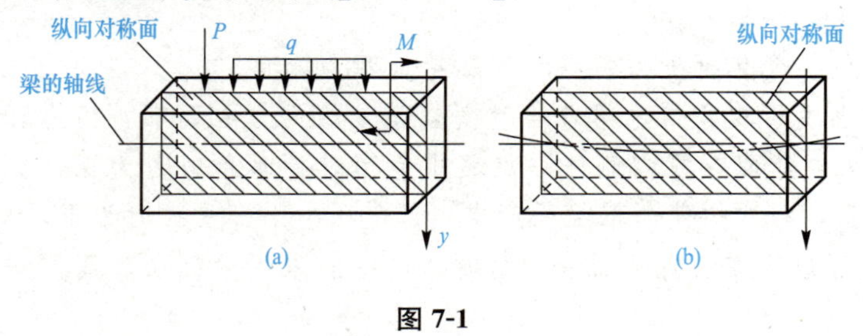

图 7-1

二、单跨静定梁的基本形式

工程中对单跨静定梁按其支座情况来分，可分为下列三种形式：

(1)简支梁。梁的一端为固定铰支座，另一端为可动铰支座[图 7-2(a)]。

(2)悬臂梁。梁的一端为固定端，另一端为自由端[图 7-2(b)]。

(3)外伸梁。梁的一端或两端均伸出支座的简支梁[图 7-3(c)]。

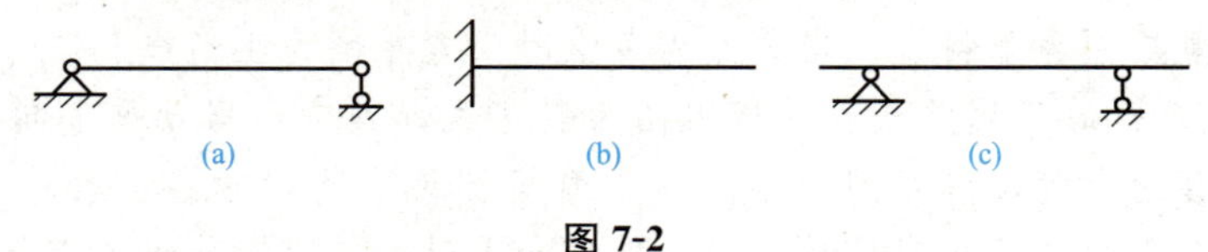

图 7-2

第二节　梁的弯曲内力

一、剪力和弯矩

为了研究梁的强度和刚度问题，在求出梁的支座反力后，还必须计算梁的内力。

如图 7-3(a)所示为一简支梁，梁上作用荷载 P，支座反力为 F_A、F_B。现在要求梁上指定截面 m—m 上的内力。求内力的通用方法是截面法，假想用 m—m 截面将梁分成两段，取左段为研究对象，如图 7-3(b)所示。由于梁整体处于平衡，所以左段必处于平衡，由静力平衡方程 $\sum F_y=0$ 可知，截面 m—m 上必有一个与 F_A 等值、反向、平行的内力 F_Q 存在，这个内力 F_Q 与截面相切，称为剪力；同时，由静力平衡方程 $\sum M=0$ 可知，截面 m—m 上必然还有一个与力矩 $F_A\cdot a$ 大小相等、转向相反的内力偶 M 存在，这个内力偶 M 的作用面与截面垂直，这个内力偶矩 M 称为弯矩。

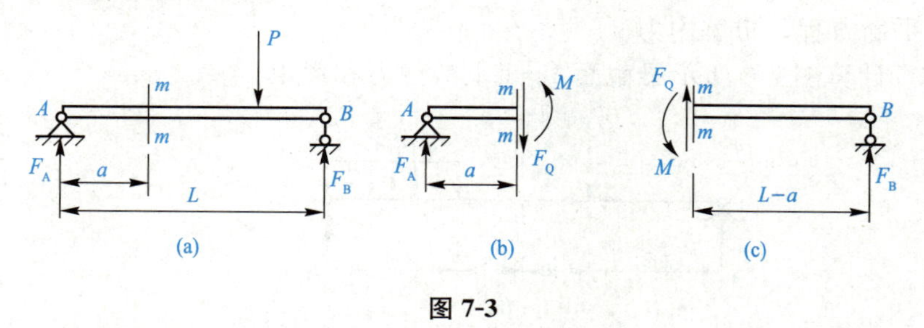

图 7-3

由以上分析可知，梁弯曲时横截面上存在两个内力——剪力 F_Q 和弯矩 M。

剪力 F_Q 的常用单位为 N 或 kN，弯矩 M 的常用单位为 N·m 或 kN·m。

若取 m—m 截面右段为研究对象，同样可求得截面 m—m 上的剪力 F_Q 和弯矩 M，如图 7-3(c)所示。注意，图 7-3(b)、(c)两图中截面 m—m 上的剪力 F_Q 和弯矩 M 必须符合作用力与反作用力公理。

二、剪力和弯矩正负号的规定

为了使取同一截面左、右两段梁求得的剪力 F_Q 和弯矩 M 有相同的正负号，并考虑工程中的一些习惯要求，对剪力和弯矩的正负号作如下规定：

(1)绕截面内侧产生顺时针转动趋势的剪力为正[图 7-4(a)]；反之为负[图 7-4(b)]。

(2)使梁段产生向下凸出(即下侧受拉)的弯矩为正[图 7-5(a)]；反之为负[图 7-5(b)]。

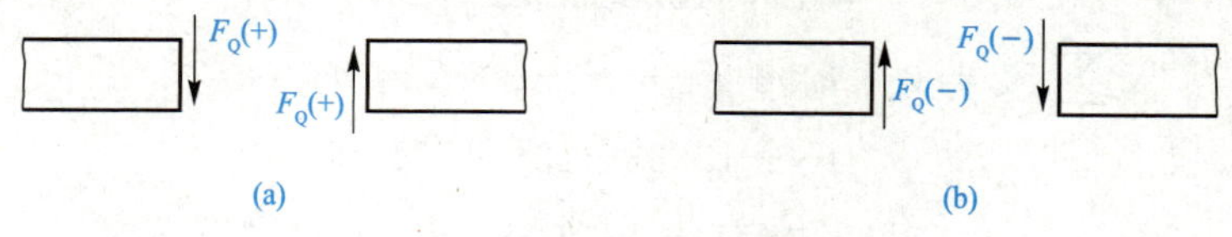

图 7-4

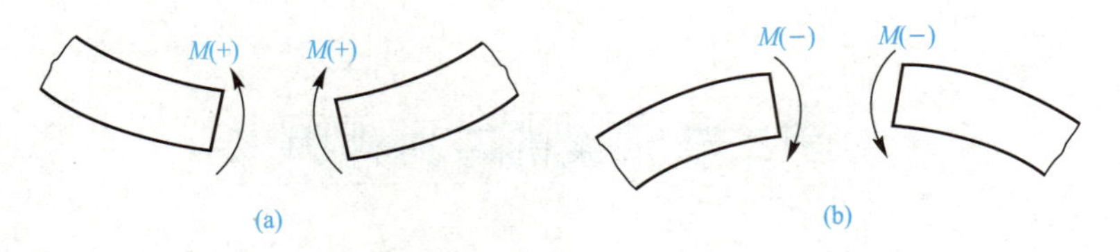

图 7-5

三、剪力和弯矩的计算

对梁而言，不同截面上的内力是不同的，所以不能说求梁任意截面上的内力，只能求梁指定截面上的内力。求梁指定截面上的内力的方法有截面法和简便法。

(一)截面法

用截面法求梁指定截面上的剪力和弯矩的步骤如下：

(1)计算支座反力。

(2)用假想截面在需求内力处将梁截成两段，取其中一段为研究对象。

(3)画出研究对象的受力图(截面上的剪力 F_Q 和弯矩 M 先均假设为正号)。

(4)建立平衡方程，求解内力。

【例 7-1】 计算图 7-6 所示梁截面 1—1 上的剪力和弯矩。

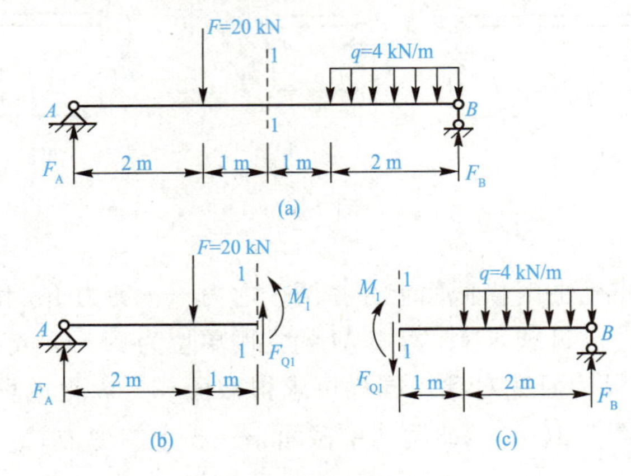

图 7-6

【解】 (1)求支座反力。

取梁整体为研究对象，受力如图 7-6(a)所示，列平衡方程

$$\sum M_A(F)=0 \quad F_B\times 6-F\times 2-q\times 2\times 5=0$$

$$F_B\times 6-20\times 2-4\times 2\times 5=0$$

得

$$F_B=13.33\ \text{kN}(\uparrow)$$

$$\sum F_y=0 \quad F_A+F_B-F-q\times 2=0$$

$$F_A+13.33-20-4\times 2=0$$

得

$$F_A=14.67\ \text{kN}(\uparrow)$$

(2)计算截面 1—1 上的剪力和弯矩。

若取 1—1 截面以左为研究对象，受力如图 7-6(b)所示，列平衡方程

$$\sum F_y = 0 \quad F_A + F_{Q1} - F = 0$$

$$14.67 + F_{Q1} - 20 = 0$$

得 $F_{Q1} = 5.33$ kN(方向与图示假设方向相同，是负剪力)

$$\sum M_1 = 0 \quad \text{(以截面 1—1 的形心为矩心)}$$

$$M_1 + F \times 1 - F_A \times 3 = 0$$

$$M_1 + 20 \times 1 - 14.67 \times 3 = 0$$

得 $M_1 = 24$ kN·m(方向与图示假设方向相同，是正弯矩)

若取 1—1 截面以右为研究对象，受力如图 7-6(c)所示，列平衡方程

$$\sum F_y = 0 \quad F_B - q \times 2 - F_{Q1} = 0$$

$$13.33 - 4 \times 2 - F_{Q1} = 0$$

得 $F_{Q1} = 5.33$ kN(方向与图示假设方向相同，是负剪力)

$$\sum M_1 = 0 \quad F_B \times 3 - q \times 2 \times 2 - M_1 = 0$$

$$13.33 \times 3 - 4 \times 2 \times 2 - M_1 = 0$$

得 $M_1 = 24$ kN·m(方向与图示假设方向相同，是正弯矩)

可见，取 1—1 截面以左或以右为研究对象，1—1 截面上的剪力和弯矩等值、同号。

【例 7-2】 求图 7-7 所示梁截面 1—1 的剪力和弯矩。

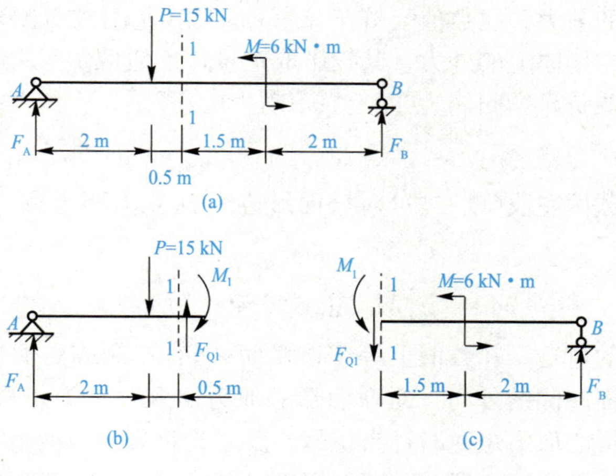

图 7-7

【解】 (1)求支座应力。

取梁整体为研究对象，受力如图 7-7(a)所示，列平衡方程

$$\sum M_A(F) = 0 \quad F_B \times 6 - P \times 2 + M = 0 \ F_B \times 6 - 15 \times 2 + 6 = 0 \text{ 得 } F_B = 4\ \text{kN}(\uparrow)$$

$$\sum F_y = 0 \quad F_A + F_B - P = 0 \quad F_A + 4 - 15 = 0 \text{ 得 } F_A = 11\ \text{kN}(\uparrow)$$

(2)求截面 1—1 的剪力和弯矩。

取截面 1—1 以左为研究对象，受力如图 7-7(b)所示，列平衡方程

$$\sum F_y = 0 \quad F_A + F_{Q1} - P = 0 \quad 11 + F_{Q1} - 15 = 0$$

得 $F_{Q1}=4$ kN(方向与图示相同，是负剪力)

$$\sum M_1=0 \quad P\times0.5-F_A\times2.5-M_1=0 \quad 15\times0.5-11\times2.5-M_1=0$$

得 $M_1=-20$ kN·m(方向与图示相反，图示假设的是负弯矩，而计算结果是正弯矩)

(3)校核。

取截面1—1以右为研究对象，受力如图7-7(c)所示，列平衡方程

$$\sum F_y=0 \quad F_B-F_{Q1}=0 \quad 4-F_{Q1}=0$$

得 $F_{Q1}=4$ kN(方向与图示相同，是负剪力)

$$\sum M_1=0 \quad M_1+M+F_B\times3.5=0 \quad M_1+6+4\times3.5=0$$

得 $M_1=-20$ kN·m(方向与图示相反，图示假设的是负弯矩，而计算结果是正弯矩)

可见，上述计算过程再次校验了同一截面左、右两侧的剪力和弯矩等值、同号。

(二)简便法求内力

在利用平衡方程求解截面内力的基础上，可将方程按照规律简化，用更为简便的方法计算内力。具体如下。

1. 计算剪力的规律

计算剪力时，对截面左段(或右段)建立投影方程 $\sum F_y=0$，经过移项后得到

$$F_Q=\sum F_{y左} \text{ 或 } F_Q=\sum F_{y右}$$

即梁上任一截面的剪力，在数值上等于该截面一侧(左侧或右侧)所有外力沿截面方向投影的代数和。截面左侧向上的外力，其投影取正号，反之取负号；截面右侧向下的外力，其投影取正号，反之取负号。归纳为“左上右下剪力为正”。

2. 计算弯矩的规律

计算弯矩时，取截面左段(或右段)对截面形心 C 建立力矩方程 $\sum M_C=0$，经过移项后得到

$$M=\sum M_C\text{左或}M=\sum M_C\text{右}$$

即梁上任一截面的弯矩，在数值上等于该截面一侧(左侧或右侧)所有外力对截面形心取力矩的代数和。截面左侧的外力，对截面形心取力矩顺时针为正号，反之为负号；截面右侧的外力，对截面形心取力矩逆时针为正号，反之为负号。归纳为“左顺右逆弯矩为正”。

用简便法求内力可省去画左段(或右段)的受力图，也可省去列平衡方程，从而使计算过程得到简化。

【例7-3】 求图7-8所示梁指定截面上的内力。

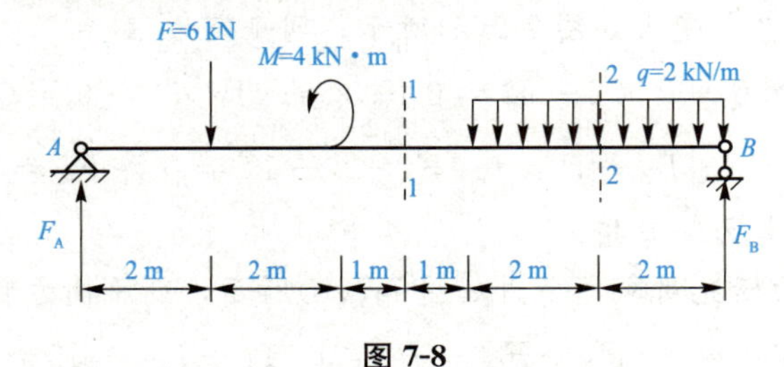

图 7-8

【解】 (1)求梁的支座反力。

取梁整体为研究对象，受力如图 7-8 所示，列平衡方程

$$\sum M_A(F)=0 \quad F_B\times 10-F\times 2+M-q\times 4\times 8=0$$

$$F_B\times 10-6\times 2+4-2\times 4\times 8=0$$

得 $F_B=7.2\ \text{kN}(\uparrow)$

$$\sum F_y=0 \quad F_A+F_B-F-q\times 4=0 \quad F_A+7.2-6-2\times 4=0$$

得 $F_A=6.8\ \text{kN}(\uparrow)$

(2)用简便法计算截面 1—1、截面 2—2 的内力。

截面 1—1(取截面以左)：$F_{Q1}=F_A-F=6.8-6=0.8(\text{kN})$

$$M_1=F_A\times 5-F\times 3-M=6.8\times 5-6\times 3-4=12(\text{kN}\cdot\text{m})$$

截面 2—2(取截面以右)：$F_{Q2}=q\times 2-F_B=2\times 2-7.2=-3.2(\text{kN})$

$$M_2=F_B\times 2-q\times 2\times 1=7.2\times 2-2\times 2\times 1=10.4(\text{kN}\cdot\text{m})$$

(3)校核。

截面 1—1(取截面以右)：$F_{Q1}=q\times 4-F_B=2\times 4-7.2=0.8(\text{kN})$

$$M_1=F_B\times 5-q\times 4\times 3=7.2\times 5-2\times 4\times 3=12(\text{kN}\cdot\text{m})$$

截面 2—2(取截面以左)：

$$F_{Q2}=F_A-F-q\times 2=6.8-6-2\times 2=-3.2(\text{kN})$$

$$M_2=F_A\times 8-F\times 6-M-q\times 2\times 1$$

$$=6.8\times 8-6\times 6-4-2\times 2\times 1=10.4(\text{kN}\cdot\text{m})$$

【例 7-4】 求图 7-9 所示梁指定截面的内力。

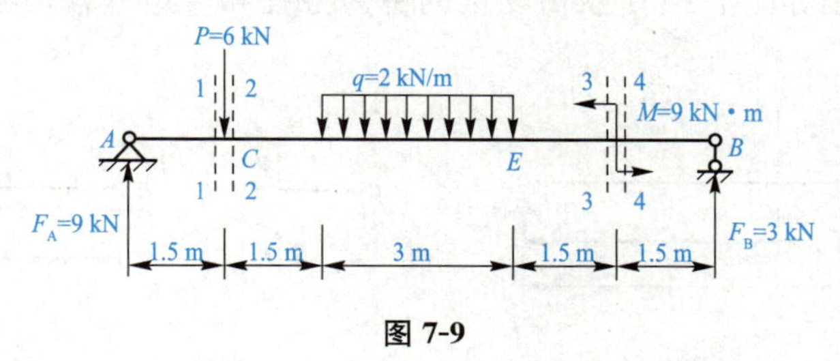

图 7-9

【解】 (1)求梁的支座反力。

取梁整体为研究对象，受力如图 7-9 所示，列平衡方程

$$\sum M_A(\boldsymbol{F})=0 \quad F_B\times 9-P\times 1.5-q\times 3\times 4.5+M=0$$

$F_B\times 9-6\times 1.5-2\times 3\times 4.5+9=0$ 得 $F_B=3\ \text{kN}(\uparrow)$

$$\sum F_y=0 \quad F_A+F_B-P-q\times 3=0$$

$F_A+3-6-2\times 3=0$ 得 $F_A=9\ \text{kN}(\uparrow)$

(2)求指定截面上的内力。

截面 1—1(取截面以左)：

$$F_{Q1}=F_A=9\ \text{kN},\ M_1=F_A\times 1.5=9\times 1.5=13.5(\text{kN}\cdot\text{m})$$

截面 2—2(取截面以左)：$F_{Q2}=F_A-P=9-6=3(\text{kN})$

$$M_2 = F_A \times 1.5 = 9 \times 1.5 = 13.5(\text{kN} \cdot \text{m})$$

截面 3—3(取截面以右)：$F_{Q3} = -F_B = -3\ \text{kN}$

$$M_3 = M + F_B \times 1.5 = 9 + 3 \times 1.5 = 13.5(\text{kN} \cdot \text{m})$$

截面 4—4(取截面以右)：

$$F_{Q4} = -F_B = -3\ \text{kN},\ M_4 = F_B \times 1.5 = 3 \times 1.5 = 4.5(\text{kN} \cdot \text{m})$$

结论：①截面 1—1、截面 2—2 为集中力 P 作用的左、右两侧，两侧截面的剪力发生突变，即由 F_{Q1} 突变到 F_{Q2}，突变了 6 kN，正好是集中力 P 的数值，而两侧截面的弯矩值不变；②截面 3—3、截面 4—4 为集中力偶 M 作用的左、右两侧，两侧截面的剪力不变，而弯矩发生了突变，由 M_3 突变到 M_4，突变了 9 kN·m，正好是集中力偶 M 的数值。

第三节　梁的剪力图和弯矩图

一般情况下，梁在不同截面上的内力是不同的。在计算梁的强度和刚度时，需要知道梁的最大剪力值、最大弯矩值及其所在的截面位置。为此，需要了解内力沿梁轴线的变化规律，进一步画出梁的内力图——剪力图和弯矩图。

画内力图的具体方法是：用平行于梁轴的坐标(x)表示梁截面的位置，垂直于梁轴的纵坐标(y)表示相应横截面的剪力或弯矩。习惯上，将正剪力画在 x 轴上方，负剪力画在 x 轴下方；弯矩一般画在梁受拉的一侧，即正弯矩画在 x 轴下方，负弯矩画在 x 轴上方。

【例 7-5】 试列出如图 7-10 所示简支梁的剪力方程和弯矩方程，绘出梁的剪力图和弯矩图。

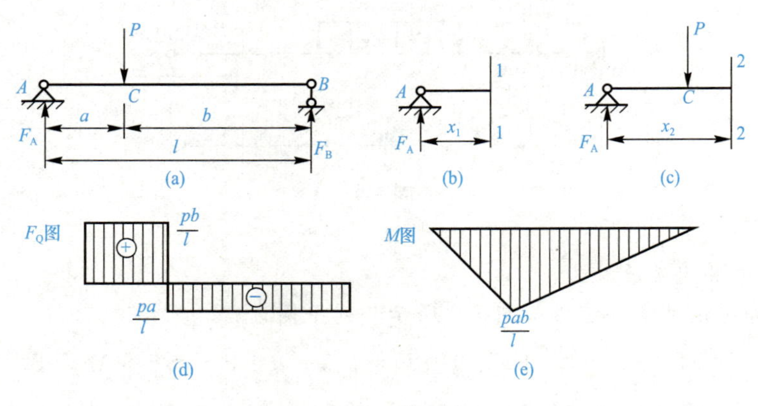

图 7-10

【解】 (1)求支座反力。取梁整体为研究对象，如图 7-10(a)所示，列平衡方程

$$\sum M_A(F) = 0 \quad F_B \cdot l - P \cdot a = 0 \text{ 得 } F_B = \frac{Pa}{l}(\uparrow)$$

$$\sum M_B(F) = 0 \quad P \cdot b - F_A \cdot l = 0 \text{ 得 } F_A = \frac{Pb}{l}(\uparrow)$$

(2)列剪力方程和弯矩方程。由于 C 处有集中力 P 作用，AC 段和 CB 段的方程不同，

需分段建立。

AC段：在AC段任取截面1—1，距原点A为x_1，取截面以左为研究对象，剪力方程和弯矩方程为

$$F_Q(x_1)=F_A=\frac{Pb}{l}(0<x_1<a)$$

$$M(x_1)=F_A\cdot x_1=\frac{Pbx_1}{l}(0\leqslant x_1\leqslant a)$$

CB段：在距原点A为x_2处任取截面2—2，取截面以左为研究对象，剪力方程和弯矩方程为

$$F_Q(x_2)=F_A-P=\frac{Pb}{l}-P=-\frac{Pa}{l}(a<x_2<l)$$

$$M(x_2)=F_A\cdot x_2-P(x_2-a)=\frac{Pb}{l}x_2-P(x_2-a)$$

$$=\frac{Pa}{l}(l-x_2)(a\leqslant x_2\leqslant l)$$

(3)画剪力图和弯矩图。

AC段：剪力为常数，剪力值为$\frac{Pb}{l}$，是正剪力，画在坐标轴上方；弯矩为斜直线，当$x_1=0$时，$M_A=0$；当$x_1=a$时，$M_C=\frac{Pab}{l}$。

CD段：剪力为常数，剪力值为$-\frac{Pa}{l}$，是负剪力，画在坐标轴下方；弯矩为斜直线，当$x_2=a$时，$M_C=\frac{Pab}{l}$；当$x_2=l$时，$M_B=0$。

梁的剪力图和弯矩图分别如图7-10(d)、(e)所示。

由以上例题分析可以看出，梁上只有集中力作用时，集中力把梁分为若干段无荷载作用区。在无荷载作用区：剪力图平行于x轴；弯矩图是斜直线。在集中力作用处：剪力图发生突变，突变值等于集中力数值；弯矩图发生转折。

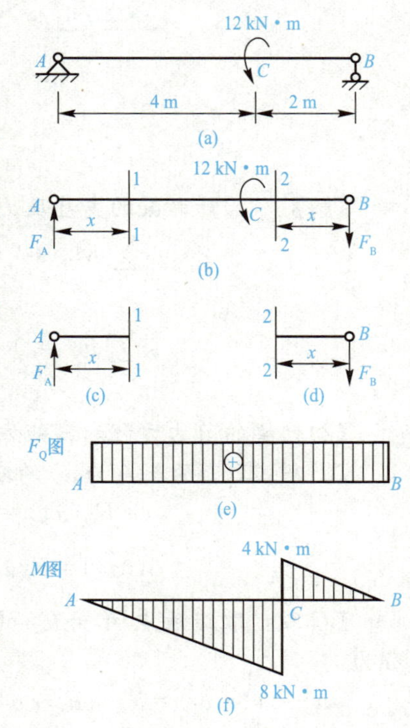

图 7-11

【例 7-6】 试列出如图7-11所示简支梁的剪力方程和弯矩方程，绘出梁的剪力图和弯矩图。

【解】 (1)求梁的支座反力。

取梁为研究对象，受力如图7-11(b)所示。

列平衡方程：

$\sum M=0\quad 12-F_A\times 6=0\quad$ 得 $F_A=2\text{ kN}(\uparrow)$

则 $\quad F_B=2\text{ kN}(\downarrow)$

(2)列内力方程。

AC段：取1—1截面以左为脱离体，建立内力方程如图7-11(c)所示。

$$F_Q(x)=F_A=2\text{ kN}\qquad x\in[0,4)$$

$$M(x)=F_A\cdot x=2x\qquad x\in[0,4)$$

CB 段：取 2—2 截面以右为脱离体，建立内力方程，如图 7-11(d)所示。

$$F_Q(x)=F_B=2\ \text{kN}\qquad x\in[0,\ 2)$$

$$M(x)=-F_B\cdot x=-2x\quad x\in[0,\ 2)$$

(3)根据内力方程绘制剪力图，如图 7-11(e)所示；绘制弯矩图，如图 7-11(f)所示。

由以上例题分析可得出，在集中力偶作用处：剪力图无变化；弯矩图发生突变，突变值等于集中力偶数值。

【例 7-7】 画出图 7-12 所示梁的剪力图和弯矩图。

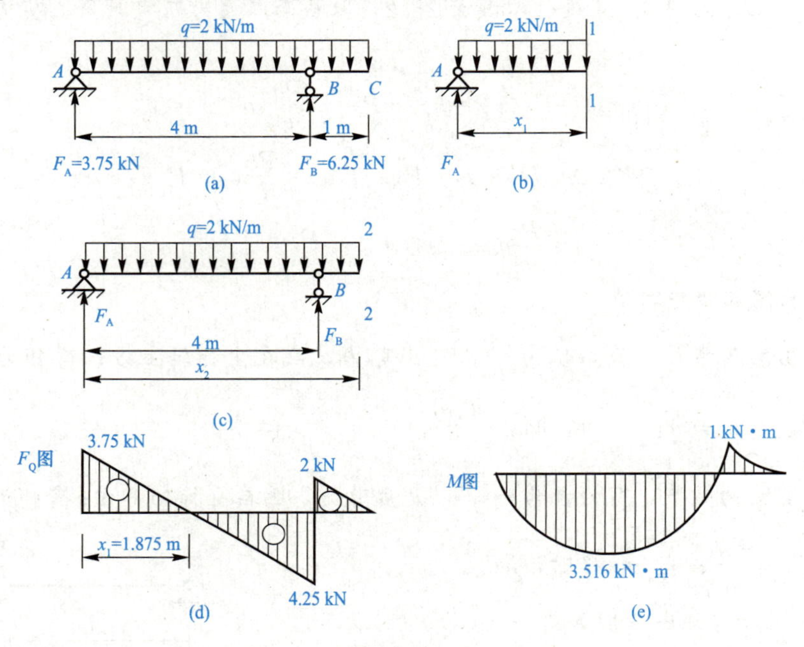

图 7-12

【解】 (1)计算梁的支座反力。取梁整体为研究对象，如图 7-12(a)所示，列平衡方程

$$\sum M_A(\boldsymbol{F})=0\quad F_B\times4-q\times5\times2.5=0$$

$$F_B\times4-2\times5\times2.5=0\ \text{得}\ F_B=6.25\ \text{kN}(\uparrow)$$

$$\sum F_y=0\quad F_A+F_B-q\times5=0$$

$$F_A+6.25-2\times5=0\ \text{得}\ F_A=3.75\ \text{kN}(\uparrow)$$

(2)列梁的剪力方程和弯矩方程。此梁的 AB 段和 BC 段的方程不同，需分段建立。

AB 段：取距原点 A 为 x_1 的截面 1—1，以截面以左为研究对象，剪力方程和弯矩方程为

$$F_Q(x_1)=F_A-q\cdot x_1=3.75-2x_1(0\leqslant x_1\leqslant4)$$

$$M(x_1)=F_Ax_1-q\cdot x_1\cdot\frac{x_1}{2}=3.75x_1-x_1^2(0\leqslant x_1\leqslant4)$$

BC 段：取距原点 A 为 x_2 的截面 2—2，取截面以左为研究对象，剪力方程和弯矩方程为

$$F_Q(x_2)=F_A+F_B-q\cdot x_2=3.75+6.25-2\cdot x_2=10-2x_2(4\leqslant x_2\leqslant5)$$

$$M(x_2)=F_Ax_2+F_B(x_2-4)-q\cdot x_2\cdot\frac{x_2}{2}=-x_2^2+10x_2-25(4\leqslant x_2\leqslant5)$$

(3)作梁的剪力图和弯矩图。

AB 段：剪力为斜直线，当 $x_1=0$ 时，$F_Q(x_1)=3.75$ kN(正剪力)，当 $x_1=4$ 时，$F_Q(x_1)=3.75-2\times4=-4.25$(kN)(负剪力)，当 $F_Q(x_1)=0$，即 $3.75-2x_1=0$，则 $x_1=1.875$ m 时，$M(x_1)$有极值。弯矩为二次抛物线，当 $x_1=0$ 时，$M(x_1)=0$，当 $x_1=4$ 时，$M(x_1)=3.75\times4-4^2=-1$(kN·m)(负弯矩)，当 $x_1=1.875$ m 时，$M(x_1)=3.75\times1.875-1.875^2=3.516$(kN·m)(正弯矩)。

BC 段：剪力为斜直线，当 $x_2=4$ 时，$F_Q(x_2)=10-2\times4=2$(kN)(正剪力)，当 $x_2=5$ 时，$F_Q(x_2)=10-2\times5=0$。弯矩为二次抛物线，当 $x_2=4$ 时，$M(x_2)=-4^2+10\times4-25=-1$(kN·m)(负弯矩)，当 $x_2=5$ 时，$M(x_2)=-5^2+10\times5-25=0$

由以上例题分析可得出：在均布荷载作用的梁段，剪力图为斜直线，弯矩图为二次抛物线；在剪力等于零的截面上弯矩有极值。

第四节　内力图的规律及其应用

在第三节分别讨论了梁在集中力、集中力偶、均布荷载作用下的内力图，现对内力图的规律简要归纳如下：

(1)在无均布荷载作用区，剪力图平行于 x 轴，弯矩图为斜直线。当剪力图为正时，弯矩图下斜；当剪力图为负时，弯矩图上斜。

(2)在有均布荷载作用区，剪力图为斜直线，弯矩图为二次抛物线。当均布荷载垂直向下时，剪力图下斜，弯矩图凹口向上；当均布荷载垂直向上时，剪力图上斜，弯矩图凹口向下。

(3)在集中力作用处，剪力图发生突变，突变值等于集中力数值，突变方向与集中力方向一致；弯矩图发生转折。

(4)在集中力偶作用处，弯矩图发生突变，突变值等于集中力偶数值。当集中力偶为顺时针时，弯矩图向下突变，当集中力偶为逆时针时，弯矩图向上突变；剪力图无变化。

(5)在有均布荷载作用的梁段，若出现剪力为零的截面，则在该截面上有弯矩的极值。

上述规律可以用图 7-13 所示图例表示。

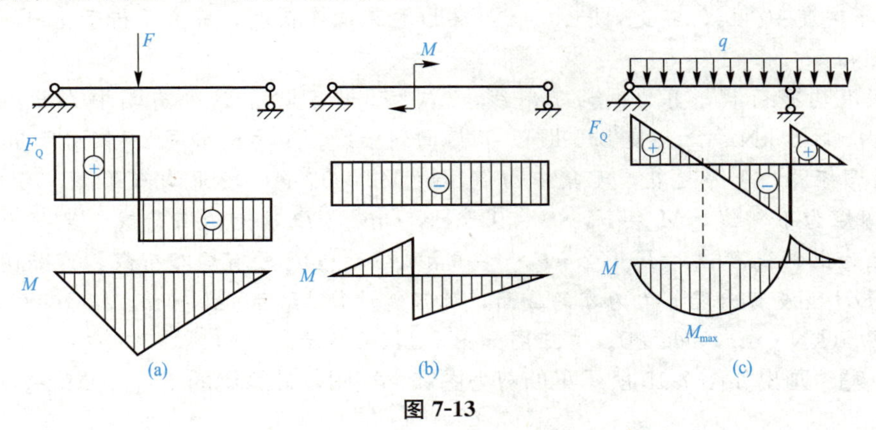

图 7-13

利用上述规律，可以更简捷地绘制梁的剪力图和弯矩图，其步骤如下：

(1)根据梁上外力及支座等情况将梁分成若干段。

(2)根据各段梁上的荷载情况，判断剪力图和弯矩图的大致形状。

(3)用简便法计算各控制截面上的剪力和弯矩。

(4)根据控制点的内力值以及内力图的特征逐段直接绘出剪力图和弯矩图。

【例 7-8】 用简便法画出图 7-14 所示梁的剪力图和弯矩图。

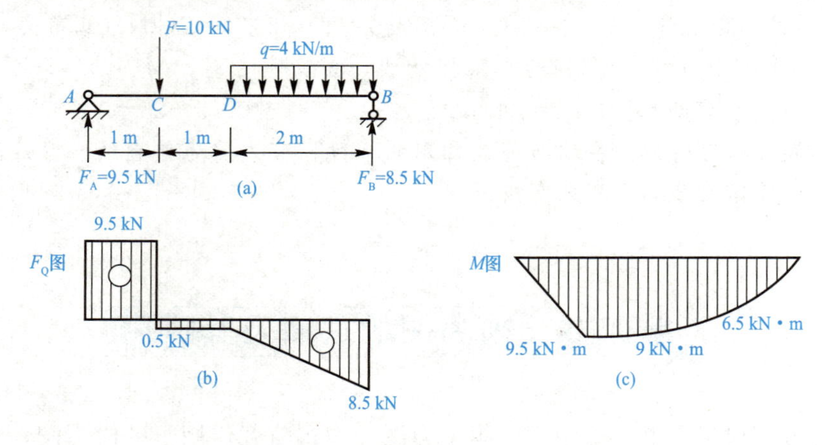

图 7-14

【解】 (1)求梁的支座反力。取梁整体为研究对象，如图 7-14(a)所示，列平衡方程

$$\sum M_A(F)=0 \quad F_B\times4-F\times1-q\times2\times3=0$$

$$F_B\times4-10\times1-4\times2\times3=0$$

得 $F_B=8.5$ kN(↑)

$$\sum F_y=0 \quad F_A+F_B-F-q\times2=0$$

$$F_A+8.5-10-4\times2=0$$

得 $F_A=9.5$ kN(↑)

(2)画剪力图。A 处有集中力 $F_A=9.5$ kN，A 处剪力向上突变 9.5 kN。AC 段无均布荷载，剪力图平行于 x 轴，剪力为常数 9.5 kN。C 处有集中力 $F=10$ kN，C 处剪力由 9.5 kN向下突变 10 kN，突变到-0.5 kN。CD 段无均布荷载，剪力平行于x 轴，剪力为常数-0.5 kN。

DB 段有均布荷载，剪力图为下斜线，$F_{QB}^{左}=-8.5$ kN。B 处有集中力 $F_B=8.5$ kN，B 处剪力由-8.5 kN 向上突变 8.5 kN，正好回到轴线。剪力图如图 7-14(b)所示。

(3)画弯矩图。A 为起点，无集中力偶，故 $M_A=0$。AC 段无均布荷载，且剪力为正，故 AC 段弯矩为下斜线，$M_C=F_A\times1=9.5$ kN・m。CD 段无均布荷载，且剪力为负，故 CD 段弯矩为上斜线，$M_D=F_A\times2-F\times1=9$ kN・m。DB 段有均布荷载，弯矩图为二次抛物线，且 DB 段没有出现剪力为零的截面，故只需计算 $M_D=9$ kN・m，$M_{DB}^{中}=8.5\times1-q\times1\times0.5=6.5$(kN・m)，$M_B=0$。弯矩图如图 7-14(c)所示。

【例 7-9】 画出如图 7-15 所示梁的剪力图和弯矩图，计算梁的 F_{Qmax}、M_{max}。

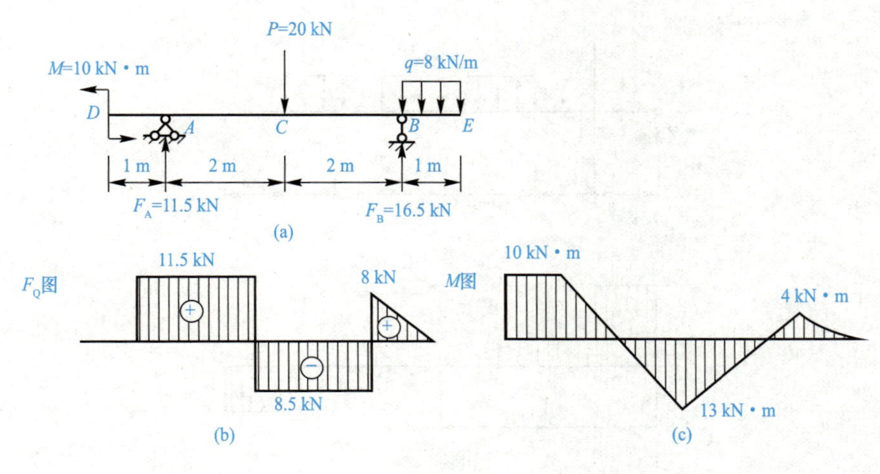

图 7-15

【解】 (1)计算支座反力。取梁整体为研究对象，受力如图 7-15(a)所示，列平衡方程

$$\sum M_A(\boldsymbol{F})=0 \quad F_B\times4+M-P\times2-q\times1\times4.5=0$$

$$F_B\times4+10-20\times2-8\times1\times4.5=0 \text{ 得 } F_B=16.5\text{ kN}(\uparrow)$$

$$\sum F_y=0 \quad F_A+F_B-P-q\times1=0 \ F_A+16.5-20-8\times1=0$$

$$\text{得 } F_A=11.5\text{ kN}(\uparrow)$$

(2)画剪力图。D处为起点，无集中力作用，剪力为零。DA段无均布荷载，剪力图平行于x轴，故DA段剪力为零。A处有集中力$F_A=11.5$ kN，A处剪力向上突变 11.5 kN。AC段无均布荷载，剪力图平行于x轴，为常数 11.5 kN。C处有集中力$P=20$ kN，剪力图从 11.5 kN 向下突变 20 kN 到-8.5 kN。CB段无均布荷载，剪力图平行于x轴，为常数-8.5 kN。B处有集中力$F_B=16.5$ kN，剪力从-8.5 kN 向上突变 16.5 kN 到 8 kN。BE段有均布荷载，剪力图为下斜线，且E处剪力为零。剪力图如图 7-15(b)所示。

(3)画弯矩图。D处为起点，但有集中力偶$M=10$ kN·m，故D处弯矩向上突变 10 kN·m。DA段剪力为零，则弯矩为常数 10 kN·m。AC段无均布荷载，且剪力为正，则弯矩图为下斜线，$M_C=F_A\times2-M=11.5\times2-10=13(\text{kN}\cdot\text{m})$。$CB$段无均布荷载，且剪力为负，则弯矩图为上斜线，$M_B=F_A\times4-P\times2+M=11.5\times4-20\times2-10=-4(\text{kN}\cdot\text{m})$。$BE$段有均布荷载，弯矩图为二次抛物线，$M_B=-4$ kN·m，$M_{BE}^{中}=-8\times0.5\times0.25=-1(\text{kN}\cdot\text{m})$，$M_E=0$。

弯矩图如图 7-15(c)所示。

(4)从F_Q图上可知，$F_{Qmax}=11.5$ kN；从M图上可知，$M_{max}=13$ kN·m。

【例 7-10】 应用内力图的规律，绘出图 7-16 所示梁的剪力图和弯矩图。

【解】 (1)求支座反力。列梁的平衡方程

$$\sum M_A(F)=0 \quad F_E\times7-60\times1-20\times4\times4+30=0 \text{ 得 } F_E=50\text{ kN}(\uparrow)$$

$$\sum F_y=0 \quad F_A+F_E-60-20\times4=0 \text{ 得 } F_A=90\text{ kN}(\uparrow)$$

(2)画剪力图。先分段定性：AB段平行于x轴，B处有集中力，剪力突变。BC段平行于x轴。CD段是下斜线，D处有集中力偶作用，剪力无变化。DE段平行于x轴。再计算

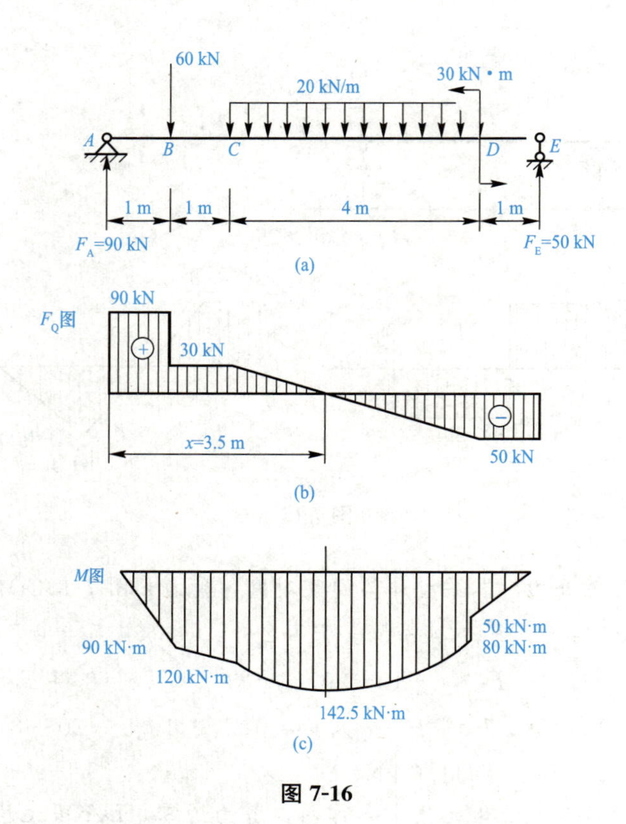

图 7-16

各控制截面的剪力值：$F_{QA}=90\ \text{kN}$；$F_{QB}^{左}=90\ \text{kN}$；$F_{QB}^{右}=30\ \text{kN}$；$F_{QC}=30\ \text{kN}$；$F_{QD}=-50\ \text{kN}$；$F_{QE}=-50\ \text{kN}$。

根据分段定性和计算结果，画出剪力图如图 7-16(b)所示。从图中看出，CD 段出现剪力为零的截面，设该截面距 A 端 x，则

$$F_Q(x)=90-60-20(x-2)=0\Rightarrow x=3.5\ \text{m}$$

(3)画弯矩图。先分段定性：AB 段为下斜线，BC 段为下斜线，在集中力 P 处发生转折。CD 段为二次抛物线，在 $x=3.5$ m 处有弯矩极值，在 D 处有集中力偶，弯矩图发生突变。DE 段为上斜线。再计算各控制截面的弯矩：$M_A=0$；$M_B=90\times1=90\ \text{kN}\cdot\text{m}$；$M_C=90\times2-60\times1=120(\text{kN}\cdot\text{m})$。

$$M(x)=90\times3.5-60\times2.5-20\times1.5\times\frac{1.5}{2}=142.5(\text{kN}\cdot\text{m})$$

$$M_D^{左}=50\times1+30=80(\text{kN}\cdot\text{m})；M_D^{右}=50\times1=50(\text{kN}\cdot\text{m})；M_E=0$$

根据分段定性和计算结果画出弯矩图如图 7-16(c)所示。

【例 7-11】 简支梁的剪力图如图 7-17(a)所示，试确定梁上的荷载并画出弯矩图。

【解】 从剪力图可看出，A 处的支座反力为 $F_A=6\ \text{kN}(\uparrow)$，$B$ 处的支座反力为 $F_B=4\ \text{kN}(\uparrow)$，$C$ 处剪力图向下突变了 10 kN，说明 C 处有向下的集中力 10 kN 的作用。AC 段、CB 段剪力平行于 x 轴，说明 AC 段、CB 段均无均布荷载作用。

考虑平衡：

$$\sum F_y=F_A+F_B-10=6+4-10=0$$

$$\sum M_A(F) = F_B \times 5 - 10 \times 2 = 4 \times 5 - 10 \times 2 = 0$$

$$\sum M_B(F) = 10 \times 3 - F_A \times 5 = 10 \times 3 - 6 \times 5 = 0$$

满足平衡条件。

梁的荷载图如图 7-17(b)所示，梁的弯矩图如图 7-17(c)所示。

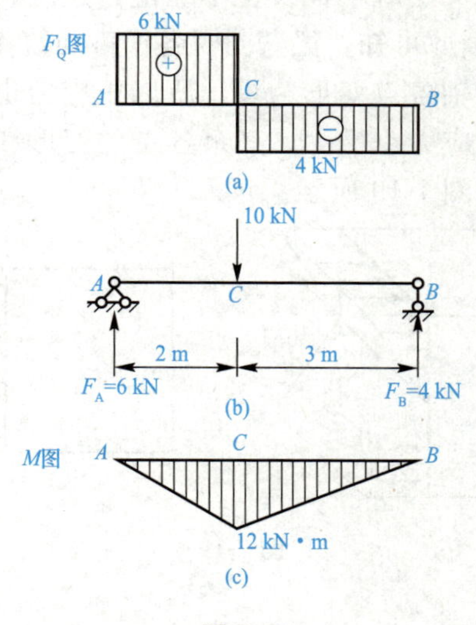

图 7-17

第五节 梁弯曲时的应力及强度

由前面内容可知，梁的横截面上有剪力和弯矩两种内力存在，因此，梁的横截面也相应存在两种应力，由剪力引起的应力叫作剪应力，用符号 τ 表示，剪应力与横截面相切；由弯矩引起的应力叫作正应力，用符号 σ 表示，正应力与横截面垂直。

一、梁的正应力分布

为了解正应力在横截面上的分布情况，先观察梁的变形。取一弹性较好的梁，在梁的表面画出均等的小方格[图 7-18(a)]，在梁的两端加一对力偶，使梁发生弯曲变形[图 7-18(b)]，可观察到以下现象：

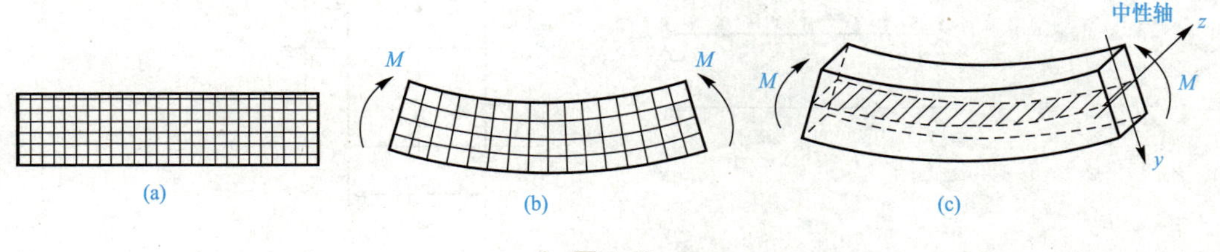

图 7-18

（1）梁的各横向线所代表的横截面，在变形前后均为平面，只是倾斜了一个角度。

（2）梁的各纵向线弯成曲线，中性轴以下部分纵向线伸长（受拉），中性轴以上部分纵向线缩短（受压）。

梁下部受拉而伸长，梁上部受压而缩短，而梁的变形是连续的，所以在从伸长逐渐过渡到缩短的过程中，梁内必有一层既不伸长也不缩短，这层叫中性层，中性层与横截面的交线叫中性轴[图 7-18（c）]。由此可知，梁弯曲时各横截面绕中性轴做微小的转动，使梁内纵向纤维伸长或缩短，在中性轴各点变形为零，所以正应力也为零，而在距中性轴最远的上、下边缘变形最大，所以正应力也最大，其余各点的变形和应力与该点到中性轴的距离成正比。梁的正应力分布图如图 7-19 所示。

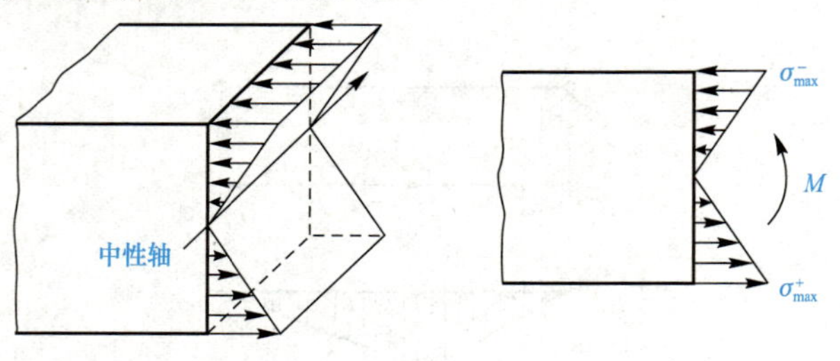

图 7-19

二、梁的正应力计算

梁弯曲时横截面任一点正应力的计算公式（推导从略）如下：

$$\sigma=\frac{M \cdot y}{I_z} \tag{7-1}$$

式中 M——横截面上的弯矩；

y——欲求应力的点到中性轴的距离；

I_z——截面对中性轴的惯性矩。

式（7-1）说明：梁横截面任一点处的正应力与该截面的弯矩 M 及该点到中性轴的距离 y 成正比，与该截面对中性轴的惯性矩 I_z 成反比；当截面上作用正弯矩时下部为拉应力，上部为压应力，而当截面上作用负弯矩时，上部为拉应力，下部为压应力。

【例 7-12】 简支梁如图 7-20 所示，试计算跨中截面上 a、b、c 三点的正应力。

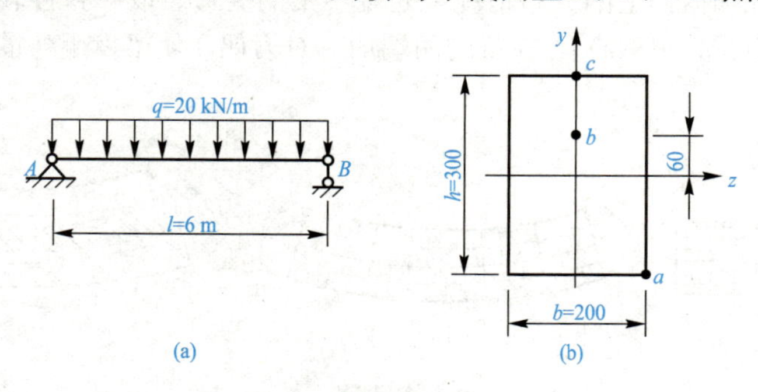

图 7-20

【解】 (1)计算跨中截面上的弯矩 M。

$M=\frac{ql^2}{8}=\frac{20\times 6^2}{8}=90(\mathrm{kN}\cdot\mathrm{m})$($z$ 轴以下部分受拉，z 轴以上部分受压)

(2)计算跨中截面上 a、b、c 三点的正应力。

$$I_z=\frac{bh^3}{12}=\frac{200\times 300^3}{12}=4.5\times 10^8(\mathrm{mm}^4)$$

$$\sigma_a=\frac{M\cdot y_a}{I_z}=\frac{90\times 10^6\times 150}{4.5\times 10^8}=30(\mathrm{N/mm}^2)=30\ \mathrm{MPa}(\text{拉应力})$$

$$\sigma_b=\frac{M\cdot y_b}{I_z}=\frac{90\times 10^6\times 60}{4.5\times 10^8}=12(\mathrm{N/mm}^2)=12\ \mathrm{MPa}(\text{压应力})$$

$$\sigma_c=\frac{M\cdot y_c}{I_z}=\frac{90\times 10^6\times 150}{4.5\times 10^8}=30(\mathrm{N/mm}^2)=30\ \mathrm{MPa}(\text{压应力})$$

y_a、y_b、y_c 分别为 a、b、c 三点到中性轴 z 轴的距离。

【例 7-13】 如图 7-21 所示为 T 形截面简支梁，已知截面 $I_z=2\times 10^7\ \mathrm{mm}^4$，试求此梁上的最大拉应力和最大压应力。

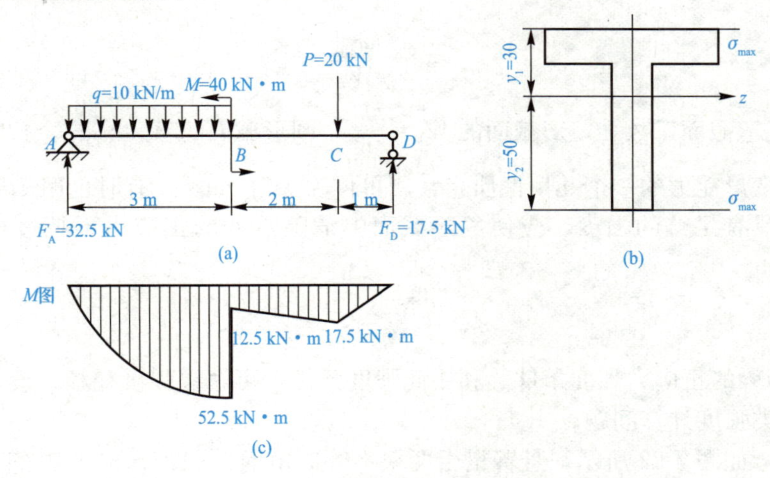

图 7-21

【解】 (1)求梁的支座反力。取梁整体为研究对象，列平衡方程

$$\sum M_A(F)=0 \quad F_D\times 6-q\times 3\times 1.5+M-P\times 5=0$$

$$F_D\times 6-10\times 3\times 1.5+40-20\times 5=0$$

$$\text{得 } F_D=17.5\ \mathrm{kN}(\uparrow)$$

$$\sum F_y=0 \quad F_A+F_D-q\times 3-P=0$$

$$F_A+17.5-10\times 3-20=0$$

$$\text{得 } F_A=32.5\ \mathrm{kN}(\uparrow)$$

(2)作梁的弯矩图如图 7-21(c)所示，从图上看出此梁的 $M_{max}=52.5\ \mathrm{kN}\cdot\mathrm{m}$，中性轴 z 轴以下部分受拉，以上部分受压。

(3)求此梁的最大拉应力 σ_{max}^{+} 和最大压应力 σ_{max}^{-}。

$$\sigma_{max}^{+}=\frac{M_{max}\cdot y_2}{I_z}=\frac{52.5\times 10^6\times 50}{2\times 10^7}=131.25(\mathrm{MPa})$$

发生在 B 截面下边缘。

$$\sigma_{max}^{-}=\frac{M_{max}\cdot y_1}{I_z}=\frac{52.5\times10^6\times30}{2\times10^7}=78.75(\text{MPa})$$

发生在 B 截面上边缘。

说明：式(7-1)是由矩形截面梁导出的，但也适用于所有横截面形状对称于 y 轴的梁，如圆形、工字形、T 形截面梁等。

三、梁的正应力强度条件

梁弯曲变形时，最大弯矩 M_{max}所在的截面就是危险截面，该截面上距中性轴最远的边缘 y_{max}处正应力最大，也是危险点：

$$\sigma_{max}=\frac{M_{max}\cdot y_{max}}{I_z}=\frac{M_{max}}{\frac{I_z}{y_{max}}}$$

令 $W_z=\frac{I_z}{y_{max}}$，则有

$$\sigma_{max}=\frac{M_{max}}{W_z} \tag{7-2}$$

W_z 叫作抗弯截面系数。矩形截面的 $W_z=\frac{bh^2}{6}$，圆形截面的 $W_z=\frac{\pi d^3}{32}$。抗弯截面系数是截面抵抗弯曲变形能力的一个几何性质，常用单位为 m^3、mm^3，有时也用 cm^3。

为保证梁具有足够的强度，应使危险截面上危险点处的正应力不超过材料的许用应力。即

$$\sigma_{max}=\frac{M_{max}}{W_z}\leqslant[\sigma] \tag{7-3}$$

式(7-3)为梁的正应力强度条件。利用此强度条件，可解决强度校核、设计截面、确定许可荷载等三类强度计算问题。

【例 7-14】 如图 7-22 所示，悬臂梁由两根不等边角钢 2∟125×80×10 组成，材料的许用应力[σ]=160 MPa。试校核梁的正应力强度。

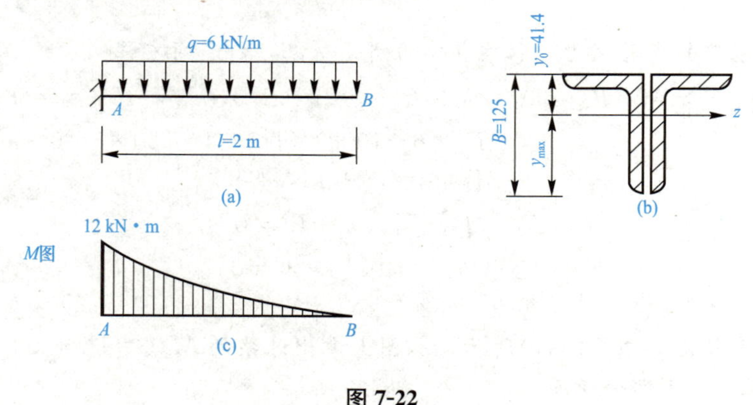

图 7-22

【解】 (1)作梁的弯矩图，求 M_{max}。

$M_{max}=12\ kN\cdot m$发生在固定端A端。

(2)校核梁的正应力强度。

查型钢表，∟125×80×10的截面几何参数：

$$B=125\ mm,\ y_0=41.4\ mm,\ I_{z0}=312.04\ cm^4,\ W_{z0}=37.33\ cm^3$$

$$\sigma_{max}=\frac{M_{max}\cdot y_{max}}{I_z}=\frac{12\times10^6\times(125-41.4)}{2\cdot I_{z0}}$$

$$=\frac{12\times10^6\times83.6}{2\times312.04\times10^4}=160.7(MPa)>[\sigma]$$

或
$$\sigma_{max}=\frac{M_{max}}{W_z}=\frac{12\times10^6}{2\times37.33\times10^3}=160.7(MPa)>[\sigma]$$

由于$\sigma_{max}>[\sigma]$，所以此梁的正应力强度不足。

【例 7-15】 如图7-23所示，简支梁受均布荷载作用，材料的许用应力$[\sigma]=10$ MPa。梁的截面为矩形，其高宽比为$\frac{h}{b}=\frac{3}{2}$，试确定梁的截面尺寸。

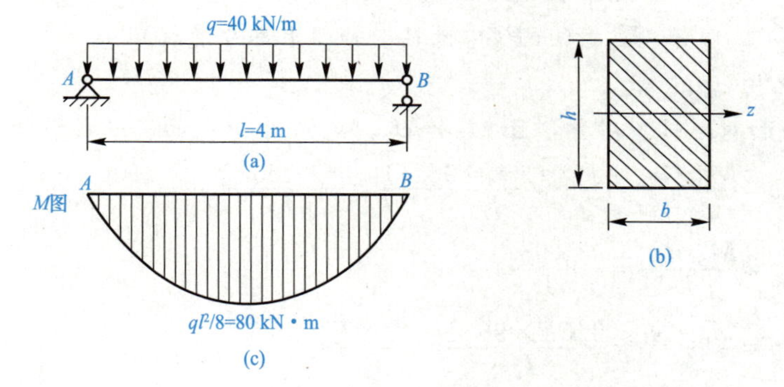

图 7-23

【解】 (1)求梁的最大弯矩M_{max}。此梁的最大弯矩发生在跨中，且

$$M_{max}=\frac{ql^2}{8}=\frac{40\times4^2}{8}=80(kN\cdot m)$$

(2)根据梁的正应力强度条件确定截面尺寸。

由
$$\sigma_{max}=\frac{M_{max}}{W_z}\leqslant[\sigma]得$$

$$W_z\geqslant\frac{M_{max}}{[\sigma]}即$$

$$\frac{bh^2}{6}\geqslant\frac{M_{max}}{[\sigma]}$$

$$\frac{2h}{3}\cdot h^2\geqslant\frac{6\times80\times10^6}{10}$$

得$h\geqslant416$ mm，则$b=277.33$ mm。

【例 7-16】 如图7-24所示为T形截面悬臂梁，梁的材料为铸铁，材料的许用拉应力$[\sigma_t]=40$ MPa，许用压应力$[\sigma_c]=80$ MPa，截面对中性轴z轴的惯性矩$I_z=10\ 180\times10^4\ mm^4$，$y_1=96.4$ mm。试计算梁的许可荷载P。

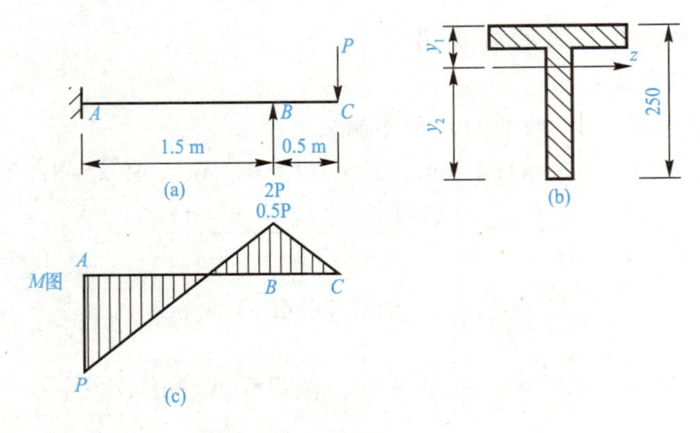

图 7-24

【解】 (1)作梁的弯矩图如图 7-24(c)所示。由弯矩图可知

$$M_A=P(\text{中性轴 } z \text{ 轴以下部分受拉})$$

$$M_B=0.5P(\text{中性轴 } z \text{ 轴以上部分受拉})$$

(2)计算梁上的 σ_{max}^+、σ_{max}^-。

由于 T 形截面对 z 轴不对称，且 $M_A \neq M_B$，故需对 A 截面、B 截面分别计算。

A 截面：$\sigma_{max}^+=\dfrac{M_A \cdot y_2}{I_z}=\dfrac{P\times(250-96.4)}{I_z}=\dfrac{P\times153.6}{I_z}$

$$\sigma_{max}^-=\frac{M_A \cdot y_1}{I_z}=\frac{P\times96.4}{I_z}$$

B 截面：$\sigma_{max}^+=\dfrac{M_B \cdot y_1}{I_z}=\dfrac{0.5P\times96.4}{I_z}=\dfrac{48.2P}{I_z}$

$$\sigma_{max}^-=\frac{M_B \cdot y_2}{I_z}=\frac{0.5P\times(250-96.4)}{I_z}=\frac{76.8P}{I_z}$$

由上可得此梁的最大拉应力 $\sigma_{max}^+=\dfrac{153.6P}{I_z}$，最大压应力 $\sigma_{max}^-=\dfrac{96.4P}{I_z}$

(3)计算许可荷载 P。

由 $$\sigma_{max}^+=\frac{153.6P}{I_z}\leqslant[\sigma_t]$$

即 $$\frac{153.6P\times10^6}{10\ 180\times10^4}\leqslant40 \text{ 得 } P\leqslant26.5\ \text{kN}$$

由 $$\sigma_{max}^-=\frac{96.4P}{I_z}\leqslant[\sigma_c]$$

即 $$\frac{96.4P\times10^6}{10\ 180\times10^4}\leqslant80 \text{ 得 } P\leqslant84.5\ \text{kN}$$

结论：梁的许可荷载$[P]=26.5$ kN。

四、梁的剪应力计算及强度条件

(一)剪应力的计算

梁弯曲时横截面存在剪力，在剪力作用下，梁横截面上各点存在剪应力，剪应力在横截面上的分布遵循以下规律：

(1)横截面上各点剪应力的方向与横截面上剪力方向一致。

(2)横截面上距中性轴距离相等的点处剪应力大小相等。

剪应力的计算公式如下(推导从略)：

$$\tau=\frac{F_Q\cdot S_z^*}{I_z\cdot b} \tag{7-4}$$

式中　τ——横截面上的剪应力；

F_Q——横截面上的剪力；

S_z^*——欲求应力点处水平线以上(或以下)部分面积对中性轴的静矩；

I_z——截面对中性轴的惯性矩；

b——欲求应力点处横截面的宽度。

对于矩形截面梁，横截面上的最大剪应力发生在中性轴上，且最大剪应力 $\tau_{max}=\frac{3}{2}\cdot\frac{F_Q}{A}$($A$ 为矩形截面面积)；对于实心圆形截面梁，横截面上的最大剪应力 $\tau_{max}=\frac{4}{3}\cdot\frac{F_Q}{A}$($A$ 为圆形截面面积)。

(二)剪应力强度条件

为保证梁的剪应力强度，梁的最大剪应力不应超过材料的许用剪应力，即

$$\tau_{max}=\frac{F_{Qmax}\cdot S_z^*}{I_z\cdot b}\cdot\leqslant[\tau] \tag{7-5}$$

式中，F_{Qmax}为梁上的最大剪力，$[\tau]$为材料的许用剪应力。

式(7-5)称为梁的剪应力强度条件。

【例 7-17】 外伸梁如图 7-25 所示，梁的截面尺寸由工字钢 20b 制成。材料的许用应力 $[\sigma]=170$ MPa，$[\tau]=90$ MPa，试校核该梁的强度。

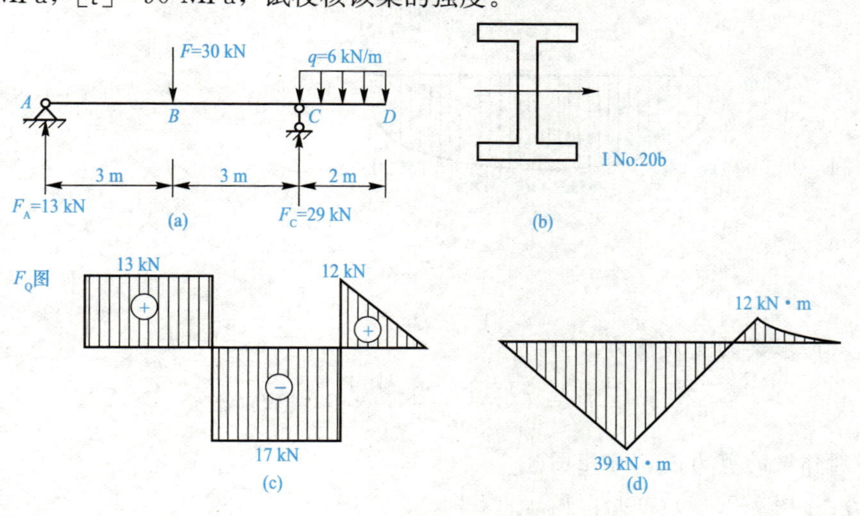

图 7-25

【解】 (1)求梁的支座反力。列平衡方程得

$$F_A=13\ \text{kN}\uparrow \qquad F_C=29\ \text{kN}\uparrow$$

(2)作梁的内力图。由剪力图[图 7-25(c)]可知

$F_{Qmax}=17$ kN；由弯矩图[图 7-25(d)]可知 $M_{max}=39$ kN·m

(3)校核梁的强度。

查型钢表，工字钢 20b 的截面参数：

$$W_z=250\ \text{cm}^3,\ \frac{I_z}{S_z}=16.9\ \text{cm},\ d=9\ \text{mm}$$

$$\sigma_{max}=\frac{M_{max}}{W_z}=\frac{39\times10^6}{250\times10^3}=156(\text{N/mm}^2)=156\ \text{MPa}<[\sigma]$$

$$\tau_{max}=\frac{F_{Qmax}\cdot S_z}{I_z\cdot d}=\frac{F_{Qmax}}{\frac{I_z}{S_z}\cdot d}=\frac{17\times10^3}{169\times9}=11.18(\text{MPa})<[\tau]$$

所以此梁满足强度。

【例 7-18】 简支梁如图 7-26 所示。梁的截面为矩形，高宽比$\frac{h}{b}=1.5$。材料的许用应力$[\sigma]=10$ MPa，$[\tau]=2$ MPa，试确定此梁的截面尺寸。

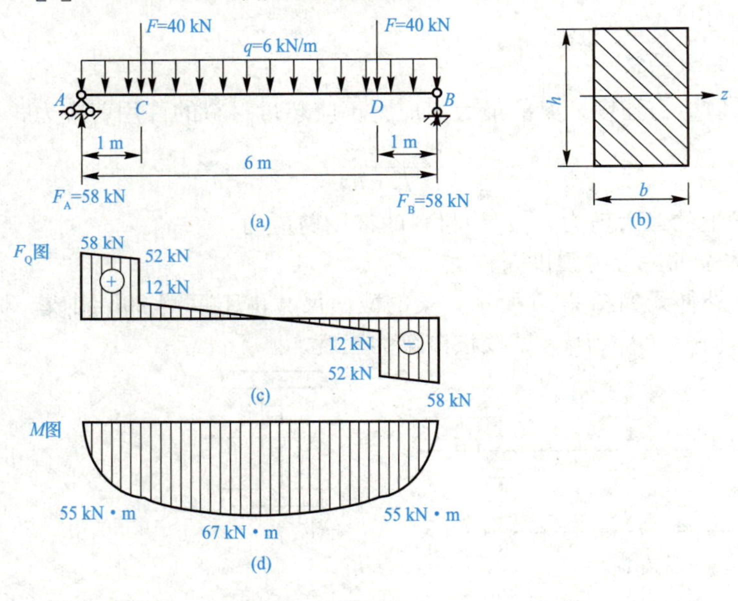

图 7-26

【解】 (1)求梁的支座反力。

$$F_A=F_B=\frac{40+40+6\times6}{2}=58(\text{kN})(\uparrow)$$

(2)分别作梁的剪力图、弯矩图。

由剪力图[图 7-26(c)]可知：$F_{Qmax}=58$ kN

由弯矩图[图 7-26(d)]可知：$M_{max}=67$ kN·m

(3)根据梁的正应力强度条件确定截面尺寸。

由 $\sigma_{max}=\frac{M_{max}}{W_z}\leqslant[\sigma]$可得 $W_z\geqslant\frac{M_{max}}{[\sigma]}$

即$\dfrac{bh^2}{6} \geqslant \dfrac{M_{max}}{[\sigma]}$　$\dfrac{h^3}{9} \geqslant \dfrac{67 \times 10^6}{10}$ 得 $h \geqslant 392$ mm

取 $h=393$ mm，则 $b=\dfrac{h}{1.5}=262$ mm

(4)校核梁的剪应力强度。

$$\tau_{max}=\frac{3}{2} \cdot \frac{F_{Qmax}}{A}=\frac{3}{2} \times \frac{58 \times 10^3}{262 \times 393}=0.84(\text{MPa})<[\tau]$$

满足剪应力强度。

结论：此梁的截面尺寸为 $b=262$ mm，$h=393$ mm。

第六节　梁的变形

为使梁正常工作，梁在外力作用下，不但要满足强度条件，即不破坏，同时还要满足刚度条件，即变形不能过大。如吊车梁变形过大，吊车就不能行走。

一、梁的挠度和转角

梁在发生弯曲变形后，梁的轴线由直线变成光滑曲线，这条曲线称为梁的挠曲线，如图 7-27 所示。

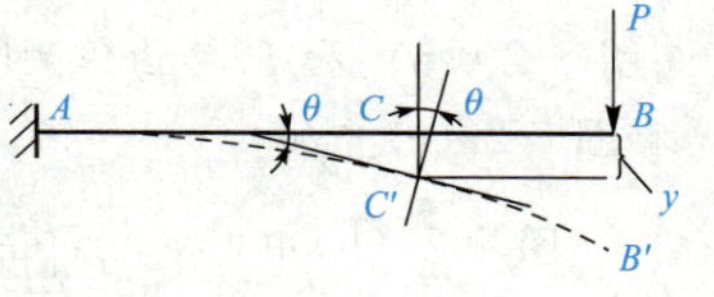

图 7-27

挠度是指梁的同一截面位置，在弯曲变形前后竖向移动的距离，用 y 表示，单位为 m 或 mm，规定向下为正。

转角是指梁的同一截面位置，在弯曲变形前后其轴线切线所转动的角度，用 θ 表示，单位为弧度(rad)，规定顺时针为正。

二、用叠加法计算梁的变形

计算梁的变形，可通过建立梁的挠曲线方程，并通过积分来计算，但如此计算较复杂，因此在工程中，一般是用叠加法来计算梁的变形，将梁上复杂荷载拆成单一荷载单独作用的情况，直接查表获得每一种荷载单独作用下的挠度或转角，再进行代数和，便可求得多种荷载共同作用下的挠度或转角。

【例 7-19】 悬臂梁如图 7-28 所示，梁的抗弯刚度为 EI。试求自由端 C 的转角和挠度。

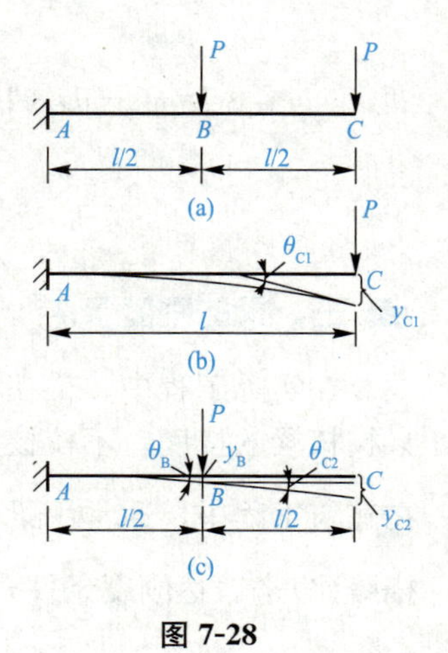

图 7-28

【解】 此题用叠加法求解。即图 7-28(a)可以看成是图 7-28(b)和图 7-28(c)的叠加。

图 7-28(b)中：C 端的转角 $\theta_{C1}=\dfrac{Pl^2}{2EI}(\downarrow)$

C 端的挠度 $y_{C1}=\dfrac{Pl^3}{3EI}(\downarrow)$

图 7-28(c)中：因荷载 P 作用在 B 处，则 B 处的转角

$$\theta_B=\frac{P\cdot\left(\frac{l}{2}\right)^2}{2EI}=\frac{Pl^2}{8EI}(\downarrow)$$

$$B\text{处的挠度 } y_B=\frac{P\times\left(\frac{l}{2}\right)^3}{3EI}=\frac{Pl^3}{24EI}(\downarrow)$$

BC 段无荷载作用，所以 BC 段没有变形，只有位移。

$$\theta_{C2}=\theta_B=\frac{Pl^2}{8EI}(\downarrow)$$

$$y_{C2}=y_B+\frac{l}{2}\cdot\theta_B=\frac{Pl^3}{24EI}+\frac{l}{2}\times\frac{Pl^2}{8EI}=\frac{5Pl^3}{48EI}(\downarrow)$$

$$\text{则 } \theta_C=\theta_{C1}+\theta_{C2}=\frac{Pl^2}{2EI}+\frac{Pl^2}{8EI}=\frac{5Pl^2}{8EI}(\downarrow)$$

$$y_C=y_{C1}+y_{C2}=\frac{Pl^3}{3EI}+\frac{5Pl^3}{48EI}=\frac{21Pl^3}{48EI}(\downarrow)$$

【例 7-20】 求如图 7-29 所示悬臂梁自由端的挠度 y_B。已知梁的抗弯刚度为 EI。

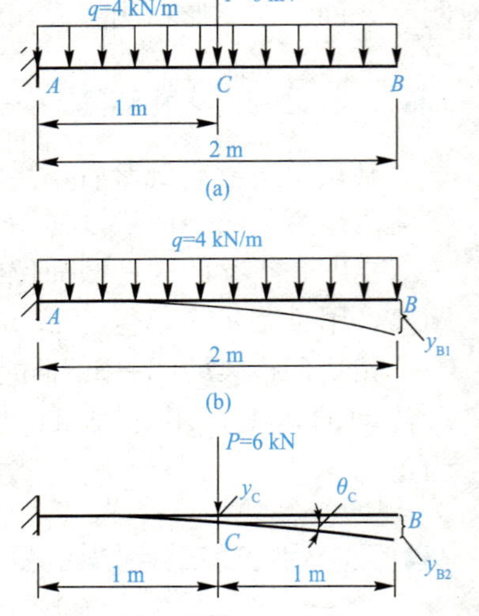

图 7-29

【解】 此题用叠加法求解。

作用在梁上的荷载可分解为均布荷载 q 单独作用如[图 7-29(b)]和 P 单独作用[图 7-29(c)]，然后将图 7-29(b)和图 7-29(c)叠加。

$$\text{图 7-29(b)中：} y_{B1}=\frac{ql^4}{8EI}=\frac{4\times2^4}{8EI}=\frac{8}{EI}(\downarrow)$$

图 7-29(c)中：CB 段无荷载作用，故无变形，但有位移。

$$\theta_B=\theta_C=\frac{6\times1^2}{2EI}=\frac{3}{EI}(\downarrow)$$

$$y_C=\frac{6\times1^3}{3EI}=\frac{2}{EI}(\downarrow)$$

$$y_{B2}=y_C+\theta_B\times1=\frac{2}{EI}+\frac{3}{EI}\times1=\frac{5}{EI}(\downarrow)$$

$$\text{则 } y_B=y_{B1}+y_{B2}=\frac{8}{EI}+\frac{5}{EI}=\frac{13}{EI}(\downarrow)$$

三、梁的刚度条件

在实际工程中，梁在设计时首先要满足强度条件，之后进行刚度校核。刚度校核通常只校核梁的挠度，不校核梁的转角，一般用 f 表示梁的最大挠度，$[f]$表示梁的许用挠度。在建筑工程中，通常用梁的相对挠度$\left[\frac{f}{l}\right]$，即以挠度的许用值$[f]$与梁跨长 l 的比值(也称挠跨比)来表达刚度条件，所以梁的刚度条件是

$$\frac{f}{l}=\frac{y_{max}}{l}\leqslant\left[\frac{f}{l}\right] \tag{7-6}$$

一般钢筋混凝土梁：$\left[\frac{f}{l}\right]=\frac{1}{300}\sim\frac{1}{200}$

钢筋混凝土吊车梁：$\left[\frac{f}{l}\right]=\frac{1}{600}\sim\frac{1}{500}$

【例 7-21】 如图 7-30 所示为简支梁，截面由 32a 工字钢制成，梁长$l=8.76$ m，材料的$E=210$ GPa，许用挠度$[y]=\frac{l}{500}$ mm。试校核梁的刚度。

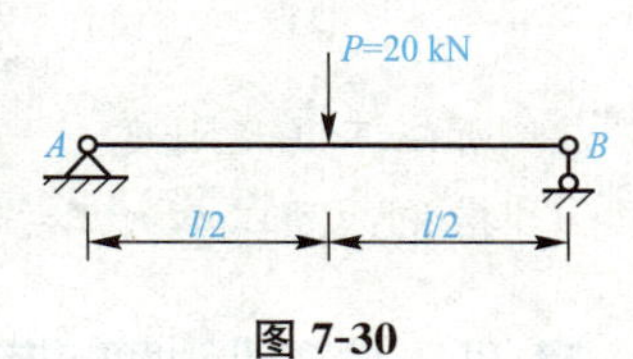

图 7-30

【解】 (1)求梁的最大挠度 y_{max}。

$$y_{max}=\frac{Pl^3}{48EI_z}$$

查型钢表：32a 工字钢的 $I_z=11\ 075.5\ \text{cm}^4=11\ 075.5\times10^4\ \text{mm}^4$

则 $y_{max}=\frac{20\times10^3\times(8.76\times10^3)^3}{48\times210\times10^3\times11\ 075.5\times10^4}\approx12(\text{mm})$

$$[y]=\frac{l}{500}=\frac{8.76\times10^3}{500}=17.52(\text{mm})$$

由于 $y_{max}<[y]$，所以梁的刚度满足。

【例 7-22】 如图 7-31 所示为简支梁，截面为工字钢。已知$l=6$ m，$q=4$ kN/m，$M=4$ kN·m。材料的$[\sigma]=160$ MPa，$[\tau]=90$ MPa，$E=210$ GPa，许用相对挠度$\left[\frac{y}{l}\right]=\frac{1}{400}$。试选择工字钢的型号并校核梁的刚度。

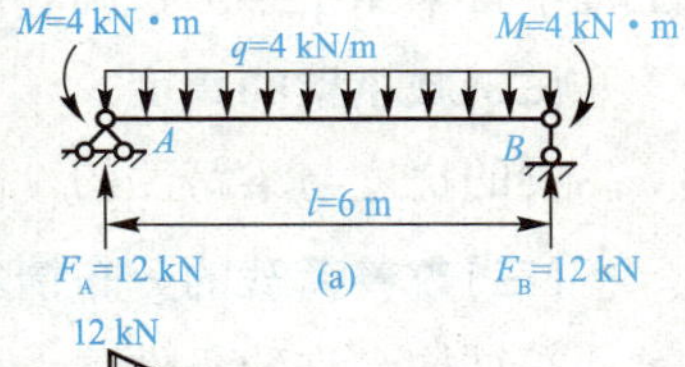

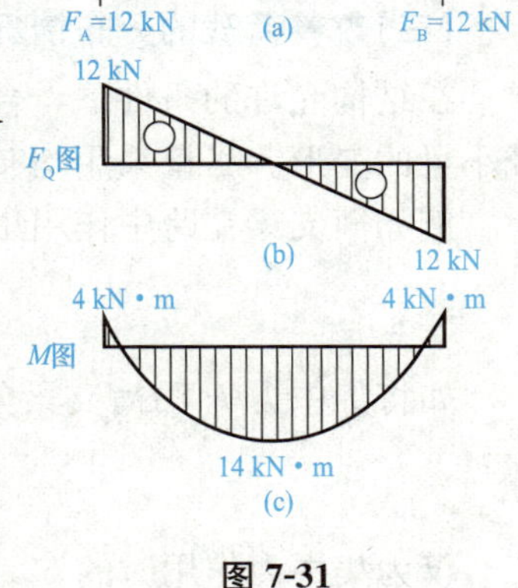

图 7-31

【解】 (1)求梁的支座反力如图 7-31(a)所示，由平衡条件得

$$F_A=F_B=\frac{ql}{2}=\frac{4\times6}{2}=12(\text{kN})(\uparrow)$$

(2)作梁的剪力图、弯矩图如图 7-31(b)、(c)所示，得

$$F_{Qmax}=12\ \text{kN},\ M_{max}=14\ \text{kN}\cdot\text{m}$$

(3)根据正应力强度选择工字钢型号。

由 $\sigma_{max}=\frac{M_{max}}{W_z}\leqslant[\sigma]$

得 $W_z\geqslant\frac{M_{max}}{[\sigma]}=\frac{14\times10^6}{160}=87.5\times10^3(\text{mm}^3)=87.5(\text{cm}^3)$

查型钢表，选工字钢 14 号，其 $W_z=102\ \text{cm}^3$，$I_z=712\ \text{cm}^4$，$\frac{I_z}{S_z}=12$ cm，$d=5.5$ mm

(4)校核剪应力强度。

$\tau_{max}=\frac{F_{Qmax}\cdot S_z}{I_z\cdot d}=\frac{F_{Qmax}}{\frac{I_z}{S_z}\cdot d}=\frac{12\times10^3}{120\times5.5}=18.2(\text{MPa})<[\tau]$所以满足剪应力强度

(5)校核梁的刚度。

$$y_{max}=\frac{5ql^4}{384EI_z}-\frac{Ml^2}{16EI_z}-\frac{Ml^2}{16EI_z}=\frac{5ql^4}{384EI_z}-\frac{Ml^2}{8EI_z}$$

$$=\frac{5\times4\times(6\times10^3)^4}{384\times210\times10^3\times712\times10^4}-\frac{4\times10^6\times(6\times10^3)^2}{8\times210\times10^3\times712\times10^4}$$

$$=45.14-12.04=33.1(\text{mm})$$

$$\frac{y_{max}}{l}=\frac{33.1}{6\ 000}=0.005\ 5>\left[\frac{y}{l}\right]=\frac{1}{400}=0.002\ 5$$

所以不满足刚度。

措施：可以加大工字钢的型号，请读者自己试做。

四、提高梁刚度的措施

从梁的变形公式可以看出，梁的最大挠度与梁的荷载、跨度、支承情况、抗弯刚度 EI 等因素有关，所以要提高梁的刚度，需从以上因素入手。

(一)提高梁的抗弯刚度 EI

梁的变形与抗弯刚度 EI 成反比，增大梁的 EI 能使梁的变形减小。由于同类材料的 E 值不变，例如低碳钢和优质钢，两者的 E 值相差不大，所以只有增大梁横截面的惯性矩 I，在面积不变的情况下，采用合理的截面形状，使截面面积分布在距中性轴较远处。所以，工程中常采用工字形、圆环形及箱形等截面形状的梁。

(二)减小梁的跨度

梁的挠度与梁跨度的 4 次幂成正比，因此减小梁的跨度，可提高梁的刚度。

(三)改善荷载的分布情况

在结构允许的条件下，合理调整荷载作用的位置及分布情况，以降低最大弯矩，从而减小梁的变形。尽量采用均布荷载，可降低弯矩，减小变形。

例如简支梁在跨中作用集中力 P 时，最大挠度为

$$y_{max}=\frac{Pl^3}{48EI}$$

如将集中力 P 沿简支梁分散成均布荷载，并使 $ql=P$，则最大挠度为

$$y_{max}=\frac{5Pl^3}{384EI}$$

仅为集中力作用时的 62.5%。

小实验

准备一根矩形截面木梁，截面尺寸如小实验 7-1 图所示，跨度为 L。分别将这个梁“立放”和“平放”，进行承载实验，观察哪种放置的梁容易发生破坏，用梁的应力知识加以解释。

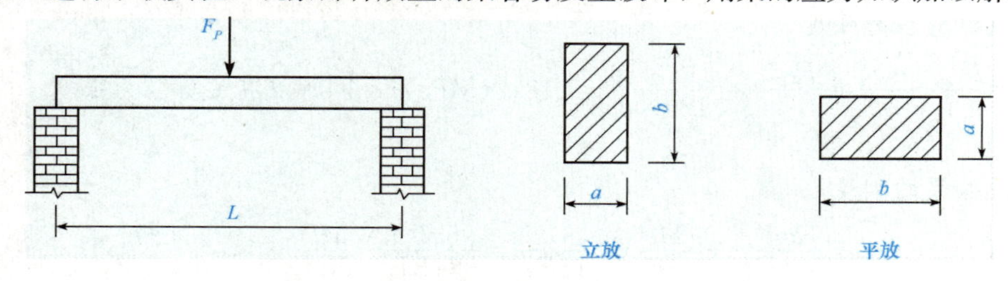

小实验 7-1 图

思考题

7-1　平面弯曲的受力特点是＿＿＿＿＿＿＿＿＿＿＿＿＿＿；变形特点是＿＿＿＿＿＿＿＿＿＿＿＿＿＿＿＿＿＿＿＿。

7-2　梁弯曲时横截面上的内力有＿＿＿＿和＿＿＿＿；＿＿＿＿＿＿＿＿剪力为正；＿＿＿＿＿＿＿＿弯矩为正。

7-3　求梁指定截面上内力的方法是＿＿＿＿；截面法的步骤是＿＿＿＿＿＿、＿＿＿＿＿＿、＿＿＿＿＿＿。

7-4　两根跨度相同、荷载相同的简支梁，当(1)两根梁的材料相同，截面形状尺寸不同，则内力图＿＿＿＿(“相同”或“不同”)；(2)两根梁的截面形状、尺寸相同，材料不同，则内力图＿＿＿＿(“相同”或“不同”)。

7-5　在无均布荷载作用的梁段，剪力图＿＿＿＿于梁的轴线，弯矩图＿＿＿＿于梁的轴线；在有均布荷载作用的梁段，剪力图＿＿＿＿于梁的轴线，弯矩图为＿＿＿＿。

7-6　在集中力作用处，剪力图发生＿＿＿＿，突变值等于＿＿＿＿；在集中力偶作用处，弯矩图发生＿＿＿＿，突变值等于＿＿＿＿。

7-7　在均匀荷载作用的梁段，若出现剪力为零的截面，则该截面有＿＿＿＿，弯矩极值＿＿＿＿是梁上的最大弯矩。

7-8　梁的剪应力与＿＿＿＿有关，梁的正应力与＿＿＿＿有关；剪应力与横截面＿＿＿＿，正应力与横截面＿＿＿＿。

7-9　矩形截面梁的最大正应力发生在＿＿＿＿所在截面的＿＿＿＿处；最大剪应力发生在＿＿＿＿所在截面的＿＿＿＿的＿＿＿＿上。

7-10　写出梁的弯曲正应力强度条件＿＿＿＿＿＿；弯曲剪应力强度条件＿＿＿＿＿＿。

7-11　利用强度条件可解决＿＿＿＿＿＿、＿＿＿＿＿＿、＿＿＿＿＿＿等三类问题。

7-12　梁弯曲时的变形有＿＿＿＿和＿＿＿＿。规定挠度＿＿＿＿为正，转角＿＿＿＿为正。

7-13　矩形截面上的最大剪应力是平均剪应力的＿＿＿＿倍；圆形截面上的最大剪应力是平均剪应力的＿＿＿＿倍。

7-14　梁的横截面如思考题 7-14 图所示，则该截面的 $I_z=$＿＿＿＿；$W_z=$＿＿＿＿。

思考题 7-14 图

7-15　矩形截面梁，当横截面的高度增加一倍，宽度减小一半时，从正应力强度条件考虑，该梁的承载能力(　　)。

A. 不变　　B. 增大一倍

C. 减小一半　　D. 增大三倍

7-16　两根跨度、荷载、支撑情况都相同的梁，它们的材料不同、截面不同。则两根梁在相应截面的弯矩(　　)、剪力(　　)、挠度(　　)。

A. 相同　　B. 不同

7-17　某简支梁 C 截面左侧的剪力为 8 kN，右侧的剪力为 −12 kN，则作用在 C 截面上的集中力为(　　)。

A. 8 kN　　B. −12 kN　　C. 4 kN　　D. 20 kN

7-18　跨度、支撑情况、荷载与截面尺寸、形状都相同的一根钢梁和一根木梁，已知钢材与木材的弹性模量之比为 $E_{钢}:E_{木}=7:1$。则两梁的最大正应力之比 $\sigma_{钢}:\sigma_{木}$ 为(　　)；最大挠度之比 $y_{钢}:y_{木}$ 为(　　)。

A. 1∶1　　B. 14∶1

C. 1∶7　　D. 1∶14

习　题

7-1　求习题 7-1 图所示梁指定截面上的剪力和弯矩。

7-2　列出习题 7-2 图所示梁的剪力方程和弯矩方程，画出梁的剪力图和弯矩图。

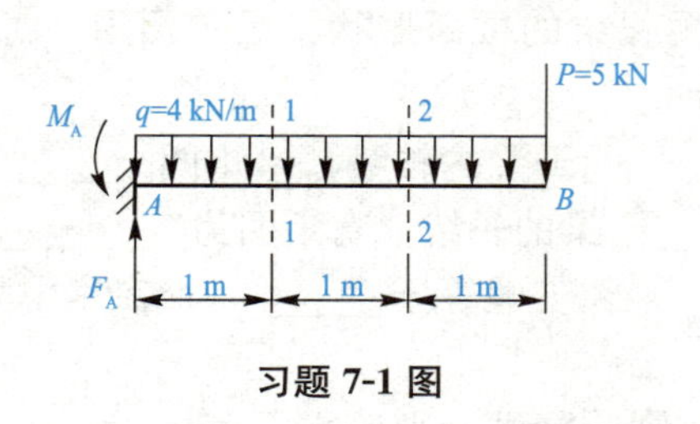

习题 7-1 图

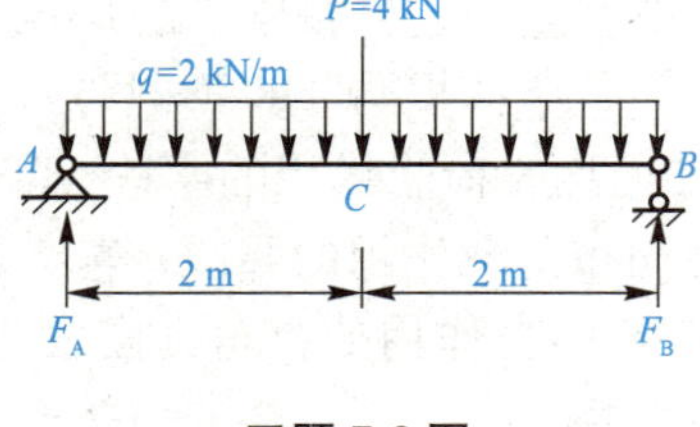

习题 7-2 图

7-3　求习题 7-3 图所示外伸梁指定截面的内力。

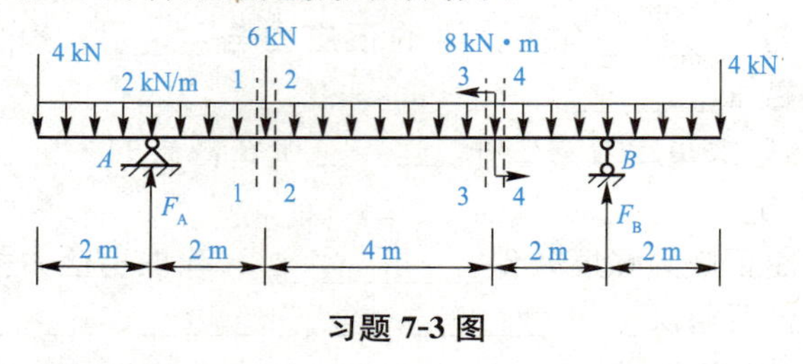

习题 7-3 图

7-4　画出习题 7-4 图所示梁的剪力图和弯矩图，并求 $|F_Q|_{max}$ 和 $|M|_{max}$。

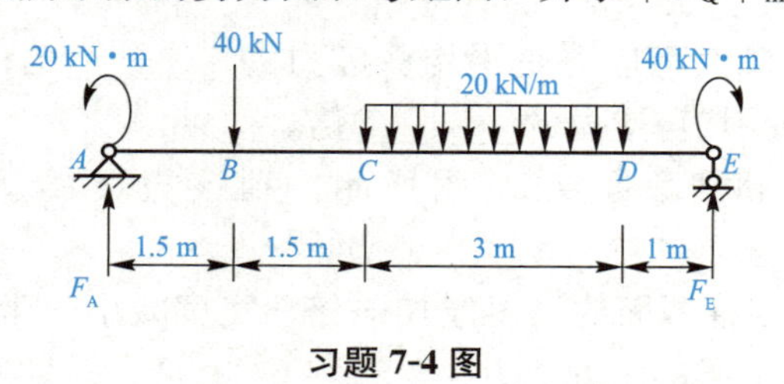

习题 7-4 图

7-5　利用内力图的规律画出习题 7-5 图所示外伸梁的剪力图和弯矩图。

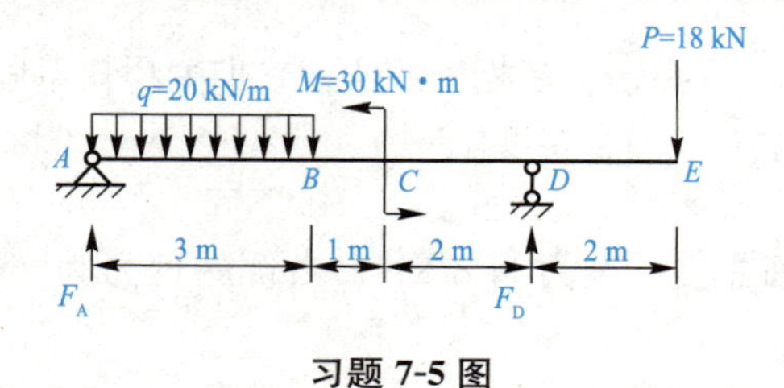

习题 7-5 图

7-6　简支梁的剪力图如习题 7-6 图所示，试确定梁上的荷载并画出弯矩图。

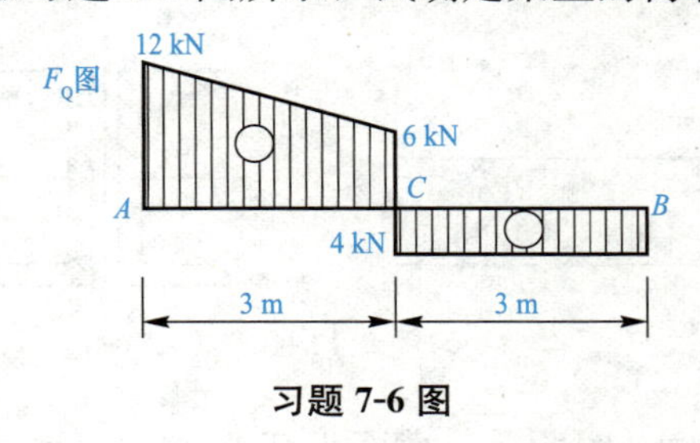

习题 7-6 图

7-7　简支梁的剪力图如习题 7-7 图所示，试确定梁上的荷载并画出弯矩图。

7-8　一外伸梁的弯矩图如习题 7-8 图所示，试确定梁上的荷载并绘制剪力图。

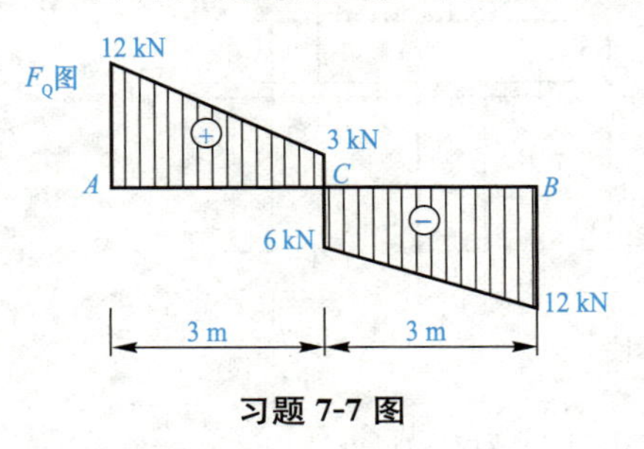

习题 7-7 图

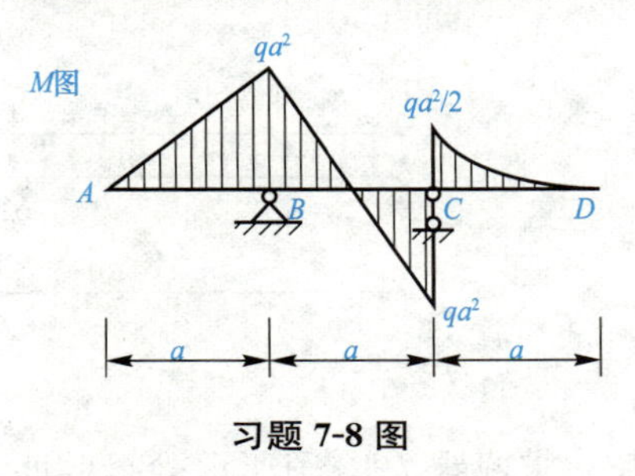

习题 7-8 图

7-9　圆形截面木梁，荷载如习题 7-9 图所示，截面直径 $d=30$ mm。试求梁上弯矩最大截面上 a、b、c 三点处的正应力，并说明是拉应力还是压应力。

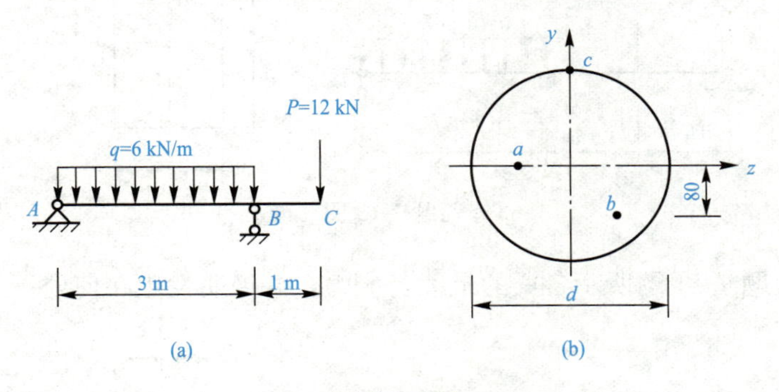

习题 7-9 图

7-10　外伸梁如习题 7-10 图所示，截面为工字形钢 No. 22a，试求梁中的最大正应力。

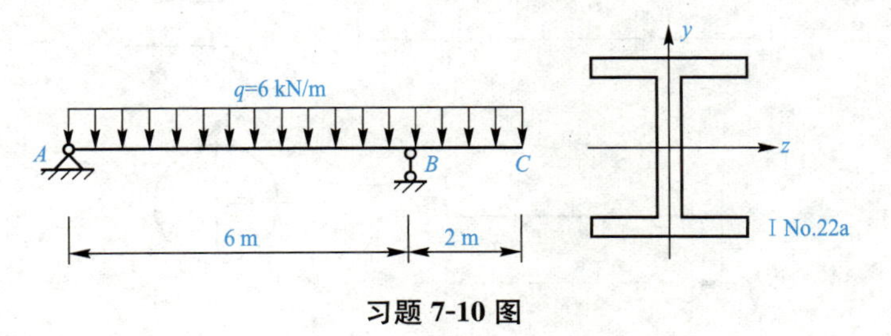

习题 7-10 图

7-11　如习题 7-11 图所示为外伸梁，由两根 16a 号槽钢组成，试求梁中的最大正应力。

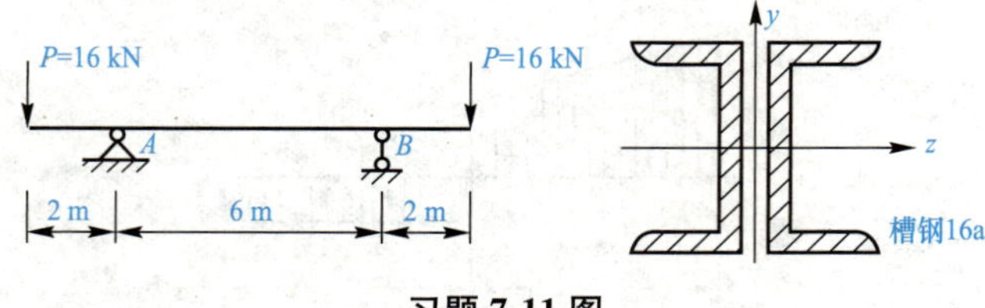

习题 7-11 图

7-12　某外伸梁如习题 7-12 图所示，截面为 T 形，截面尺寸如习题 7-12 图所示。试计算梁的最大拉应力和最大压应力，并说明分别发生在何处。

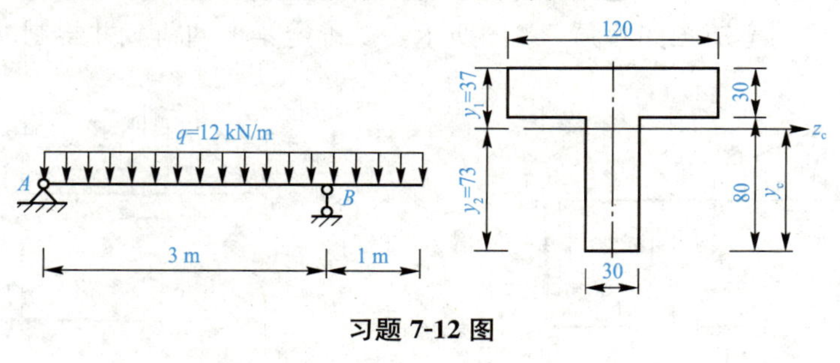

习题 7-12 图

7-13　求习题 7-13 图所示梁 C 截面上 a 点处的正应力和剪应力。

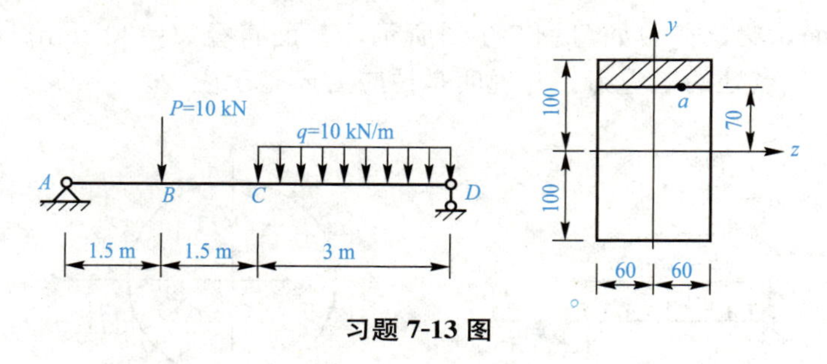

习题 7-13 图

7-14　计算习题 7-14 图所示各梁的最大剪应力，并说明发生在何处。

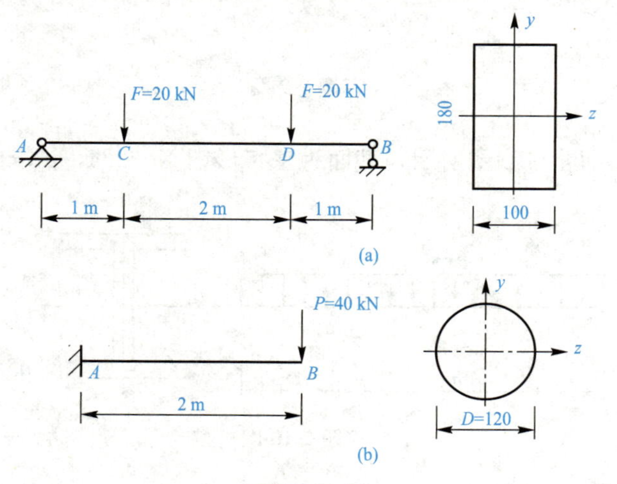

习题 7-14 图

7-15　一外伸梁如习题 7-15 图所示，梁横截面为 20a 工字钢。试求梁中的最大正应力和最大剪应力。

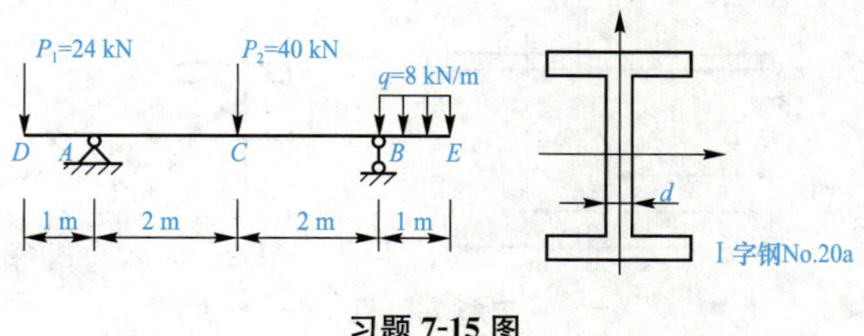

习题 7-15 图

7-16　习题 7-16 图所示为一槽形铸铁梁，材料的许用拉应力$[\sigma_t]=40$ MPa，许用压应力$[\sigma_c]=150$ MPa。槽形截面对中性轴 z 轴的惯性矩 $I_z=40\times10^6$ mm^4，试校核此梁的强度。

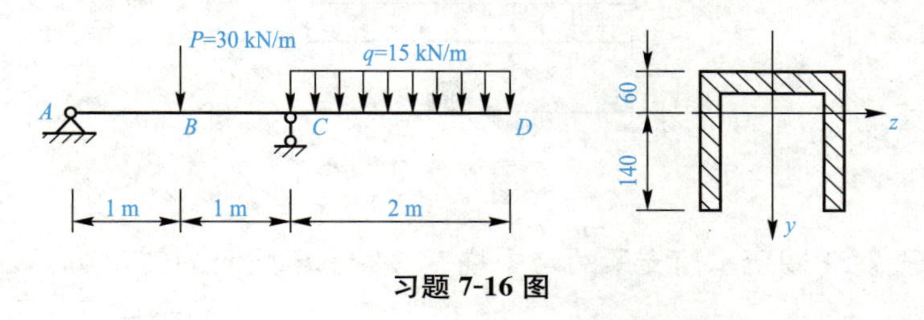

习题 7-16 图

7-17　习题 7-17 图所示为外伸梁，截面由工字钢制成，材料的许用应力$[\sigma]=160$ MPa，$[\tau]=90$ MPa。试选择工字钢的型号。

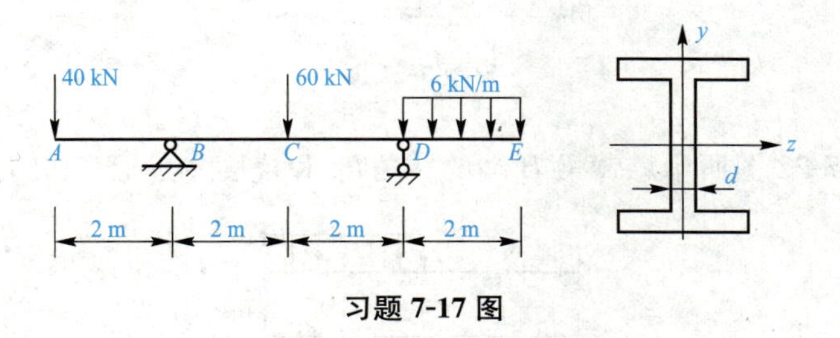

习题 7-17 图

7-18　习题 7-18 图所示，梁 AB 由 10 号工字钢制成，在 B 处由圆钢杆 BC 支承。梁 AB 和钢杆 BC 的材料相同，其$[\sigma]=160$ MPa。钢杆 BC 的直径 $d=30$ mm，试求许可均布荷载$[q]$。

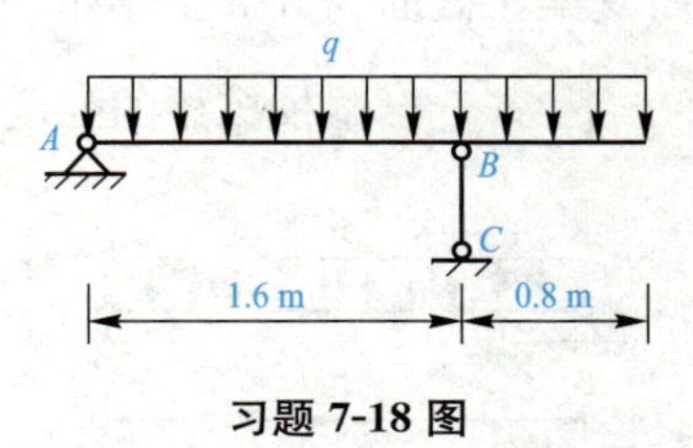

习题 7-18 图

7-19　习题 7-19 图所示，简支梁由 20a 工字钢制成，$E=210$ GPa。现在梁上 C 截面的底层装置一变形仪，放大倍数 $k=1\ 000$，标距 $l=20$ mm。梁受力后，变形仪读数 $\Delta l'=$

8 mm。试求荷载 P。

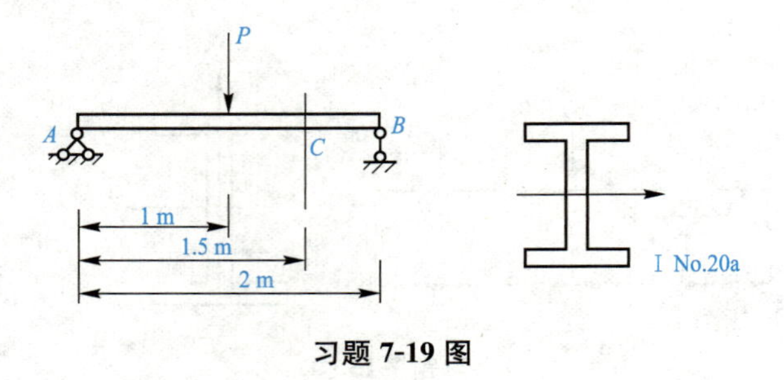

习题 7-19 图

7-20　求习题 7-20 图所示悬臂梁 C 截面的转角和挠度。已知梁的抗弯刚度为 EI。

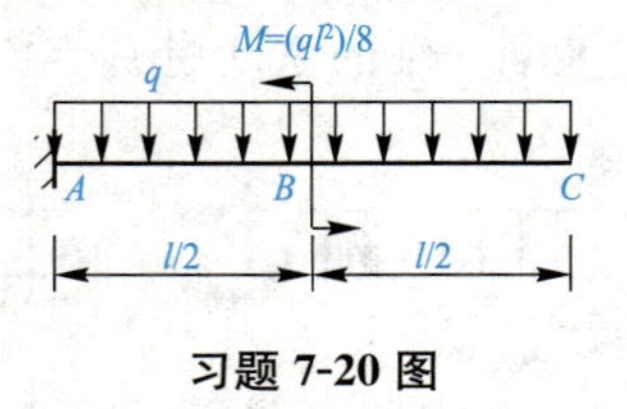

习题 7-20 图

7-21　求习题 7-21 图所示简支梁的跨中挠度 y_C 与 B 截面的转角 θ_B。已知梁的抗弯刚度为 EI。

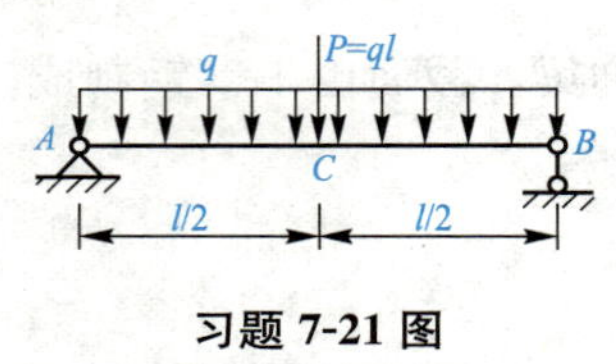

习题 7-21 图

7-22　求习题 7-22 图所示悬臂梁 B 端的转角 θ_B 和挠度 y_B。已知梁的抗弯刚度为 EI。

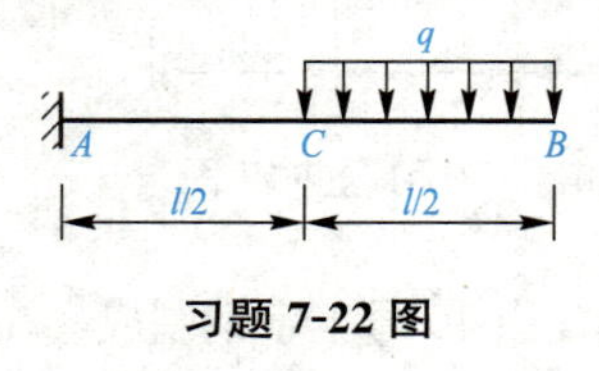

习题 7-22 图

7-23　如习题 7-23 图所示简支梁，截面为 32a 工字钢，材料的弹性模量 $E=210$ GPa，$[\sigma]=160$ MPa，许用相对挠度$\left[\frac{y}{l}\right]=\frac{1}{500}$。试校核梁的强度和刚度。

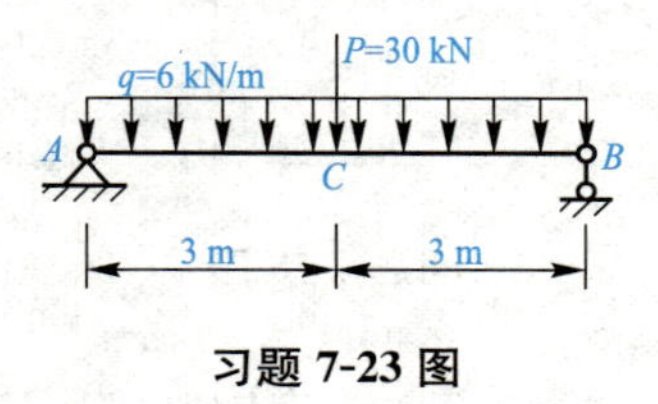

习题 7-23 图

7-24　悬臂梁如习题 7-24 图所示，截面为矩形，$h=2b$。已知材料的许用应力$[\sigma]=$

120 MPa，E=200 GPa，许用挠跨比$\left[\frac{y}{l}\right]=\frac{1}{250}$。试设计截面的尺寸。

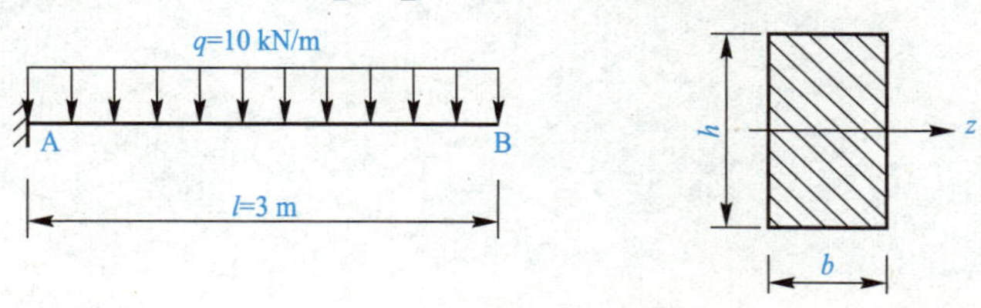

习题 7-24 图

7-25　矩形截面悬臂梁如习题 7-25 图所示，试证明：$\frac{\tau_{max}}{\sigma_{max}}=\frac{h}{2l}$。

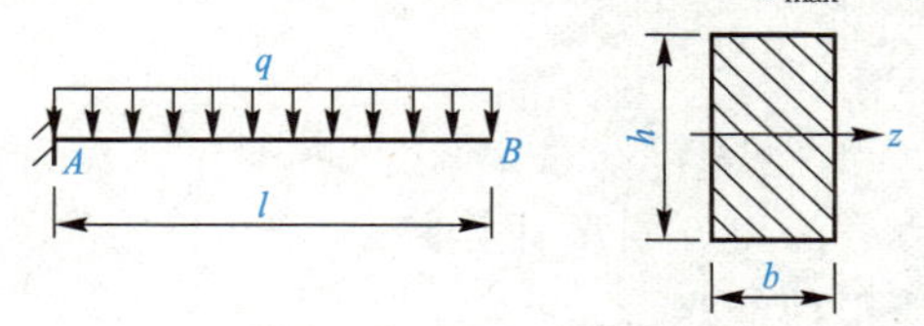

习题 7-25 图

7-26　习题 7-26 图所示结构中，AB 为 T 形截面梁，尺寸如图所示，$I_z=7.64\times10^6\ mm^4$，材料的许用拉应力$[\sigma_t]=40$ MPa，许用压应力$[\sigma_c]=60$ MPa。CD 为圆杆，直径 d=30 mm，材料的许用应力$[\sigma]$=100 MPa。试校核该结构的强度。

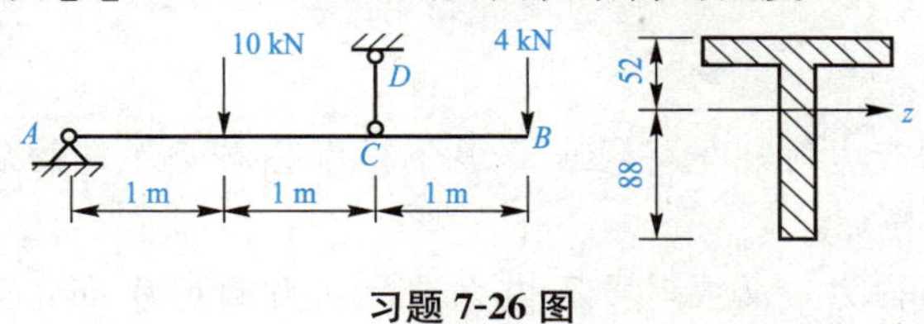

习题 7-26 图

7-27　习题 7-27 图所示结构中，梁 AB 的抗弯刚度为 EI，拉杆 BC 的抗拉刚度为 EA，试求拉杆 BC 的拉力。

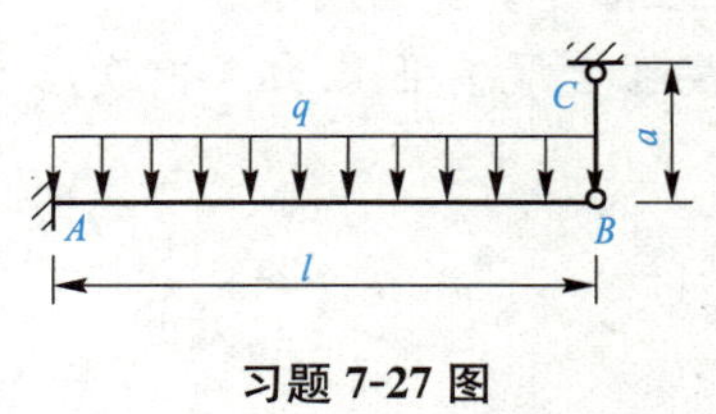

习题 7-27 图

第八章　组合变形

学习目标

1. 了解组合变形的概念。
2. 掌握斜弯曲的概念。
3. 掌握斜弯曲时的内力、应力、强度计算。
4. 了解拉(压)弯组合变形的概念。
5. 掌握拉(压)弯组合变形的应力、强度计算。
6. 掌握偏心压缩(拉伸)的计算。
7. 掌握弯扭组合变形的计算。
8. 了解截面核心。

技能目标

1. 计算组合变形的应力时，先将组合变形分解为基本变形，然后分别计算每一种基本变形时的应力，再进行叠加。

2. 分析组合变形的内力，必要时要画内力图，从而确定危险截面，求出危险截面上的内力值。一般计算内力的最大值。

3. 分析组合变形的应力，正应力是控制因素，要特别注意最大(最小)正应力所在的位置，根据变形情况确定正应力的正负号，再进行叠加。

4. 对于弯扭组合变形，横截面上既有正应力又有剪应力，应按相应的强度理论进行计算。

第一节　组合变形的概念

前面各章已经讨论了杆件在各种基本变形时的强度和刚度问题。实际工程中杆件的受力情况较复杂，所引起的变形不是单一的基本变形，而是几种基本变形的组合。如图 8-1(a)所示的烟囱，在承受自身重力发生轴向压缩变形的同时，又因承受风荷载而引起弯曲变形；如图 8-1(b)所示的厂房牛腿柱，所受吊车梁的压力与柱的轴线不重合，即受到偏心压力作用，使支柱产生压缩和弯曲两种基本变形。

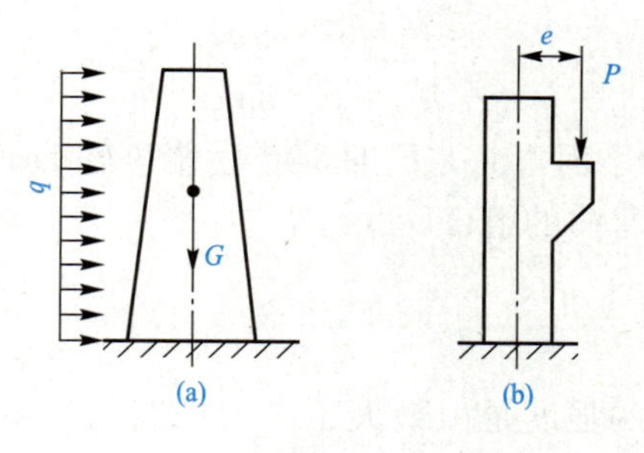

图 8-1

由两种或两种以上的基本变形组合而成的变形，称为组合变形。工程中的楼梯斜梁(压缩与弯曲)、边梁(弯曲与扭转)、挡土墙(偏心压缩)等构件的变形都是组合变形。组合变形一般只考虑强度问题。

求解组合变形的强度问题可用叠加法，分析思路为：

(1)将构件的组合变形分解为基本变形。

(2)分析构件在每一种基本变形情况下产生的应力。

(3)将同一点的应力叠加，即得杆件在组合变形下的应力。

工程中，常见的组合变形为斜弯曲变形、轴向拉(压)和弯曲组合变形、偏心受力等。

第二节　斜弯曲

第七章讨论了平面弯曲，是指外力作用在梁的纵向对称面内，梁变形后的曲线仍在此纵向对称面内。而斜弯曲是指外力作用面通过梁轴，但不与梁的纵向对称面重合，梁变形后的曲线也就不在外力作用面内。

现以图 8-2 所示的矩形截面悬臂梁为例来分析斜弯曲问题。

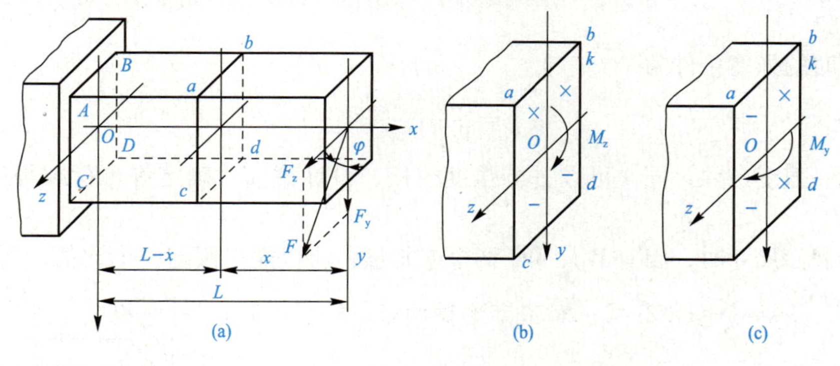

图 8-2

一、外力分解

如图 8-2(a)所示，将外荷载 F 沿坐标轴 y 和 z 分解，得

$$F_y = F \cdot \cos\varphi$$
$$F_z = F \cdot \sin\varphi$$

其中，F_y 使梁产生绕 z 轴的平面弯曲，F_z 使梁产生绕 y 轴的平面弯曲。由此可以看出，斜弯曲是两个互相垂直的平面弯曲的组合。

二、内力计算

一般情况下，斜弯曲梁的强度是由最大正应力控制的，因此，计算内力时主要计算梁的弯矩。

在距自由端为 x 的任意横截面上，由 F 分解的两个分力 F_y 和 F_z 引起的弯矩值为

$$M_z = F_y \cdot x = F\cos\varphi \cdot x$$
$$M_y = F_z \cdot x = F\sin\varphi \cdot x$$

三、应力计算

在距自由端为 x 的横截面上任意一点 K 处(相应坐标 y、z)，由 M_z 和 M_y 引起的正应力

$$\sigma_{Mz} = \frac{M_z \cdot y}{I_z}$$
$$\sigma_{My} = \frac{M_y \cdot z}{I_y}$$

由叠加原理得 K 点的正应力为

$$\sigma_K = \sigma_{Mz} + \sigma_{My} = \frac{M_z \cdot y}{I_z} + \frac{M_y \cdot z}{I_y} \tag{8-1}$$

式中的 I_z 和 I_y 为横截面对形心主轴 z 和 y 的惯性矩；y 和 z 为 K 点的坐标。具体计算时，M_z、M_y、y、z 均以绝对值代入，而 σ_K 的正负号，可由点 K 所在位置直观判断，如图 8-2(c)所示。

四、强度条件

斜弯曲时的强度条件为

$$\sigma_{max} = \frac{M_z}{W_z} + \frac{M_y}{W_y} \leqslant [\sigma] \tag{8-2}$$

根据这一强度条件，同样可以进行强度校核、设计截面、确定许可荷载等三类强度计算问题。

在设计截面尺寸时，因有 W_z、W_y 两个未知量，所以需先假定一个比值。通常情况下，对矩形截面，$\frac{W_z}{W_y} = \frac{h}{b} \approx 1.2 \sim 2$；对工字形截面，$\frac{W_z}{W_y} = 8 \sim 10$；对槽形截面，$\frac{W_z}{W_y} = 6 \sim 8$。

【例 8-1】 如图 8-3 所示为悬臂梁，已知 $P_1 = 2$ kN，$P_2 = 4$ kN。矩形截面 $b = 100$ mm，$h = 200$ mm。试求梁的最大拉应力和最大压应力，并说明发生在何处。

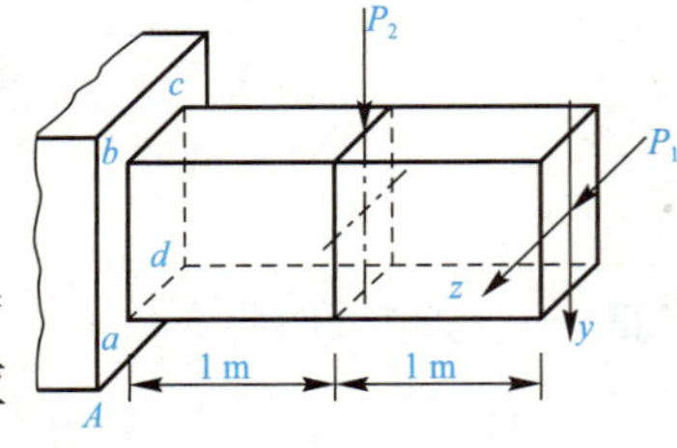

图 8-3

【解】 (1)求最大弯矩。

由 P_1 引起的最大弯矩发生在 A 端：$M_1=P_1\times2=2\times2=4(\text{kN}\cdot\text{m})$

由 P_2 引起的最大弯矩发生在 A 端：$M_2=P_2\times1=4\times1=4(\text{kN}\cdot\text{m})$

(2)求截面的 W_z、W_y。

$$W_z=\frac{bh^2}{6}=\frac{100\times200^2}{6}=0.67\times10^6(\text{mm}^3)$$

$$W_y=\frac{hb^2}{6}=\frac{200\times100^2}{6}=0.33\times10^6(\text{mm}^3)$$

(3)求梁的最大拉应力 $\sigma_{\max}^+$ 和最大压应力 $\sigma_{\max}^-$。

在 M_1 作用下，A 端的 cd 边缘受拉；在 M_2 作用下，A 端在 bc 边缘受拉，所以，最大拉应力 $\sigma_{\max}^+$ 发生在 bc 和 cd 的交点 c 处，与此对应，最大压应力发生在 c 的对角点 a 点。

$\sigma_{\max}^+=\dfrac{M_1}{W_y}+\dfrac{M_2}{W_z}=\dfrac{4\times10^6}{0.33\times10^6}+\dfrac{4\times10^6}{0.67\times10^6}=18.09(\text{MPa})$(发生在 A 端 C 点)

$\sigma_{\max}^-=\sigma_{\max}^+=18.09\ \text{MPa}$ (发生在 A 端 a 点)

注意：在外力 P_1 作用下，梁发生绕 y 轴的弯曲；在外力 P_2 作用下，梁发生绕 z 轴的弯曲。

【例 8-2】 如图 8-4 所示，木檩条简支在层架上，跨度 $l=4$ m，承受屋面传来的均布荷载 $q=1$ kN/m，屋面倾角 $\varphi=26.5°$，檩条的截面为矩形，$b=100$ mm，$h=120$ mm，材料的许用应力$[\sigma]=13$ MPa。试校核檩条的强度。

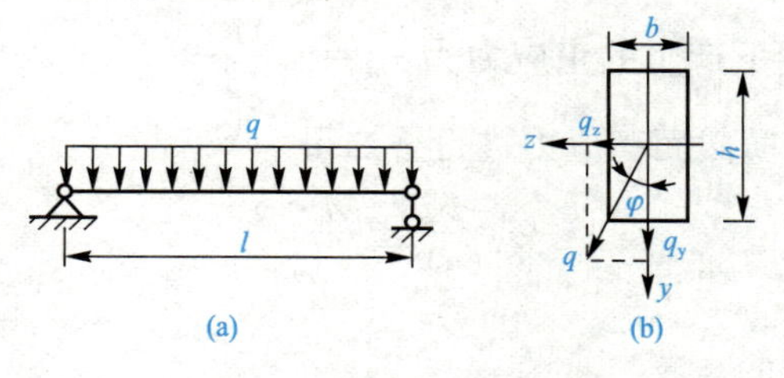

图 8-4

【解】 (1)外力分解。将均布荷载 q 沿 z、y 轴分解为

$$q_z=q\times\sin\varphi=1\times\sin26.5°=1\times0.446=0.446(\text{kN/m})$$
$$q_y=q\times\cos\varphi=1\times\cos26.5°=1\times0.895=0.895(\text{kN/m})$$

(2)计算内力。檩条在 q_z、q_y 的作用下，最大弯矩均发生在跨中，由第七章中可知：

$$M_{z\max}=\frac{q_yl^2}{8}=\frac{0.895\times4^2}{8}=1.79(\text{kN}\cdot\text{m})$$

($M_{z\max}$ 是由垂直于 z 轴的外力 q_y 引起的)

$$M_{y\max}=\frac{q_zl^2}{8}=\frac{0.446\times4^2}{8}=0.892(\text{kN}\cdot\text{m})$$

($M_{y\max}$ 是由垂直于 y 轴的外力 q_z 引起的)

(3)计算截面的 W_z、W_y。

$$W_z=\frac{bh^2}{6}=\frac{100\times120^2}{6}=24\times10^4(\text{mm}^3)$$

$$W_y=\frac{hb^2}{6}=\frac{120\times100^2}{6}=20\times10^4(\text{mm}^3)$$

(4)校核强度。

$$\begin{aligned}\sigma_{max} &= \frac{M_{zmax}}{W_z}+\frac{M_{ymax}}{W_y}\\ &= \frac{1.79\times10^6}{24\times10^4}+\frac{0.892\times10^6}{20\times10^4}\\ &= 7.46+4.46\\ &= 11.92(\text{MPa})<[\sigma]\end{aligned}$$

所以满足强度条件。

第三节 轴向拉(压)和弯曲

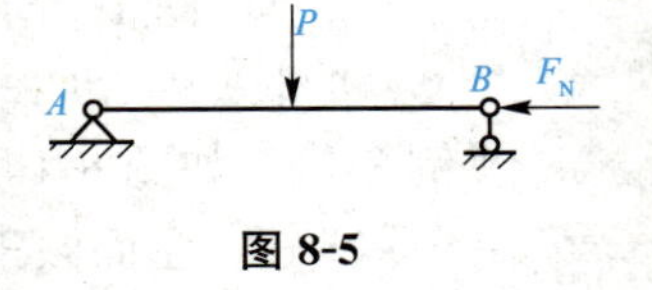

图 8-5

如图 8-5 所示，杆件在受到竖向力 P 作用的同时还受到轴向力 F_N 的作用，此时杆件产生轴向拉(压)和弯曲组合变形。

用叠加法计算此组合变形的应力。将两种荷载分开考虑，梁在轴向力 F_N 的作用下产生的正应力为 $\sigma=\frac{F_N}{A}$，A 为梁横截面面积；梁在竖向力 P 的作用下产生的正应力为 $\sigma_M=\pm\frac{M\cdot y}{I_z}$。

将两种荷载作用下的横截面正应力进行叠加得

$$\sigma=\frac{F_N}{A}\pm\frac{M\cdot y}{I_z}$$

强度条件为

$$\sigma_{min}^{max}=\frac{F_N}{A}\pm\frac{M_{max}}{W_z}\leqslant[\sigma]_{min}^{max}$$

【例 8-3】 如图 8-6 所示的简支梁，截面为 20a 工字钢，试求梁的最大压应力。

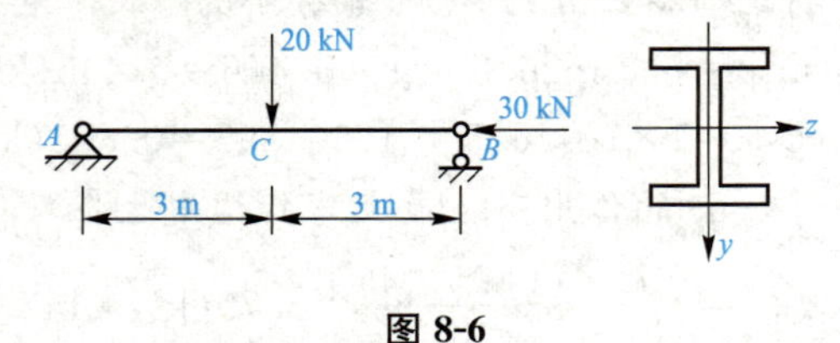

图 8-6

【解】 (1)求梁的内力。

轴力 $F_N=-30$ kN(压力)

弯矩 $M=\frac{Pl}{4}=\frac{20\times6}{4}=30(\text{kN}\cdot\text{m})$

(2)求梁的最大压应力。

查型钢表，20a 工字钢的截面参数：$A=35.5\ \text{cm}^2$，$W_z=237\ \text{cm}^3$

$$\sigma_{max}^{-}=\frac{F_N}{A}-\frac{M}{W_z}=-\frac{30\times10^3}{35.5\times10^2}-\frac{30\times10^6}{237\times10^3}=-8.45-126.58=-135.03(\text{MPa})$$

第四节　偏心压缩(拉伸)

作用在直杆上的外力作用线与杆轴平行而不重合，有一偏心距，此时杆件就受到偏心压缩(拉伸)。如图8-7(a)中柱子受到上部结构传来的荷载 P，其作用线与柱轴线间的距离为 e，柱子就产生了偏心压缩变形。此处的 P 叫作偏心力，e 叫作偏心距。

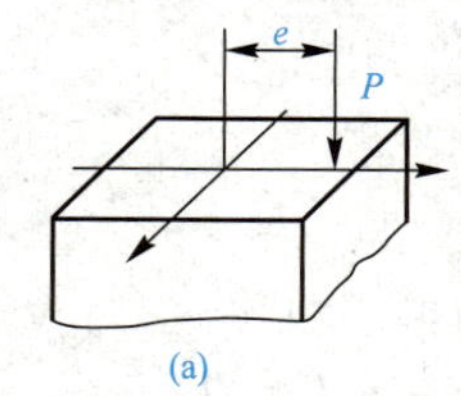

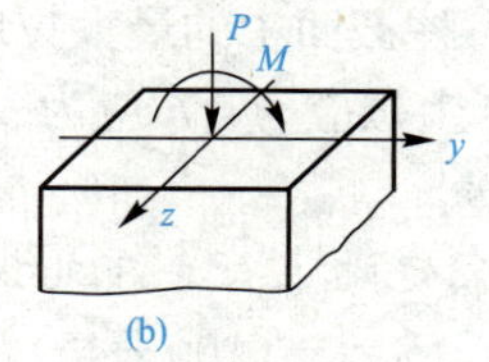

图 8-7

一、内力计算

根据前面所学的力的平移定理，可将偏心力 P 向截面形心简化，得到一个轴向压力 P 和一个力偶矩 $M=P\cdot e$ 的力偶[图8-7(b)]。

在承受偏心压力的直杆中，各横截面上的内力相等，由截面法可求得内力

$$F_N=P$$

$$M=P\cdot e$$

可见，偏心压缩是轴向压缩和平面弯曲的组合。

二、应力计算和强度条件

在横截面上任取一点 K，其应力是轴向压缩应力 σ_N 和弯曲应力 σ_{M_z} 的叠加。

$$\sigma_N=-\frac{P}{A}$$

$$\sigma_{Mz}=\pm\frac{M_z\cdot y}{I_z}$$

K 点的总应力为

$$\sigma_K=\sigma_N+\sigma_{Mz}=-\frac{P}{A}\pm\frac{M_z\cdot y}{I_z} \tag{8-3}$$

式中，σ_{M_z} 的正负号可由 K 点所在的变形区域判定：当 K 点处于受拉区时取正号；反之取负号。

由图8-8可以看出：最大(最小)正应力必将发生在横截面的边缘$\left(y=\pm\frac{h}{2}\right)$处：

$$\sigma_{max}=\sigma_{max}^{+}=-\frac{P}{A}+\frac{M_z}{W_z}$$

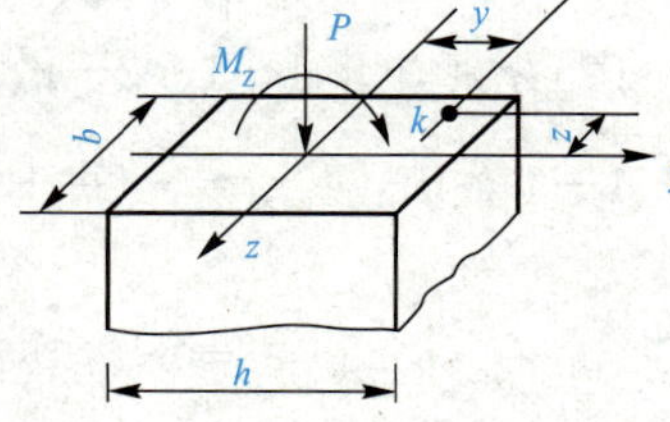

图 8-8

$$\sigma_{\min}=\sigma_{\max}^{-}=-\frac{P}{A}-\frac{M_z}{W_z}$$

于是得偏心压缩的强度条件：

$$\left.\begin{aligned}\sigma_{\max}=-\frac{P}{A}+\frac{M_z}{W_z}\leqslant[\sigma^{+}]\\ \sigma_{\min}=-\frac{P}{A}-\frac{M_z}{W_z}\leqslant[\sigma^{-}]\end{aligned}\right\}\tag{8-4}$$

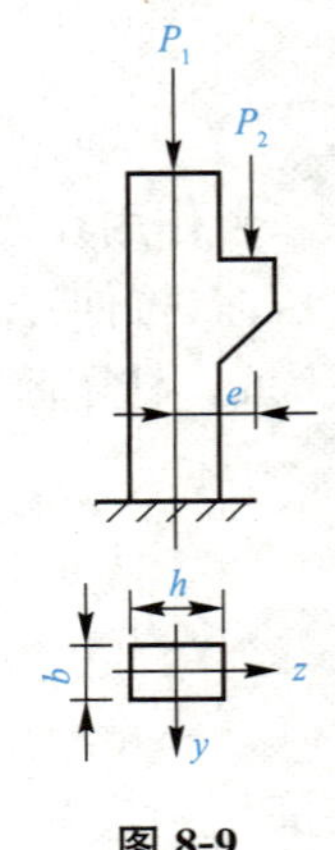

图 8-9

【例 8-4】 如图 8-9 所示的牛腿柱，屋架传力 $P_1=100$ kN，吊车梁传力 $P_2=45$ kN。偏心距 $e=0.2$ m，柱宽 $b=200$ mm。试求：

(1)若 $h=300$ mm，柱截面中的最大拉应力和最大压应力。

(2)若使柱截面不产生拉应力，h 应为多少？

【解】 (1)计算内力。

此柱的危险截面在固定端 A 处，A 处截面形心的内力为

$$F_N=P_1+P_2=-(100+45)=-145(\text{kN})(\text{压力})$$

$$M=P_2\times e=45\times0.2=9(\text{kN}\cdot\text{m})$$

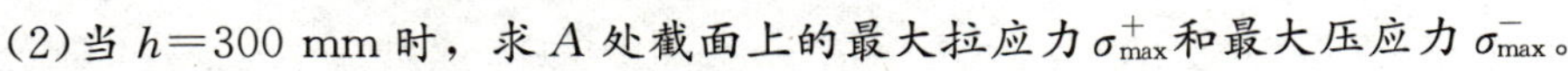

(2)当 $h=300$ mm 时，求 A 处截面上的最大拉应力 $\sigma_{\max}^{+}$ 和最大压应力 $\sigma_{\max}^{-}$。

$$\sigma_{\max}^{+}=\frac{F_N}{A}+\frac{M}{W_y}=-\frac{145\times10^3}{200\times300}+\frac{9\times10^6}{\frac{200\times300^2}{6}}=-2.42+3=0.58(\text{MPa})$$

$$\sigma_{\max}^{-}=\frac{F_N}{A}-\frac{M}{W_y}=-\frac{145\times10^3}{200\times300}-\frac{9\times10^6}{\frac{200\times300^2}{6}}=-2.42-3=-5.42(\text{MPa})$$

(3)若使 A 处截面不产生拉应力，求 h。

由题意可知 $\sigma_{\max}^{+}\leqslant0$

即

$$\frac{F_N}{A}+\frac{M}{W_y}\leqslant0$$

$$-\frac{145\times10^3}{200h}+\frac{9\times10^6}{\frac{200h^2}{6}}\leqslant0$$

得 $h\geqslant372.4$ mm。

【例 8-5】 墙基础如图 8-10 所示，设在 1 m 长的墙上作用偏心力 $P=40$ kN，偏心距 $e=50$ mm。试画出图中 1—1、2—2、3—3 截面的正应力分布图。

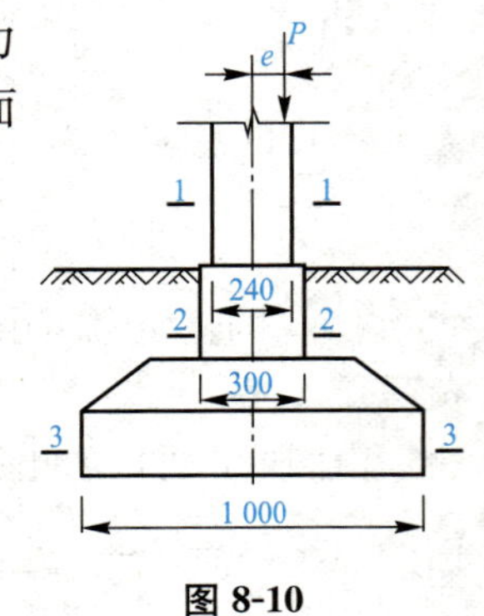

图 8-10

【解】 (1)计算内力。

轴力 $F_N=P=-40$ kN(压力)

弯矩 $M=P\times e=40\times0.05=2(\text{kN}\cdot\text{m})$

(2)分别计算 1—1、2—2、3—3 截面的 $\sigma_{\max}^{+}$ 和 $\sigma_{\max}^{-}$。

1—1 截面：$\sigma_{\max1}^{+}=-\frac{P}{A_1}+\frac{M}{W_{y1}}=-\frac{40\times10^3}{240\times1\,000}+\frac{2\times10^6}{\frac{1\,000\times240^2}{6}}$

$$=-0.167+0.208=0.041(\text{MPa})$$

$$\sigma_{max1}^{-}=-\frac{P}{A_1}-\frac{M}{W_{y1}}=-0.167-0.208=-0.375(\text{MPa})$$

2—2 截面：$\sigma_{max2}^{+}=-\frac{P}{A_2}+\frac{M}{W_{y2}}=-\frac{40\times10^3}{1\,000\times300}+\frac{2\times10^6}{\frac{1\,000\times300^2}{6}}$

$$=-0.133+0.133=0$$

$$\sigma_{max2}^{-}=-\frac{P}{A_2}-\frac{M}{W_{y2}}=-0.133-0.133=-0.266(\text{MPa})$$

3—3 截面：$\sigma_{max3}^{+}=-\frac{P}{A_3}+\frac{M}{W_{y3}}=-\frac{40\times10^3}{1\,000\times1\,000}+\frac{2\times10^6}{\frac{1\,000\times1\,000^2}{6}}$

$$=-0.04+0.012=-0.028(\text{MPa})$$

$$\sigma_{max3}^{-}=-\frac{P}{A_3}-\frac{M}{W_{y3}}=-0.04-0.012=-0.052(\text{MPa})$$

(3)分别画出 1—1、2—2、3—3 截面的正应力分布图。

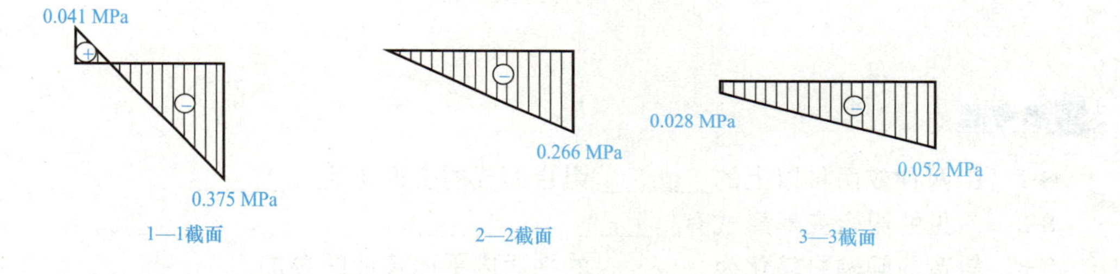

三、截面核心

当偏心压力作用在截面形心周围的一个区域内时，杆件横截面上只产生压应力而不出现拉应力，这个荷载作用的区域就称为截面核心。建筑工程中大量使用的砖、石、混凝土等材料，抗拉强度很低，为避免拉裂，要求截面上最好不出现拉应力。

常见的圆形、矩形、工字形和槽形截面的截面核心如图 8-11 所示。

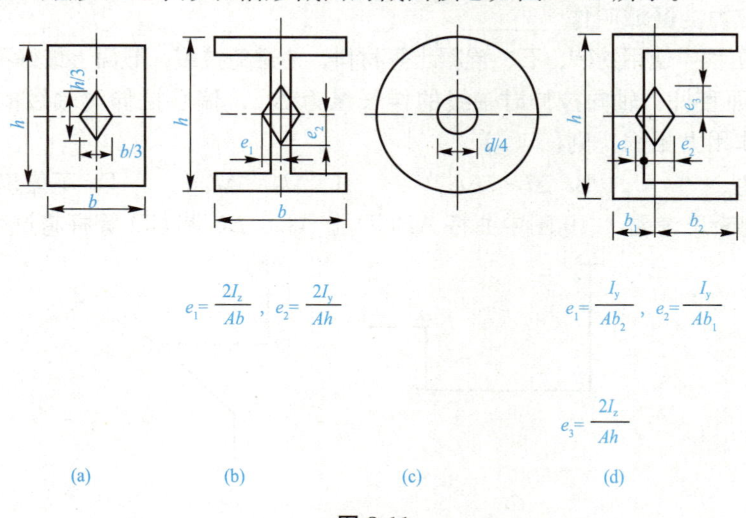

图 8-11

小实验

用一把有机玻璃直尺放在桌面上，分别按小实验 8-1 图所示两种情况施加力，观察尺子的变形情况，哪种情况尺子更容易断？

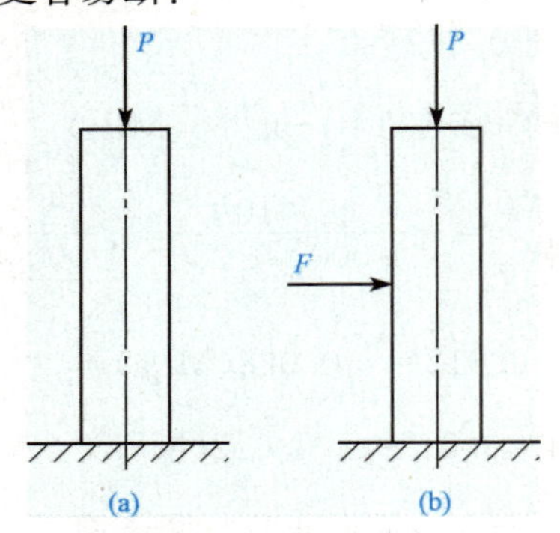

小实验 8-1 图

思考题

8-1　由两种或两种以上的________组合而成的变形称为________。

8-2　常见的组合变形形式有________、________、________、________。

8-3　斜弯曲问题可转化为________的平面内平面弯曲的叠加。

8-4　斜弯曲梁的强度由________控制，所以计算梁的内力时主要计算________。

8-5　斜弯曲时中性轴上各点的正应力为________。

8-6　拉弯组合变形是轴向__________和__________的组合，内力主要是__________和____________。

8-7　偏心压缩是轴向________和________的组合。偏心压缩杆件横截面上只产生压应力而不出现拉应力的区域叫作________。

8-8　建筑工程中使用的砖、石、混凝土等材料，为避免拉裂，截面上最好不出现________。

8-9　圆截面直杆，轴向拉伸时轴线的伸长量为 Δl_1，偏心拉伸时轴线的伸长量为 Δl_2，设两种情况的作用力相同，则(　　)

A. $\Delta l_1 > \Delta l_2$　　B. $\Delta l_1 < \Delta l_2$　　C. $\Delta l_1 = \Delta l_2$　　D. 不能确定

8-10　试判断思考题 8-10 图中曲杆 $ABCD$ 上 AB、BC 和 CD 等杆将产生何种变形？

思考题 8-10 图

习 题

8-1　习题 8-1 图所示的简支梁，截面由 25a 工字钢制成，材料的许用应力$[\sigma]=160$ MPa。试校核梁的强度。

8-2　习题 8-2 图所示的悬臂梁，截面为工字钢，型号为 22b，材料的弹性模量$E=210$ GPa。求此梁的最大正应力和最大挠度。

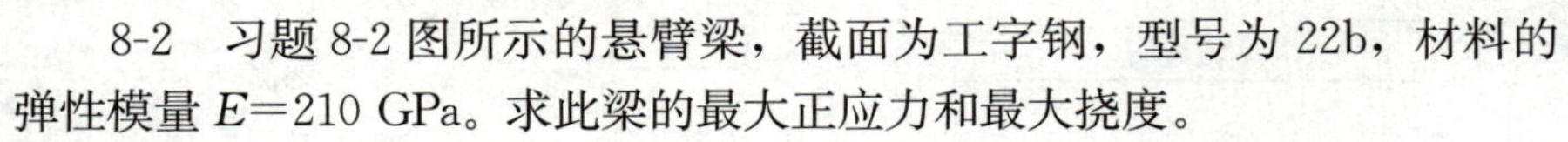

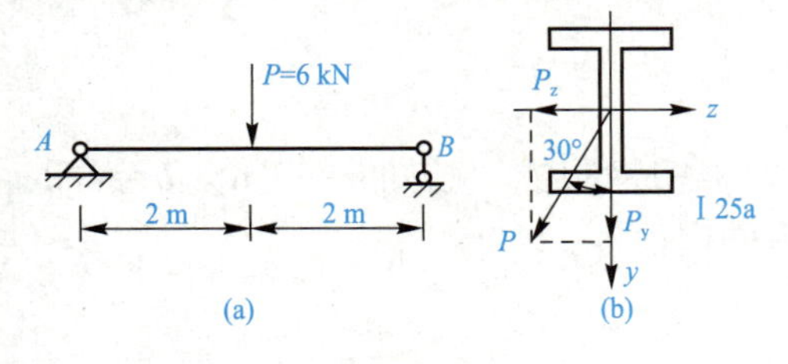

习题 8-1 图

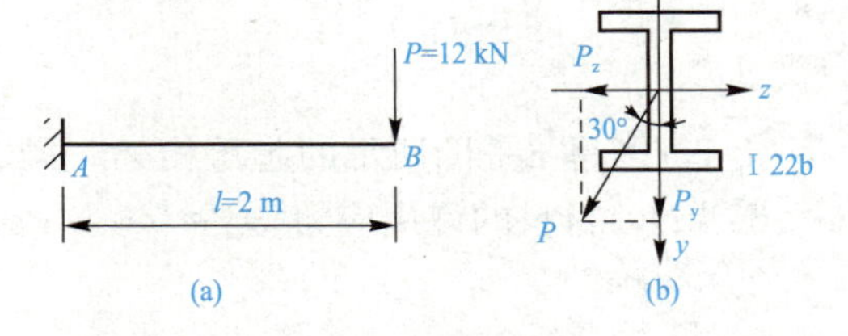

习题 8-2 图

8-3　习题 8-3 图所示的矩形截面悬臂梁，$P_1=2$ kN，$P_2=1$ kN，$l=1$ m，材料的弹性模量$E=10$ GPa。求此梁的最大正应力和最大挠度。

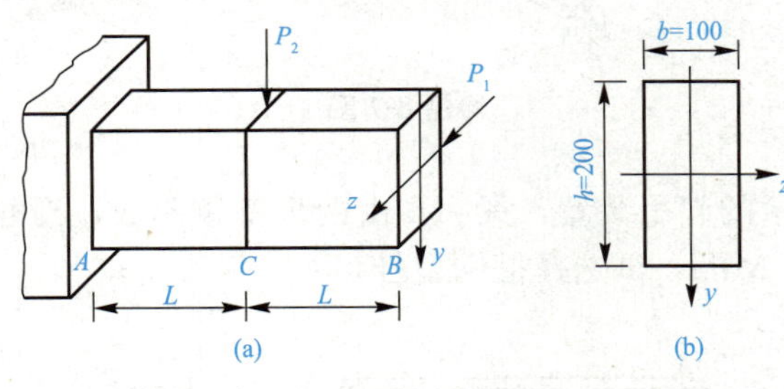

习题 8-3 图

8-4　习题 8-4 图所示，悬梁臂由 25a 工字钢制成，材料的$E=210$ GPa，$l=3$ m，均布荷载$q=6$ kN/m，作用在梁的纵向对称面内，$F=2$ kN，与y轴的夹角$\varphi=30°$。试求此梁的最大正应力和最大挠度。

8-5　习题 8-5 图所示，水塔总重$G=2\,000$ kN，水平风力的合力$P=60$ kN。塔高$H=15$ m，圆形基础的直径$d=6$ m，基础埋深$h=3$ m，地基土壤的许用应力$[\sigma]=0.2$ MPa。试校核该地基土壤的强度。

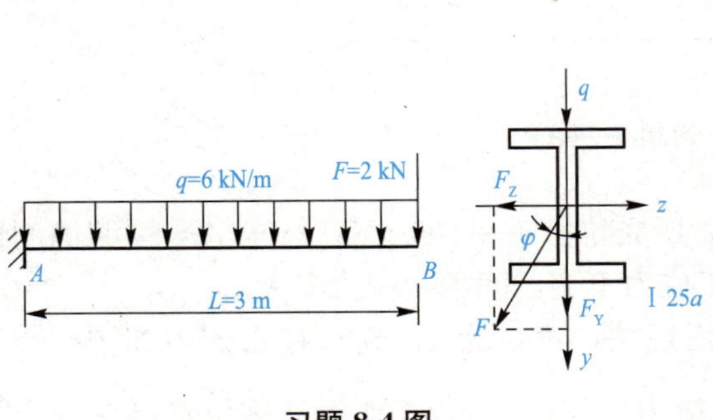

习题 8-4 图

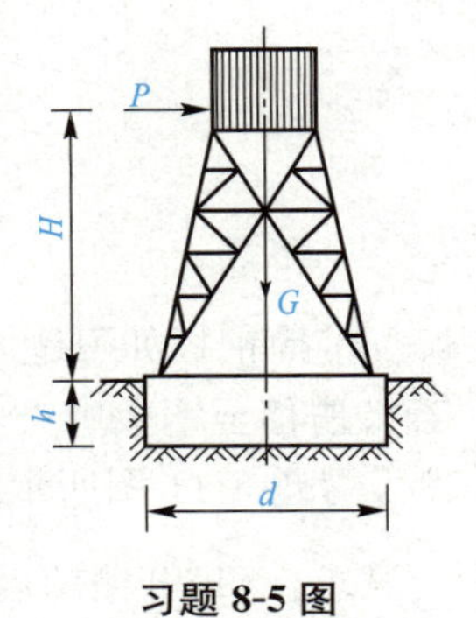

习题 8-5 图

8-6　习题 8-6 图所示的矩形截面简支梁，材料的许用应力$[\sigma]=10$ MPa。试校核此梁的强度。

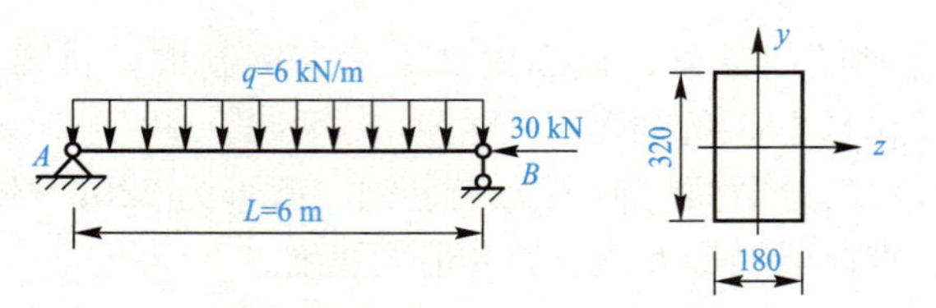

习题 8-6 图

8-7　习题 8-7 图所示的起重构架，梁 ACD 由两根槽钢制成。已知 $a=3$ m，$b=1$ m，$G=30$ kN，材料的许用应力$[\sigma]=140$ MPa。试选择槽钢型号。

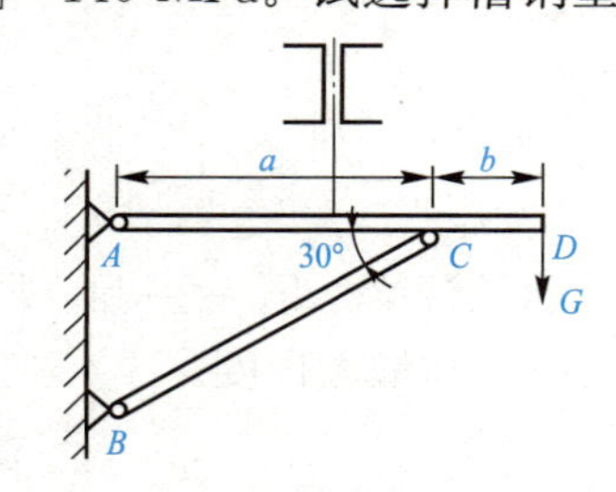

习题 8-7 图

8-8　习题 8-8 图所示的起吊装置，梁 AB 由两根槽钢制成，滑轮安装在梁的端部。已知 $F=60$ kN，$[\sigma]=160$ MPa，试选择槽钢型号。

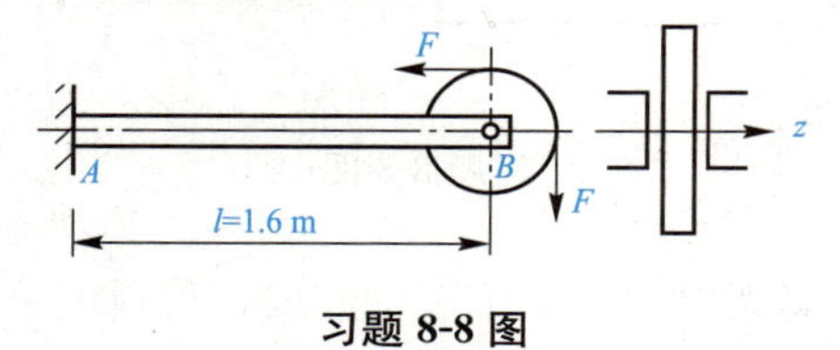

习题 8-8 图

8-9　习题 8-9 图所示的矩形截面钢杆，用电阻应变片测得杆件上、下表面的轴向线应变分别为$\varepsilon_{上}=0.8\times10^{-3}$，$\varepsilon_{下}=0.2\times10^{-3}$，材料的弹性模量 $E=210$ GPa。

(1)绘制横截面的正应力分布图；(2)求拉力 F 和偏心距 e。

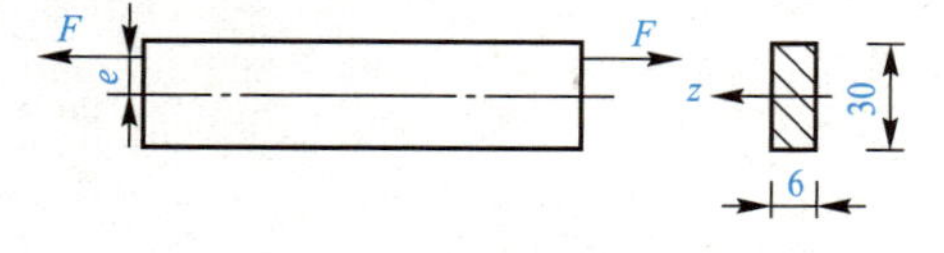

习题 8-9 图

8-10　带槽钢板如习题 8-10 图所示，所受拉力 $F=100$ kN，试求 $A-A$ 截面的最大正应力。若将槽移至钢板中央，且使最大正应力不变，问槽宽应为多大？

8-11　习题 8-11 图所示的正方形截面短柱，边长为 a。现在柱右侧中部挖一个槽，槽深为$\frac{a}{4}$。试求：(1)开槽前后柱内最大压应力之比；(2)若在槽的对称位置再挖一个相同的槽，则最大压应力是开槽前的几倍？

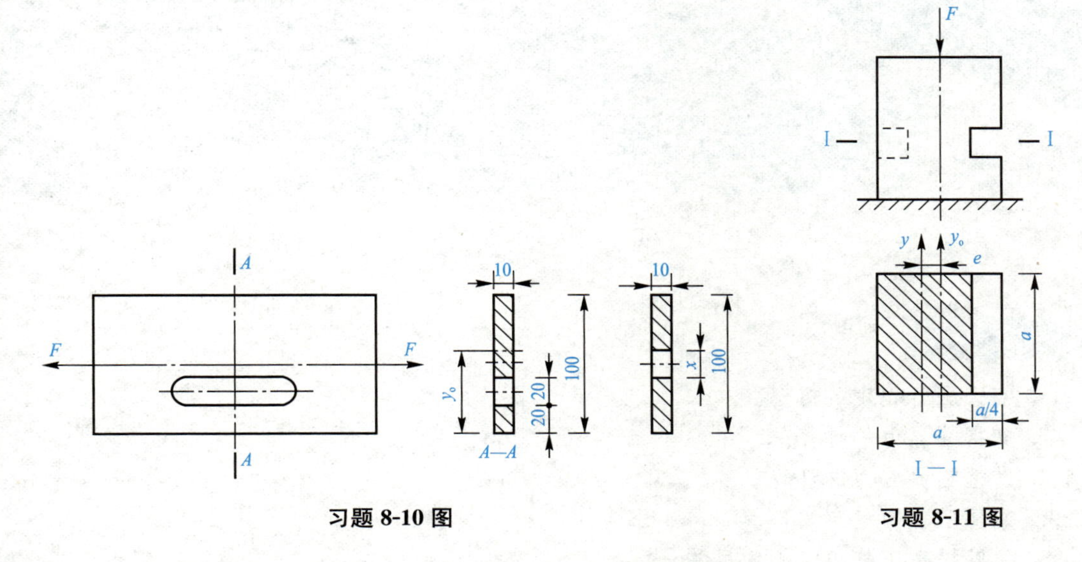

习题 8-10 图　　　　习题 8-11 图

8-12　习题 8-12 图所示为一边长 a=100 mm 的正方形截面木杆，承受偏心拉力 F 的作用，偏心距 e=20 mm，材料的许用应力[σ]=10 MPa。试求偏心拉力 F 的许可值。

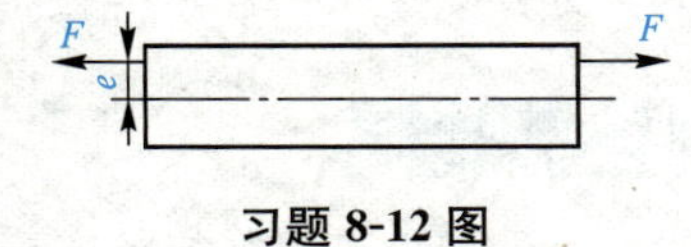

习题 8-12 图

8-13　习题 8-13 图所示的矩形截面梁，F_1 和 F 均作用于纵向对称面内，F_1=30 kN，截面高度 h=100 mm，a=40 mm，跨度 l=1 m。若跨中横截面的最大正应力与最小正应力之比为$\frac{5}{3}$，试求 F 的值。

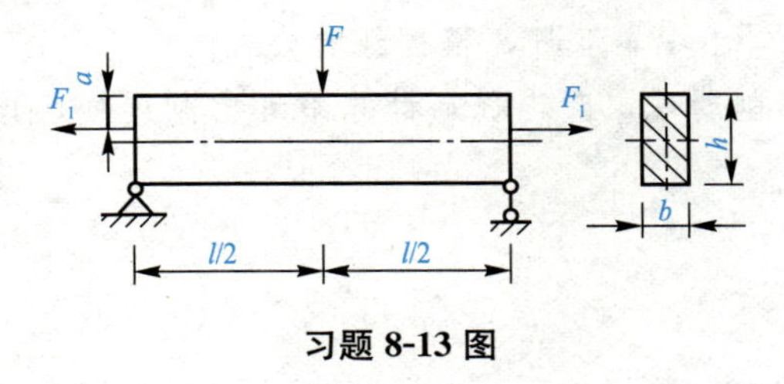

习题 8-13 图

第九章　压杆稳定

学习目标

1. 掌握压杆稳定的概念。
2. 掌握临界力的计算。
3. 掌握临界应力的计算。
4. 掌握压杆的稳定条件。
5. 了解提高压杆稳定性的措施。

技能目标

1. 理解稳定的平衡状态到临界平衡状态再到失稳的现象。

2. 压杆稳定的关键，是确定压杆的临界力，当压杆承受的轴向压力小于临界力时，压杆是稳定的。

3. 计算压杆的临界力、临界应力时，应根据柔度值，采用相应公式进行计算。对于大柔度杆，采用欧拉公式；对于中柔度杆，根据经验公式。

4. 当压杆截面有局部削弱现象时，稳定计算不考虑削弱处，但必须对削弱的截面进行强度校核。

第一节　压杆稳定的概念

承受轴向压力的直杆称为压杆。对于短而粗的压杆来说，当杆内的压应力超过材料的极限应力时，压杆会因强度不足而破坏，这时对它只进行强度计算是合适的。但是，对于细而长的压杆来说，在轴向压力比计算的极限荷载小很多时，压杆就突然变弯，例如，取一根长度为 1 m 的松木直杆，其横截面面积 $A=5\times30\ \text{mm}^2$，抗压强度极限 $\sigma_b=40$ MPa，则由强度条件可计算此杆的极限承载能力为

$$P_b=\sigma_b\cdot A=40\times5\times30=6\ 000(\text{N})=6\ \text{kN}$$

但做试验发现，当木杆承受压力约为 30 N 时就突然变弯，远比计算的 6 kN 小。可见，细长压杆的承载能力并不取决于轴向压缩的抗压强度，而是与压杆在一定压力作用下能不能保持原有的直线形状有关。这种在一定轴向压力作用下，细长压杆突然丧失其原有的直

线平衡形态的现象叫作压杆的失稳。

压杆失稳时的压力比引起强度不足而破坏的压力要小得多，并且失稳破坏是突然的，因此，对细长压杆必须进行稳定性计算。

为了说明压杆平衡状态的稳定性，我们取一根细长的直杆进行压缩试验，如图 9-1 所示。

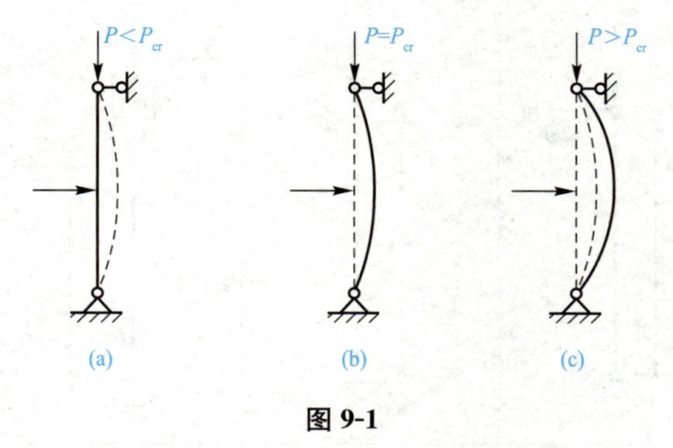

图 9-1

压杆的平衡状态可以分为三种。图 9-1(a)中，当压力 P 不太大时，用一微小的横向力干扰它，压杆微弯，当横向力撤去后，压杆能自动恢复原有的直线形状，这时压杆处于稳定的平衡状态。图 9-1(b)中，当压力 P 增大到某一特定值 P_{cr} 时，微小的横向干扰力撤去后，压杆在微弯状态下维持新的平衡，这时压杆处于临界平衡状态，这个特定值 P_{cr} 叫作临界力。图 9-1(c)中，当压力 P 超过临界力 P_{cr} 后，干扰力作用下的微弯会越来越大直至压杆弯断，此时压杆丧失了稳定性。

由此可见，压杆的稳定性与轴向压力的大小有关：当轴向压力小于临界力 P_{cr} 时，压杆是稳定的；当轴向压力等于或大于临界力 P_{cr} 时，压杆是不稳定的。因此，压杆稳定的关键是确定各种压杆的临界力。

第二节　临界力和临界应力

一、临界力

通过试验得知，临界力的大小与压杆的长度、截面形状和尺寸、杆件材料以及杆件两端的支承情况有关。在材料服从胡克定律的条件下，可用欧拉公式计算临界力：

$$P_{cr}=\frac{\pi^2 EI}{(\mu l)^2} \tag{9-1}$$

式中　E——材料的弹性模量；

I——压杆横截面的最小惯性矩；

EI——压杆的抗弯刚度；

l——压杆的实际长度；

μ——压杆的长度系数，见表 9-1；

μl——压杆的计算长度。

表 9-1　压杆的长度系数(μ)

杆端支承情况	两端铰支	一端固定一端铰支	两端固定	一端固定一端自由
	P_{cr}, l	P_{cr}, l	P_{cr}, l	P_{cr}, l
长度系数(μ)	1	0.7	0.5	2

【例 9-1】 矩形截面压杆如图 9-2 所示，一端固定，一端自由。材料的弹性模量 $E=200$ GPa，$l=2$ m，$h=90$ mm，$b=40$ mm。(1)试计算此杆的临界力。(2)若长度不变，$b=h=60$ mm，此杆的临界力又为多少？

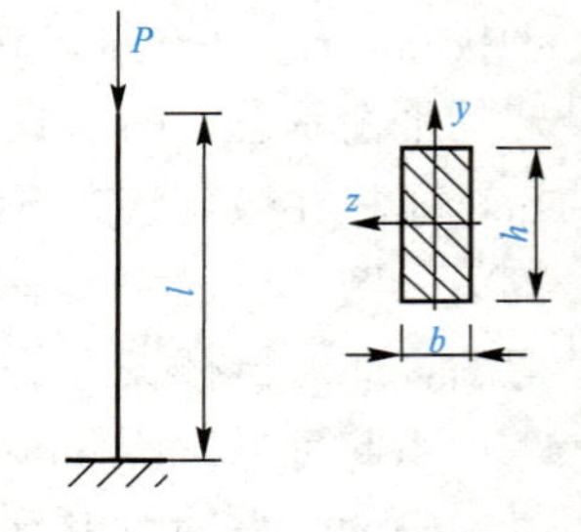

图 9-2

【解】 (1)计算惯性矩。

$$I_z=\frac{bh^3}{12}=\frac{40\times 90^3}{12}=243\times 10^4(\text{mm}^4)$$

$$I_y=\frac{hb^3}{12}=\frac{90\times 40^3}{12}=48\times 10^4(\text{mm}^4)$$

$I_y<I_z$，故将 I_y 代入临界力的计算公式中

(2)计算临界力。

$$P_{cr}=\frac{\pi^2 EI_y}{(\mu l)^2}=\frac{\pi^2\times 200\times 10^3\times 48\times 10^4}{(2\times 2\times 10^3)^2}=59.16\times 10^3(\text{N})=59.16\ \text{kN}$$

(3)计算第二种情况下的临界力。

$$I_z=I_y=\frac{60^4}{12}=108\times 10^4(\text{mm}^4)$$

$$P_{cr}=\frac{\pi^2 EI_z}{(\mu l)^2}=\frac{\pi^2\times 200\times 10^3\times 108\times 10^4}{(2\times 2\times 10^3)^2}=133.1\times 10^3(\text{N})=133.1\ \text{kN}$$

【例 9-2】 压杆由 20a 工字钢制成，两端铰支。材料的弹性模量 $E=200$ GPa，杆长 $l=3$ m。试求压杆的临界力。

【解】 查型钢表 20a 工字钢的截面参数：

$I_z=2\ 370\times 10^4\ \text{mm}^4$，$I_y=158\times 10^4\ \text{mm}^4$，$I_y<I_z$，故将 I_y 代入临界力公式中。

$$P_{cr}=\frac{\pi^2 EI_y}{(\mu l)^2}=\frac{\pi^2\times 200\times 10^3\times 158\times 10^4}{(1\times 3\times 10^3)^2}=346.18\times 10^3(\text{N})=346.18\ \text{kN}$$

二、临界应力

在临界力作用下，细长压杆横截面上的平均压应力叫作压杆的临界应力，通常用σ_{cr}表示。若压杆的横截面面积为A，则临界应力为

$$\sigma_{cr}=\frac{P_{cr}}{A}=\frac{\pi^2 EI}{(\mu l)^2 A}$$

式中，令$i=\sqrt{\frac{I}{A}}$，i为截面的惯性半径。

于是上式可写为

$$\sigma_{cr}=\frac{\pi^2 E}{\left(\frac{\mu l}{i}\right)^2}$$

引入

$$\lambda=\frac{\mu l}{i} \tag{9-2}$$

λ叫作压杆的柔度或长细比，是无量纲的量。柔度λ综合反映了杆长、截面形状和尺寸、约束条件对临界应力的影响。

于是临界应力的计算公式可简化为

$$\sigma_{cr}=\frac{\pi^2 E}{\lambda^2} \tag{9-3}$$

式(9-3)是欧拉公式的另一种形式。从式中可以看出，柔度越大，临界应力越小，即压杆的稳定性越差。

三、欧拉公式的适用范围

欧拉公式是在材料服从胡克定律条件下导出的，因此，压杆的临界应力不应超过材料的比例极限σ_P。欧拉公式的适用条件可表示为

$$\sigma_{cr}=\frac{\pi^2 E}{\lambda^2}\leqslant\sigma_P$$

当$\sigma_{cr}=\sigma_P$时，则有$\lambda_P=\sqrt{\frac{\pi^2 E}{\sigma_P}}$。

λ_P叫作细长压杆的极限柔度，所以欧拉公式的适用范围是

$$\lambda\geqslant\lambda_P=\sqrt{\frac{\pi^2 E}{\sigma_P}} \tag{9-4}$$

上式表明，当压杆的柔度不小于λ_P时，才能用欧拉公式计算临界力或临界应力。这类压杆称为大柔度杆或细长杆，欧拉公式只适用于细长的大柔度杆。λ_P的值取决于材料性质，不同材料的λ_P不同，例如，工程中常用的Q235钢，$\sigma_P=200$ MPa，$E=200$ GPa，由式(9-4)可求得$\lambda_P=100$。

【例 9-3】 一轴向受压木柱，截面为圆形，直径$d=20$ mm，长$l=3$ m，材料的弹性模量$E=10$ GPa，材料的极限柔度$\lambda_P=110$。若木柱一端固定、一端自由，试求该柱的临界应力。

【解】(1)计算惯性半径。

$$i=\sqrt{\frac{I_{\min}}{A}}=\sqrt{\frac{\frac{\pi d^4}{64}}{\frac{\pi d^2}{4}}}=\sqrt{\frac{d^2}{16}}=\frac{d}{4}=\frac{20}{4}=5(\text{mm})$$

(2)计算柔度。

$$\lambda=\frac{\mu l}{i}=\frac{2\times 3\ 000}{5}=1\ 200>\lambda_P，可用欧拉公式$$

(3)计算临界应力。

$$\sigma_{cr}=\frac{\pi^2 E}{\lambda^2}=\frac{\pi^2\times 10\times 10^3}{1\ 200^2}=0.068(\text{MPa})$$

【例 9-4】 某轴向压杆，截面为矩形，$b=20$ mm，$h=100$ mm，长度 $l=2$ m，两端铰支。材料为 Q235 钢，材料的弹性模量 $E=200$ GPa，试计算此压杆的临界力和临界应力。

【解】 (1)计算最小惯性半径。

$$i=\sqrt{\frac{I_{\min}}{A}}=\sqrt{\frac{\frac{100\times 20^3}{12}}{20\times 100}}=5.77(\text{mm})$$

(2)计算柔度。

$$\lambda=\frac{\mu l}{i}=\frac{1\times 2\ 000}{5.77}=346.62>\lambda_P=100，故可用欧拉公式$$

(3)计算临界力。

$$P_{cr}=\frac{\pi^2 EI_{\min}}{(\mu l)^2}=\frac{\pi^2\times 200\times 10^3\times\frac{100\times 20^3}{12}}{(1\times 2\times 10^3)^2}=3.29\times 10^4(\text{N})=32.9\ \text{kN}$$

(4)计算临界应力。

$$\sigma_{cr}=\frac{P_{cr}}{A}=\frac{32.9\times 10^3}{20\times 100}=16.45(\text{MPa})$$

四、中长杆的临界应力计算——经验公式

当压杆的柔度小于 λ_P 时，称为中长杆或中柔度杆。中长杆的临界应力 σ_{cr} 大于材料的比例极限 σ_P，此时欧拉公式不再适用。工程中对这类压杆一般采用经验公式计算临界力或临界应力。常用的经验公式有两种：直线公式和抛物线公式。

1. 直线公式

临界应力 σ_{cr} 与柔度 λ 成直线关系，其表达式为

$$\sigma_{cr}=a-b\lambda \tag{9-5}$$

式中，a、b 为与压杆材料有关的常数，由试验确定。例如常用的 Q235 钢，$a=30$ MPa，$b=1.12$ MPa；松木 $a=28.7$ MPa，$b=0.19$ MPa。

不过，当压杆的柔度 $\lambda\leqslant\lambda_S$ 时，此时的压杆称为短杆，其破坏为强度破坏，故其临界应力就是屈服强度 σ_S 或极限强度 σ_b。

2. 抛物线公式

我国钢结构设计规范中，采用如下抛物线公式

$$\sigma_{cr}=\sigma_S\left[1-0.43\left(\frac{\lambda}{\lambda_c}\right)^2\right] \qquad \lambda\leqslant\lambda_c \tag{9-6}$$

$$\lambda_c=\pi\sqrt{\frac{E}{0.57\sigma_S}} \tag{9-7}$$

对于 Q235 钢，$\sigma_S=240$ MPa，$E=210$ GPa，$\lambda_c=123$，则经验公式为

$$\sigma_{cr}=240-0.006\ 82\lambda^2$$

【例 9-5】 压杆材料为 Q235 钢，$\sigma_P=200$ MPa，$E=206$ GPa，横截面如图 9-3 所示的四种几何形状，面积均为 $3.6\times10^3\ \text{mm}^2$。试计算四种情况下的临界应力，并比较它们的稳定性。

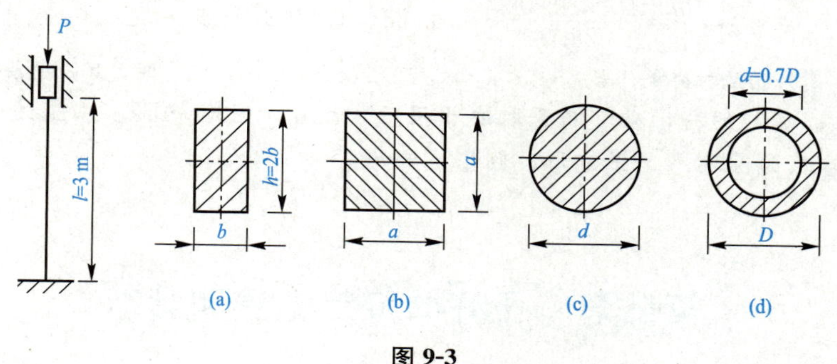

图 9-3

【解】 $\lambda_P=\pi\sqrt{\frac{E}{\sigma_P}}=\pi\sqrt{\frac{206\times10^3}{200}}\approx100$

(a)矩形截面

$$i=\sqrt{\frac{I_{min}}{A}}=\sqrt{\frac{\frac{hb^3}{12}}{A}}=\sqrt{\frac{Ab^2}{12A}}=\sqrt{\frac{A}{24}}=\sqrt{\frac{3.6\times10^3}{24}}=12.25(\text{mm})$$

$$\lambda=\frac{\mu l}{i}=\frac{0.5\times3\times10^3}{12.25}=122.4>\lambda_P$$

$$\sigma_{cr}=\frac{\pi^2E}{\lambda^2}=\frac{\pi^2\times206\times10^3}{122.4^2}=135.57(\text{MPa})$$

(b)正方形截面

$$i=\sqrt{\frac{I}{A}}=\sqrt{\frac{\frac{a^4}{12}}{A}}=\sqrt{\frac{a^2\times a^2}{12A}}=\sqrt{\frac{A}{12}}=\sqrt{\frac{3.6\times10^3}{12}}=\sqrt{300}=17.32(\text{mm})$$

$\lambda=\frac{\mu l}{i}=\frac{0.5\times3\ 000}{17.32}=86.6<\lambda_P$，故用经验公式

$$\sigma_{cr}=a-b\lambda=304-1.12\times86.6=207(\text{MPa})$$

(c)圆形截面

由$\frac{\pi d^2}{4}=3.6\times10^3$，得 $d=67.7$ mm

$$i=\frac{d}{4}=\frac{67.7}{4}=16.93(\text{mm})$$

$\lambda=\frac{\mu l}{i}=\frac{0.5\times3\ 000}{16.93}=88.6<\lambda_P$，故用经验公式

$$\sigma_{cr}=a-b\lambda=304-1.12\times88.6=204.8(\text{MPa})$$

(d)圆环形截面

由$\frac{\pi}{4}(D^2-d^2)=\frac{\pi D^2}{4}(1-0.7^2)=3.6\times10^3$，得

$$D=94.8\ \text{mm},\ d=0.7D=0.7\times94.8=66.4(\text{mm})$$

$$i=\sqrt{\frac{I}{A}}=\sqrt{\frac{\frac{\pi(D^4-d^4)}{64}}{\frac{\pi}{4}(D^2-d^2)}}=\sqrt{\frac{D^2+d^2}{16}}=\sqrt{\frac{94.8^2+66.4^2}{16}}=28.94(\text{mm})$$

$$\lambda=\frac{\mu l}{i}=\frac{0.5\times3\ 000}{28.94}=51.83<\lambda_S=62(\text{屈服柔度})$$

注：当 $\lambda\geqslant\lambda_P$ 时，用欧拉公式；当 $\lambda_S<\lambda<\lambda_P$ 时，用经验公式；当 $\lambda<\lambda_S$ 时，用强度条件。

由于 $\lambda<\lambda_S$，属粗短杆，破坏与否取决于强度，故 $\sigma_{cr}=235$ MPa。由上述计算可知，稳定性好的截面依次为圆环形、正方形、圆形、矩形。

第三节　压杆的稳定条件和计算

一、压杆的稳定条件

为使压杆能正常工作而不失稳，压杆所受的轴向压力必须小于临界荷载 F_{cr}，或压杆的工作压应力 σ 必须小于临界应力 σ_{cr}。在实际工程中，由于存在各种不利或不确定因素，还须考虑一定的安全储备，要有一个足够的稳定安全系数 n_{st}。于是，压杆的稳定条件为

$$P\leqslant\frac{P_{cr}}{n_{st}}=[P_{cr}] \tag{9-8}$$

或

$$\sigma=\frac{F}{A}\leqslant\frac{\sigma_{cr}}{n_{st}}=[\sigma_{cr}] \tag{9-9}$$

式中　P——实际作用在压杆上的压力；

P_{cr}——压杆的临界力；

n_{st}——稳定安全系数，随 λ 改变而变化；

$[P_{cr}]$——稳定容许荷载；

$[\sigma_{cr}]$——稳定许用应力。$[\sigma_{cr}]$也随 λ 而变化，与强度计算时材料的许用应力$[\sigma]$不同。

二、压杆的稳定计算

利用式(9-8)和式(9-9)，就可以对压杆进行稳定计算。压杆的稳定计算与强度计算类似，也可以进行三方面的问题计算，即校核稳定性、设计截面、确定许可荷载等。压杆的稳定计算通常有安全系数法和折减系数法两种方法。

1. 安全系数法

压杆的临界压力 P_{cr}与工作压力 P 之比称为压杆的工作安全系数 n，为使压杆能正常工

作，工作安全系数 n 应大于规定的稳定安全系数 n_{st}，故有

$$n=\frac{P_{cr}}{P}\geqslant n_{st} \tag{9-10}$$

2. 折减系数法

在实际工程中，进行压杆稳定计算时，常将变化的稳定许用应力$[\sigma_{cr}]$改为用强度许用应力$[\sigma]$来表达，即

$$[\sigma_{cr}]=\varphi[\sigma]$$

所以有

$$\sigma=\frac{F}{A}\leqslant\varphi[\sigma] \tag{9-11}$$

式中，φ 称为折减系数。此式类似压杆强度条件表达式，便于理解和应用。

应用折减系数法进行稳定计算时，要先算出压杆的柔度 λ，再按其材料，由表 9-2 查出 φ 值。当计算出的 λ 值不是表中计算出的整数值时，可用线性内插法求出相应的 φ。

表 9-2　折减系数 φ

λ	φ 值		
	Q235 钢	16Mn 钢	木材
0	1.000	1.000	1.000
10	0.995	0.993	0.971
20	0.981	0.973	0.932
30	0.958	0.940	0.883
40	0.927	0.895	0.882
50	0.888	0.840	0.751
60	0.842	0.776	0.668
70	0.789	0.705	0.575
80	0.731	0.627	0.470
90	0.669	0.546	0.370
100	0.604	0.462	0.300
110	0.536	0.384	0.248
120	0.466	0.325	0.208
130	0.401	0.279	0.178
140	0.349	0.242	0.153
150	0.306	0.213	0.133
160	0.272	0.188	0.117
170	0.243	0.168	0.104
180	0.218	0.151	0.093
190	0.197	0.136	0.083
200	0.180	0.124	0.075

【例 9-6】 如图 9-4 所示，钢管柱承受轴向力 $P=300$ kN，钢管的外径 $D=102$ mm，内径 $d=86$ mm，材料为 Q235 钢，许用应力$[\sigma]=160$ MPa。试校核该柱的稳定性。

图 9-4

【解】 (1)计算惯性半径。

$$i=\sqrt{\frac{I}{A}}=\sqrt{\frac{\frac{\pi(D^4-d^4)}{64}}{\frac{\pi}{4}(D^2-d^2)}}=\frac{\sqrt{D^2+d^2}}{4}=\frac{\sqrt{102^2+86^2}}{4}=33.4(\text{mm})$$

(2)计算柔度。

$$\lambda=\frac{\mu l}{i}=\frac{1\times 2\ 200}{33.4}=66$$

(3)查表计算折减系数 φ。

$$\varphi=0.842-(66-60)\times\frac{0.842-0.789}{(70-60)}=0.81$$

(4)校核稳定。

$$\sigma=\frac{P}{A}=\frac{300\times 10^3}{\frac{\pi}{4}(102^2-86^2)}=127(\text{MPa})<\varphi[\sigma]=0.81\times 160=129.6(\text{MPa})$$

所以该柱满足稳定条件。

【例 9-7】 如图 9-5 所示，支架中压杆 BD 为 20 号槽钢，材料为 Q235 钢，$E=200$ GPa，稳定安全系数 $n_{st}=3$。悬挂重物 $P=50$ kN，试校核 BD 杆的稳定性。

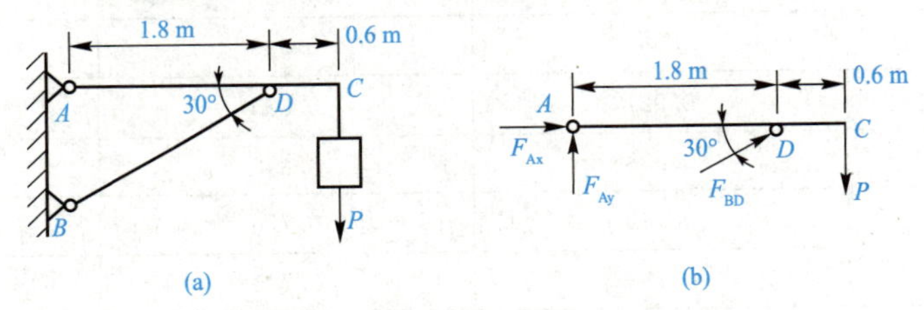

图 9-5

【解】 (1)求 BD 杆的压力。取 AC 为研究对象，受力如图 9-5(b)所示，列平衡方程

$$\sum M_A(F)=0 \quad F_{BD}\cdot\sin 30^\circ\times 1.8-P\times(1.8+0.6)=0$$

$$F_{BD}\times 0.5\times 1.8-50\times 2.4=0 \quad 得\ F_{BD}=133.3\ \text{kN}$$

(2)求 BD 杆的临界应力。

查型钢表，20 号槽钢的截面参数：$A=32.837\ \text{cm}^2$，$i_{min}=2.09$ cm

$$\lambda=\frac{\mu l}{i}=\frac{1\times\frac{1.8}{\cos 30^\circ}\times 1\ 000}{20.9}=99.4$$

$$\sigma_{cr}=\frac{\pi^2 E}{\lambda^2}=\frac{\pi^2\times 200\times 10^3}{99.4^2}199.8\ \text{MPa}$$

(3)校核 BD 杆的稳定性

稳定许用应力 $[\sigma_{st}]=\frac{\sigma_{cr}}{n_{st}}=\frac{199.8}{3}=66.4$ MPa

实际工作应力 $\sigma=\frac{F_{BD}}{A}=\frac{133.3\times10^3}{32.837\times100}=40.6\ \text{MPa}$

因为 $\sigma<[\sigma_{st}]$，所以满足稳定条件。

【例 9-8】 如图 9-6 所示为简易起重机，起重机的最大起吊量 $P=40$ kN。撑杆 BD 由 20 号槽钢制成，材料为 Q235 钢，$E=200$ GPa，若规定安全系数 $n_{st}=4$，试校核 BD 杆的稳定性。

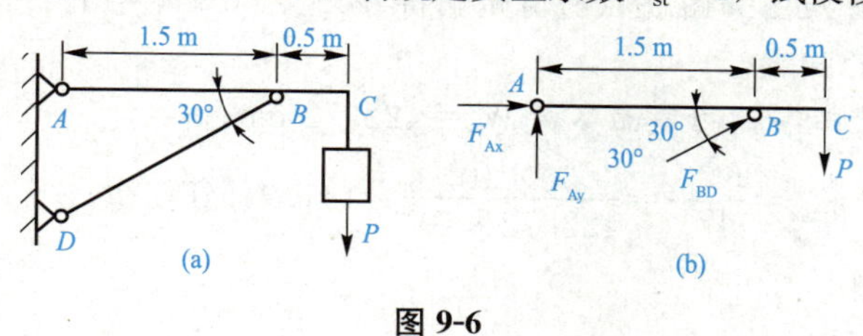

图 9-6

【解】 (1)求 BD 杆受的轴向力。取横杆 AC 为研究对象，受力如图 9-6(b)所示，列平衡方程

$$\sum M_A(F)=0 \quad F_{BD}\cdot\sin30°\times1.5-P\times(1.5+0.5)=0$$

$$F_{BD}\times0.5\times1.5-40\times2=0，得 F_{BD}=106.67\ \text{kN}$$

(2)计算 BD 杆的稳定许用应力 $[\sigma_{st}]$

查型钢表，20 号槽钢的截面参数为：$A=32.837\ \text{cm}^2$，$i_{min}=2.09$ cm

柔度 $\lambda=\frac{\mu l}{i_{min}}=\frac{1\times\frac{1.5}{\cos30°}\times1\,000}{20.9}=82.9$

临界应力 $\sigma_{cr}=\frac{\pi^2E}{\lambda^2}=\frac{\pi^2\times200\times10^3}{82.9^2}=287.2\ \text{MPa}$

稳定许用应力 $[\sigma_{st}]=\frac{\sigma_{cr}}{n_{st}}=\frac{287.2}{4}=71.8\ \text{MPa}$

(3)校核 BD 杆的稳定性

工作应力 $\sigma=\frac{F_{BD}}{A}=\frac{106.67\times10^3}{32.837\times10^2}=32.48\ \text{MPa}<[\sigma_{st}]$

所以 BD 杆满足稳定条件。

【例 9-9】 如图 9-7 所示结构中，梁 ABC 由 25b 工字钢制成，材料为 Q235 钢，$E=200$ GPa，$[\sigma]=160$ MPa。柱 BD 为圆木，直径 $d=160$ mm，$[\sigma]=10$ MPa。试校核梁的强度和柱的稳定性。

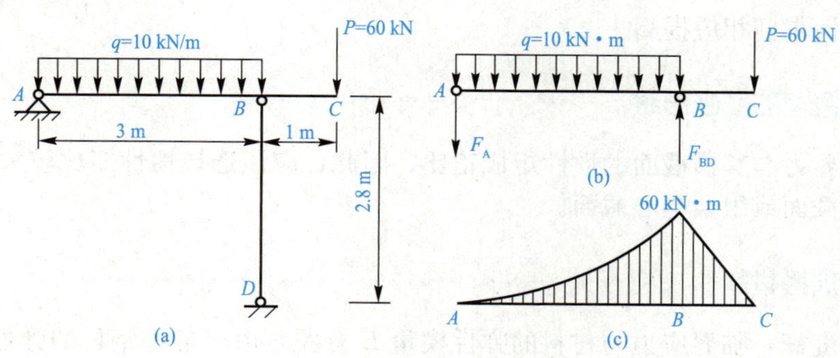

图 9-7

【解】 (1)分析梁 ABC 的受力，求 BD 杆的轴力。取梁 ABC 为研究对象，受力如图 9-7(b)所示，列平衡方程

$$\sum M_A(F)=0 \quad F_{BD}\times 3-q\times 3\times 1.5-P\times(3+1)=0$$

$$F_{BD}\times 3-10\times 3\times 1.5-60\times 4=0，得 F_{BD}=95\ \text{kN}$$

(2)作梁 ABC 的弯矩图如图 9-7(c)所示，得 $M_{max}=60\ \text{kN}\cdot\text{m}$。

(3)校核梁 ABC 的强度。

查型钢表，25b 号工字钢的截面参数 $W_z=422.72\ \text{cm}^3$

$$\sigma_{max}=\frac{M_{max}}{W_z}=\frac{60\times 10^6}{422.72\times 10^3}=141.9(\text{MPa})<[\sigma]$$

所以满足强度条件。

(4)校核柱 BD 的稳定性。

$\lambda=\frac{\mu l}{i}=\frac{1\times 2\ 800}{\frac{160}{4}}=70$，查表得 $\varphi=0.575$

$$\sigma=\frac{F_{BD}}{A}=\frac{95\times 10^3}{\frac{\pi}{4}\times 160^2}=4.73\ \text{MPa}<\varphi[\sigma]=5.75\ \text{MPa}$$

所以满足稳定性。

第四节　提高压杆稳定性的措施

从前面几节内容可知，影响压杆稳定性的主要因素有：压杆的截面形状、长度、两端的约束条件以及材料的性质等。要提高压杆的稳定性，可采取以下四个措施。

一、减小压杆的长度

由临界力公式可知，压杆的临界力与压杆长度的平方成反比，所以减小压杆长度是提高压杆稳定性的有效措施之一。在条件许可时，尽量减小压杆长度或在压杆中间增加支撑。

二、改善杆端支承条件

在结构条件允许的情况下，加强杆端支承，可减小长度系数，从而使临界应力增大，使压杆的稳定性得到相应提高。

三、选择合理的截面形状

压杆的临界力与其横截面的惯性矩成正比，因此，应该选择惯性矩比较大的截面形状。例如选用空心截面或组合空心截面。

四、合理选择材料

对于大柔度杆，临界应力与材料的弹性模量 E 有关，由于各种钢材的弹性模量 E 值相

差不大，因此，对于大柔度杆，采用优质钢材并不能提高压杆的稳定性。而对于中柔度杆，临界应力与材料强度有关，选择高强度钢材有助于提高压杆的稳定性。

小实验

用一张 A4 纸，分别卷成 210 mm 和 297 mm 高的柱子(柱子外面可用胶带绑一下)，在柱子顶部放置重物，观察在放置相同重量的重物时，哪根柱子先发生折弯(失稳)。

思考题

9-1　压杆的稳定平衡与不稳定平衡是指什么状态?

9-2　压杆的稳定性是指____。

9-3　对于短粗压杆来说，只要满足________就能正常工作；而对于细长压杆来说，首先必须满足________。

9-4　压杆失稳时的压力比强度不足而破坏时的压力________。

9-5　临界平衡状态实质上是一种________的平衡状态，即由过渡到________的一种平衡状态。

9-6　压杆稳定的关键是控制压杆的________，要使压杆承受的轴向压力________于临界力，从而保证压杆的稳定性。

9-7　欧拉公式的适用范围是________，欧拉公式的两个表达式是________或________。

9-8　柔度也叫作长细比，用 λ 表示，$\lambda=$________，λ 与____________________有关。

9-9　压杆的稳定计算通常采用两种方法，即________和________。

9-10　提高压杆稳定性的措施主要有________、________、________、________。

9-11　非细长杆如果误用欧拉公式计算临界力，其结果比该杆的实际临界力________。

9-12　正方形截面杆，截面边长 a 和杆长 l 成比例增加，则它的柔度 λ(　　)。

A. 成比例增加　　B. 保持不变　　C. 按 $\left(\frac{l}{a}\right)^2$ 变化　D. 按 $\left(\frac{a}{l}\right)^2$ 变化

9-13　压杆下端固定，上端与水平弹簧相连，如思考题 9-13 图所示，则长度系数(　　)。

A. $\mu\leqslant 0.5$　　　　B. $0.5\leqslant\mu\leqslant 0.7$

C. $0.7\leqslant\mu\leqslant 2$　　　　D. $\mu\leqslant 2$

思考题 9-13 图

9-14　两根细长压杆，横截面面积相等，其中一个为正方形截面，另一个为圆形截面，其他条件均相同，则横截面为________的柔度大，横截面为________的临界力大。

9-15　矩形截面细长压杆，$h=2b$；若将 b 改为 h 后仍为细长杆，则临界力 P_{cr} 是原来的________倍。

习题解答

习　题

9-1　习题 9-1 图所示为一端固定、一端自由的压杆，长度 $l=1$ m，材料的弹性模量 $E=200$ GPa。试计算图示三种截面的临界力。

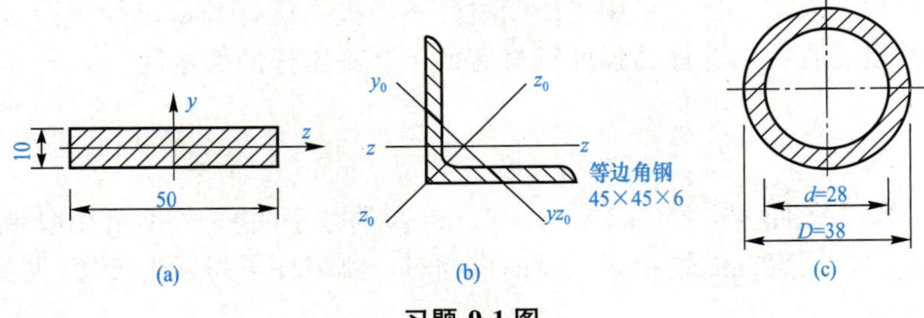

习题 9-1 图

9-2　某细长压杆，两端铰支，材料的弹性模量 $E=200$ GPa，试用欧拉公式分别计算下列三种情形的临界力：

(1)圆形截面，直径 $d=25$ mm，$l=1$ m。

(2)矩形截面，$b=20$ mm，$h=40$ mm，$l=1$ m。

(3)工字钢 16 号，$l=2$ m。

9-3　习题 9-3 图所示的压杆，截面为 22b 号工字钢，材料为 Q235 钢，材料的弹性模量 $E=210$ GPa。试求其工作安全系数 n_g。

9-4　习题 9-4 图所示，托架中撑杆 CD 为圆木，直径 $d=160$ mm，AB 杆承受均布荷载 $q=50$ kN/m。木材的许用应力$[\sigma]=10$ MPa，试校核 CD 杆的稳定性。

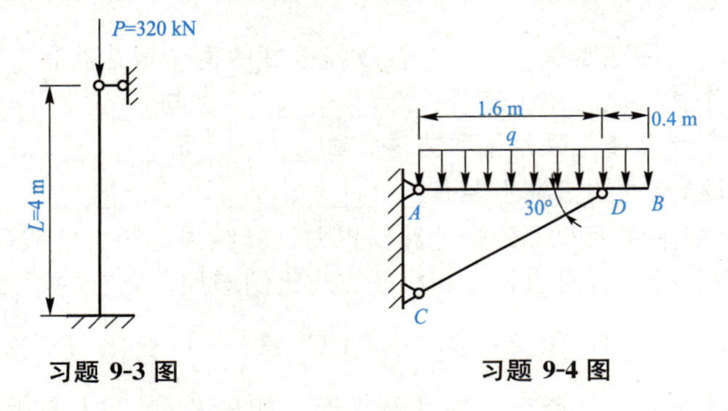

习题 9-3 图　　**习题 9-4 图**

9-5　习题 9-5 图所示，结构中 AB、AC 是两根直径相同的圆截面杆，材料均为 Q235 钢，直径 $d=20$ mm，材料的许用应力$[\sigma]=170$ MPa。荷载 $P=15$ kN，$h=400$ mm，试校核 AB 杆、AC 杆的稳定性(只考虑纸平面内)。

9-6　习题 9-6 图所示的组合结构中，横梁 AB 的截面为矩形，$b=40$ mm，$h=60$ mm。撑杆 CD 的截面为圆形，直径 $d=20$ mm，材料为 Q235 钢，$E=200$ GPa，稳定安全系数 $n_{st}=3$。若横梁 AB 的最大弯曲应力 $\sigma=140$ MPa，试校核撑杆 CD 的稳定性。

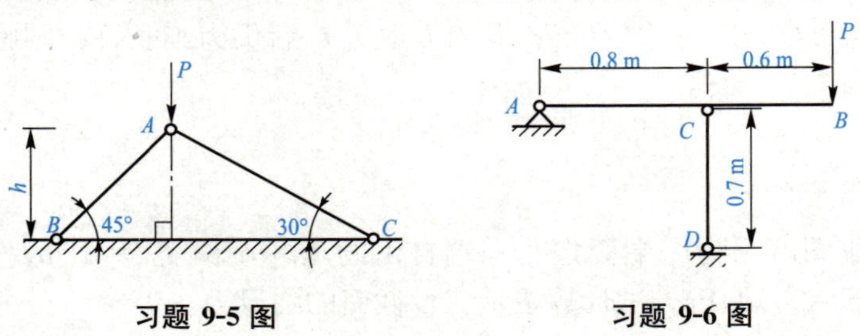

习题 9-5 图　　**习题 9-6 图**

9-7　习题 9-7 图所示的结构中，AC 为钢圆杆，直径 $d=10$ mm，材料为 Q235 钢，$[\sigma]=160$ MPa，BD 为铸铁圆杆，直径 $d=60$ mm，$[\sigma]=10$ MPa。试求结构的许可荷载$[q]$。

9-8　习题 9-8 图所示的组合结构中，竖杆 DF 为正方形截面木杆，边长 $a=100$ mm，材料的许用应力$[\sigma]=10$ MPa。试校核 DF 杆的稳定性。

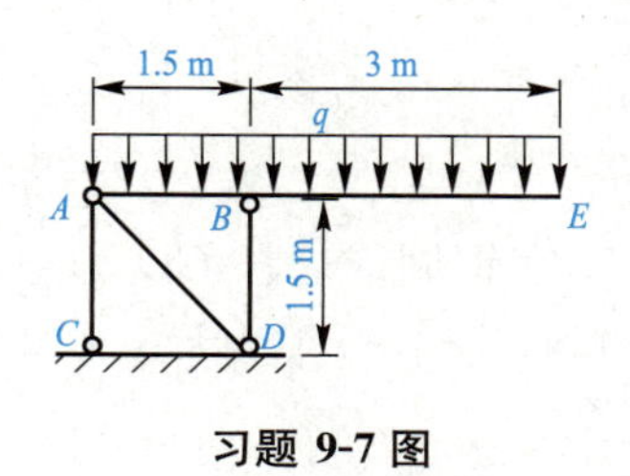

习题 9-7 图

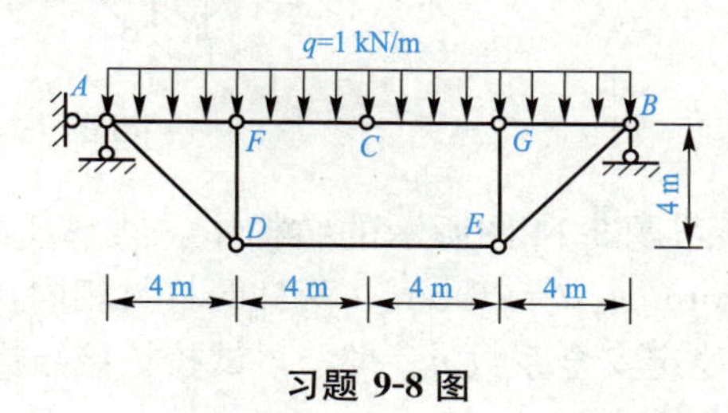

习题 9-8 图

9-9　习题 9-9 图所示，压杆由工字钢制成，$F=300$ kN，材料为 Q235 钢，许用应力$[\sigma]=160$ MPa。试选择工字钢型号。

9-10　习题 9-10 图所示的支架中，$q=30$ kN/m，撑杆 CD 为圆截面木杆，两端铰支，材料的许用应力$[\sigma]=10$ MPa。试求撑杆所需的直径 d 。

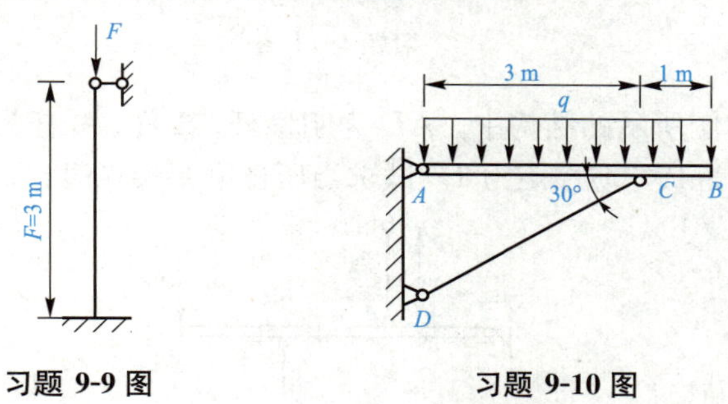

习题 9-9 图　　　　习题 9-10 图

9-11　习题 9-11 图所示的结构中，AB 为刚性梁。CD 为圆杆，直径 $d=50$ mm，材料为 Q235 钢，材料的弹性模量 $E=200$ GPa，$\lambda_P=100$，试求该结构的临界荷载 F。

9-12　习题 9-12 图所示的正方形结构，由五根材料、截面均相同的圆杆组成，杆的直径 $d=30$ mm。材料的弹性模量 $E=210$ GPa，$\sigma_P=210$ MPa，$[\sigma]=100$ MPa，稳定安全系数 $n_{st}=3$。试求此结构的许可荷载$[F]$。

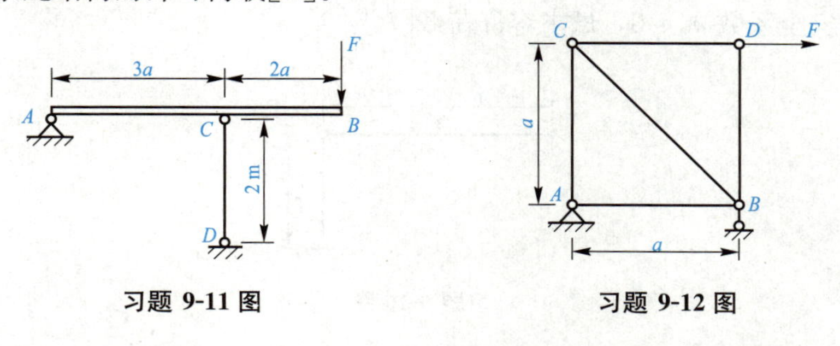

习题 9-11 图　　　　习题 9-12 图

9-13　习题 9-13 图所示的支架中，杆 AC、杆 BC 均为圆截面杆，材料均为 Q235 钢，许用应力$[\sigma]=170$ MPa。试设计两杆的直径。

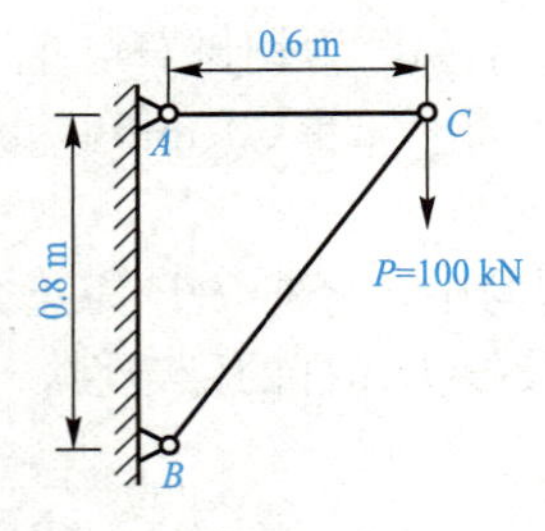

习题 9-13 图

9-14　习题 9-14 图所示的结构中，梁 AB 由 14 号工字钢制成，杆 CD 为空心圆截面杆，D=36 mm，d=26 mm。两杆的材料相同，P=12 kN，$[\sigma]$=160 MPa，E=200 GPa，λ_P=100，稳定安全系数 n_{st}=2.5，试校核该结构是否安全。

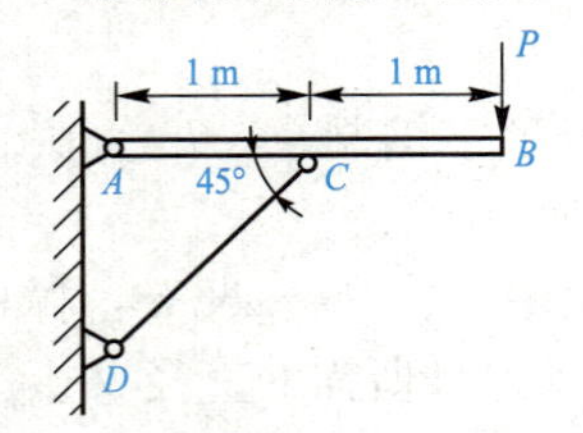

习题 9-14 图

9-15　习题 9-15 图所示的结构中，AD 为刚性杆。1 杆、2 杆为细长杆，两杆的弹性模量为 E，横截面面积为 A，惯性矩为 I。试求当压杆刚要失稳时，F 为多大？

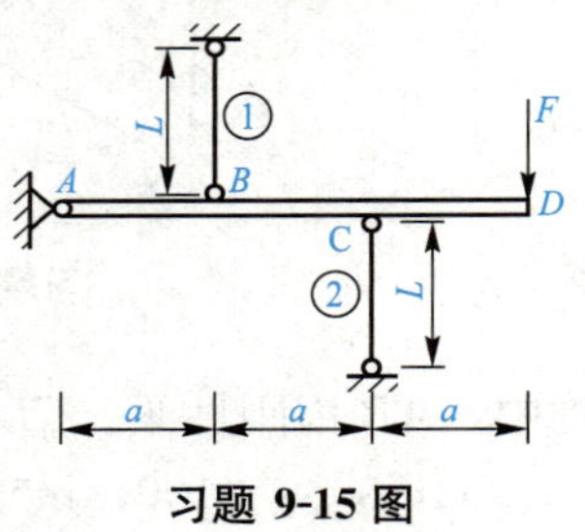

习题 9-15 图

9-16　习题 9-16 图所示的梁柱结构，材料均为 Q235 钢。梁 AB 由 16 号工字钢制成，柱 BC 为 d=60 mm 的圆杆。已知 E=200 GPa，σ_P=200 MPa，σ_S=200 MPa，强度安全系数 n=2，稳定安全系数 n_{st}=3，试求容许荷载$[P]$。

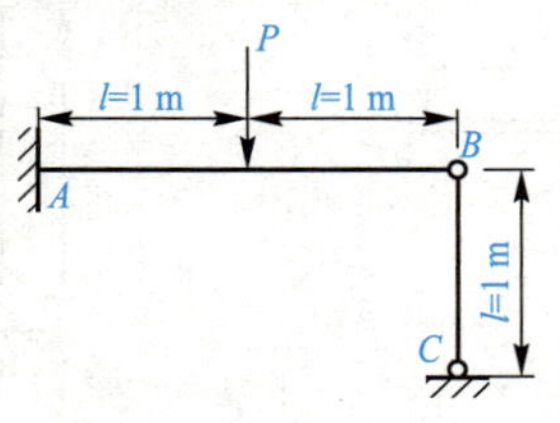

习题 9-16 图

第十章　静定结构的内力分析

学习目标

1. 了解结构的几何组成分析。
2. 掌握多跨静定梁的内力计算。
3. 掌握静定平面刚架的内力计算。
4. 掌握静定平面桁架的内力计算。
5. 熟悉三铰拱的内力计算。
6. 了解静定组合结构的内力计算。

技能目标

1. 在计算多跨静定梁的内力之前，要分清主从关系。多跨静定梁的内力计算方法和顺序可归纳如下：

(1)确定层次，拆成单跨梁。

(2)先算出附属部分。由静力平衡方程求出支座反力及铰接点处的约束反力。

(3)再算基本部分。将附属部分上的约束反力反向加在基本部分上，由静力平衡方程求出支座反力或约束反力。

(4)依次绘制各单跨梁的剪力图、弯矩图、轴力图。

(5)将各单跨梁的内力图连成一体，即为多跨静定梁的内力图。

注意：外力作用在基本部分时，附属部分不受力；外力作用在附属部分时，附属部分和基本部分都受力。

2. 静定平面刚架的内力计算可归纳如下：

(1)计算支座反力。一般悬臂刚架可不计算支座反力；简支刚架取整体为研究对象，列静力平衡方程求解支座反力；三铰刚架取整体和一半或分别取两半部分为研究对象，列静力平衡方程求解支座反力；组合刚架先计算附属部分，再计算基本部分。

(2)用截面法(控制点法)计算刚架各控制点的内力值。

(3)逐杆绘制剪力图、弯矩图、轴力图(按内力图规律绘制)。

(4)校核内力图。一般取刚架上的某个结点为研究对象，校核节点处的静力平衡条件。

注意：绘制内力图时先画剪力图，然后根据剪力图画弯矩图，最后再画轴力图。

3. 计算静定平面桁架的内力时，首先要判断出零杆，然后运用结点法、截面法或联合运用两者计算内力。

4. 计算三铰拱的内力时，一定要注意水平推力的计算，因为水平推力是计算三铰拱截面上内力的基础。

5. 计算混合结构的内力时，要分清杆件的组成类型：一类是桁架类杆，只受轴力；另一类是刚架类杆，承受弯矩、剪力、轴力。

第一节　多跨静定梁

多跨静定梁是由若干个单跨梁用铰相连，并与基础相连而成的静定结构。多跨静定梁在工程中广泛使用，如公路桥梁和房屋建筑中的木檩条等常采用这种结构。如图 10-1 所示为一用于公路桥的多跨静定梁。

多跨静定梁可以分为基本部分和附属部分。图 10-1 所示的多跨静定梁中，AB 部分和 CD 部分均可不依赖于其他部分而独立地保持其几何不变的性质，称为基本部分。而 BC 部分必须依赖 AB 和 CD 这两个基本部分才能维持其几何不变的性质，所以称为附属部分。

我们可以用层叠图表明基本部分和附属部分间的支承关系，把基本部分画在下层，把附属部分画在上层，如图 10-1(c)所示。

对多跨静定梁进行受力分析可以发现，当荷载作用于基本部分时，只有基本部分受力，附属部分不受力；当荷载作用于附属部分时，不仅附属部分受力，与之相连的基本部分也受力。由此可知，在计算多跨静定梁时，应先计算附属部分的内力和反力，然后计算基本部分的内力和反力。每一部分的内力、反力计算与前面所学的单跨静定梁的计算完全相同。

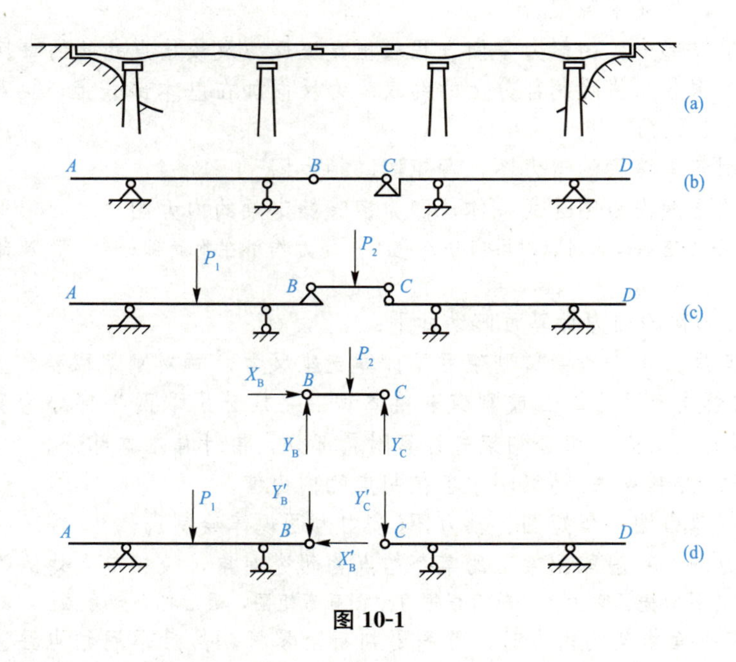

图 10-1

【例 10-1】 作图 10-2 所示多跨静定梁的剪力图和弯矩图。

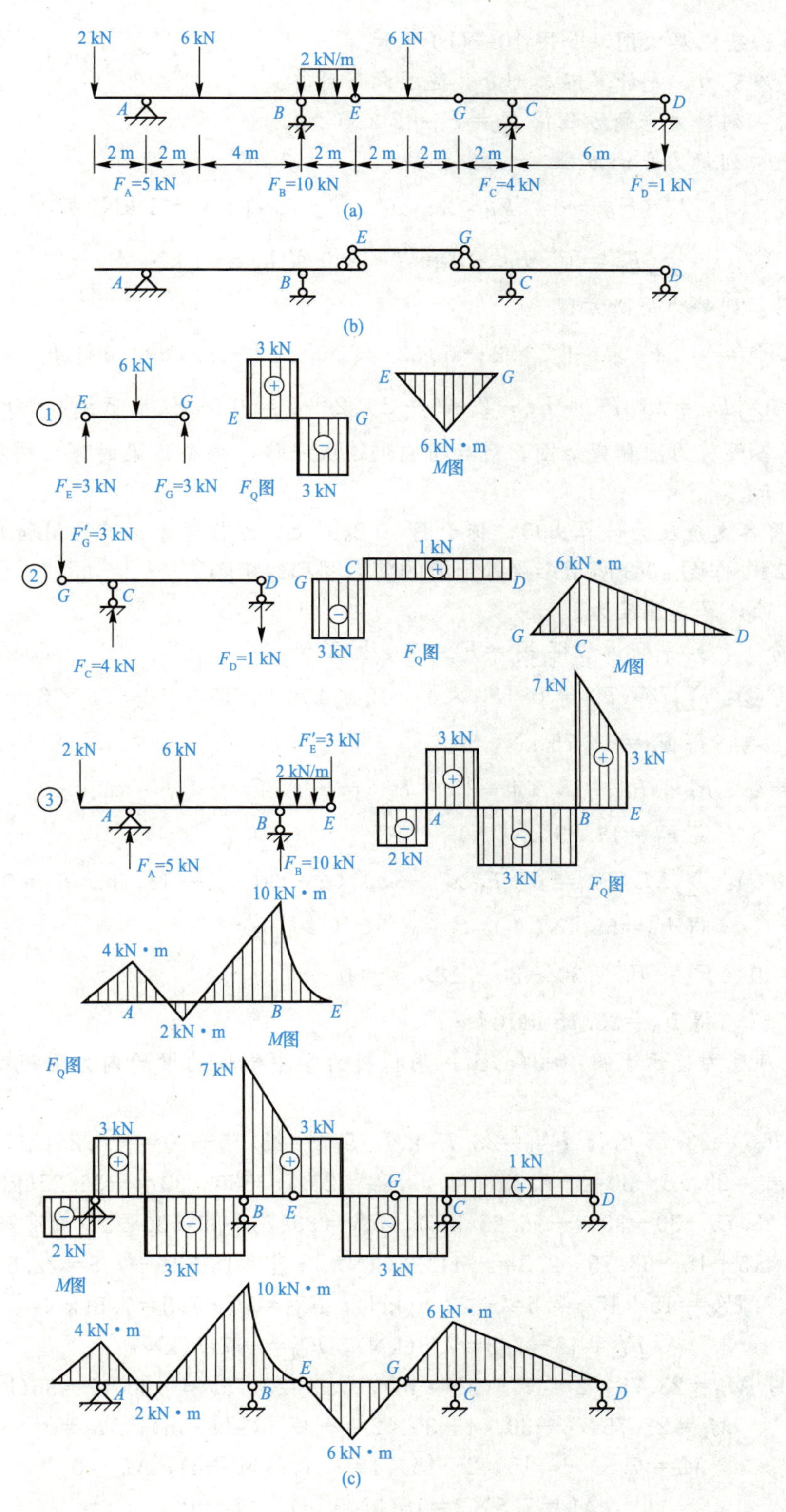
2 kN
6 kN
2 kN/m
6 kN
A
B
E
G
C
D
2 m
2 m
4 m
2 m
2 m
2 m
2 m
6 m
F_A=5 kN
F_B=10 kN
F_C=4 kN
F_D=1 kN
(a)
E
G
A
B
C
D
(b)
6 kN
E
G
F_E=3 kN
F_G=3 kN
3 kN
3 kN
F_Q图
E
G
6 kN·m
M图
F'_G=3 kN
G
C
D
F_C=4 kN
F_D=1 kN
1 kN
3 kN
F_Q图
6 kN·m
M图
2 kN
6 kN
F'_E=3 kN
2 kN/m
A
B
E
F_A=5 kN
F_B=10 kN
7 kN
3 kN
3 kN
2 kN
3 kN
F_Q图
10 kN·m
4 kN·m
2 kN·m
M图
F_Q图
7 kN
3 kN
3 kN
1 kN
2 kN
3 kN
3 kN
M图
10 kN·m
4 kN·m
6 kN·m
2 kN·m
6 kN·m
(c)

图 10-2

【解】 (1)绘出层次图，如图 10-2(b)所示。

(2)求支座反力。先计算附属部分，逐层向下计算。

①EG 段：列静力平衡方程得 $F_E=F_G=3\ \text{kN}(\uparrow)$

②GD 段：列静力平衡方程

$$\sum M_C(F)=0 \quad F'_G\times 2-F_D\times 6=0 \text{ 得 } F_D=1\ \text{kN}(\downarrow)$$

$$\sum F_y=0 \quad F_C-F'_G-F_D=0 \text{ 得 } F_C=4\ \text{kN}(\uparrow)$$

③AE 段：列静力平衡方程

$$\sum M_A(F)=0 \quad F_B\times 6+2\times 2-6\times 2-2\times 2\times 7-3\times 8=0 \text{ 得 } F_B=10\ \text{kN}(\uparrow)$$

$$\sum F_y=0 \quad F_A+F_B-2-6-2\times 2-3=0 \text{ 得 } F_A=5\ \text{kN}(\uparrow)$$

(3)绘制各段剪力图和弯矩图，最后将它们连成一体，得整体梁的剪力图和弯矩图，如图 10-2(c)所示。

说明：将各支座反力计算出后，标于图 10-2(a)上，这样便于画剪力图和弯矩图。

【例 10-2】 作图 10-3 所示多跨静定梁的剪力图和弯矩图。

【解】 (1)计算支座反力。

附属部分①：列平衡方程得 $F_D=F_G=7.5\ \text{kN}(\uparrow)$

附属部分②：$\sum M_E(F)=0 \quad F_C\times 4-15\times 4\times 2-15\times 6-7.5\times 6=0$

得 $F_C=63.75\ \text{kN}(\uparrow)$

$\sum F_y=0 \quad F_E+F_C-15\times 4-15-7.5=0$

得 $F_E=18.75\ \text{kN}(\uparrow)$

基本部分③：$\sum M_A(F)=0 \quad F_B\times 6-30\times 2-30\times 4-18.75\times 8=0$

得 $F_B=55\ \text{kN}(\uparrow)$

$\sum F_y=0 \quad F_A+F_B-30-30-18.75=0$

得 $F_A=23.75\ \text{kN}(\uparrow)$

(2)将支座反力标示于图 10-3(a)上，用材料力学中学过的梁的内力图规律求出各控制点的内力值。

$$F_{QA}=23.75\ \text{kN},\ F_{QH}^{左}=23.75\ \text{kN},\ F_{QH}^{右}=23.75-30=-6.25(\text{kN})$$

$$F_{QK}^{左}=23.75-30=-6.25(\text{kN}),\ F_{QK}^{右}=23.75-30-30=-36.25(\text{kN})$$

$$F_{QB}^{左}=23.75-30-30=-36.25(\text{kN}),\ F_{QB}^{右}=23.75+55-30-30=18.75(\text{kN})$$

$$F_{QC}^{左}=15+15-63.75-7.5=-41.25(\text{kN}),\ F_{QC}^{右}=15+15-7.5=22.5(\text{kN})$$

$$F_{QG}^{左}=15+15-7.5=-22.5(\text{kN}),\ F_{QG}^{右}=15-7.5=7.5(\text{kN})$$

$$F_{QJ}^{左}=15-7.5=7.5(\text{kN}),\ F_{QJ}^{右}=-7.5(\text{kN})$$

$$M_A=0,\ M_H=23.75\times 2=47.5(\text{kN}\cdot\text{m}),\ M_K=23.75\times 4-30\times 2=35(\text{kN}\cdot\text{m})$$

$$M_B=23.75\times 6-30\times 4-30\times 2=-37.5(\text{kN}\cdot\text{m}),\ M_E=0$$

$$M_C=7.5\times 6-15\times 2-15\times 4=-45(\text{kN}\cdot\text{m}),\ M_G=0$$

$$M_J=7.5\times 2=15(\text{kN}\cdot\text{m}),\ M_D=0$$

E、G 为铰接点，铰接点处的弯矩为零。

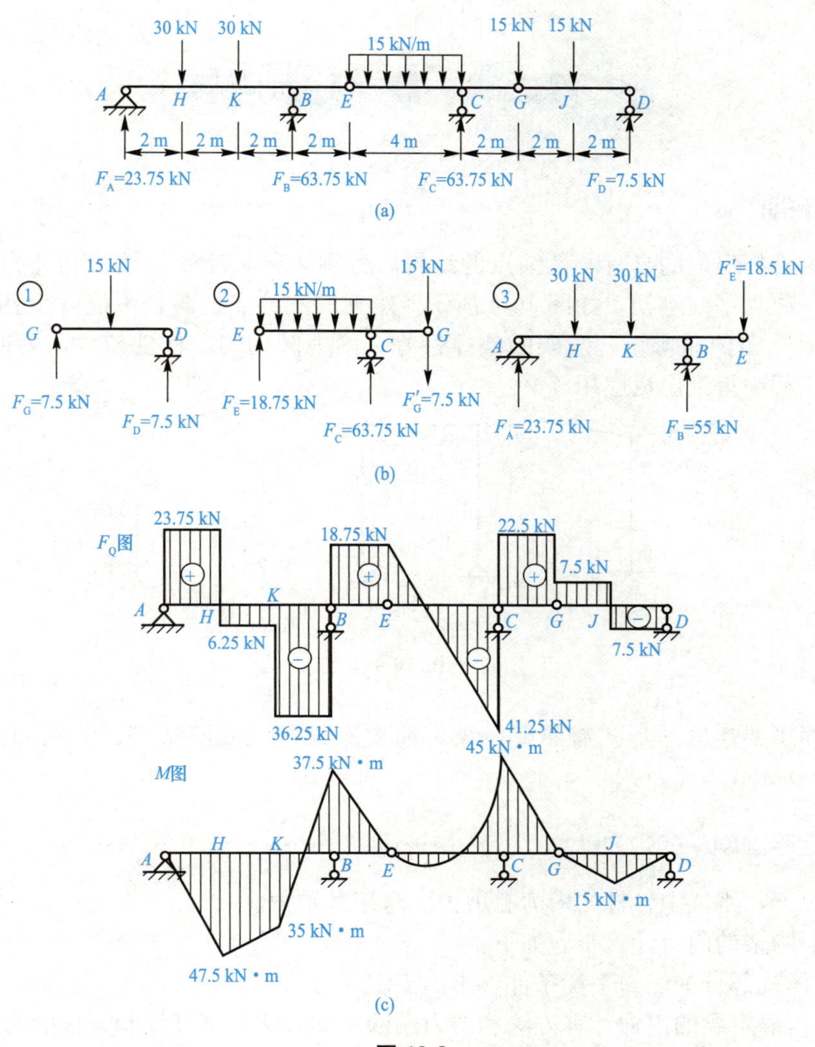

图 10-3

(3)作出整体梁的剪力图和弯矩图，如图 10-3(c)所示。

由上述例题可大致归纳出多跨静定梁的内力计算步骤及一些注意事项。

计算步骤：

(1)画出层次图，拆分单跨梁。

(2)依次计算单跨梁，绘制单跨梁的内力图。

(3)将各单跨梁的内力图连成一体，即为多跨静定梁的内力图。

注意：

(1)画层次图、受力传递图时，各梁上除作用有荷载外，还有上层传来的支座反力，并要注意作用与反作用的关系。

(2)内力图画在原结构简图上。

第二节 静定平面刚架

一、刚架的概念

刚架是由直杆组成的具有刚性结点的结构。若刚架所有杆件的轴线和外力作用线都在同一平面内，称为平面刚架，如图 10-4 所示。刚架的刚结点处各杆不能发生相对转动，而刚结点可以承受和传递弯矩，刚架的整体性好，内力较均匀，杆件较少，内部空间较大，所以刚架在工程中得到广泛应用。

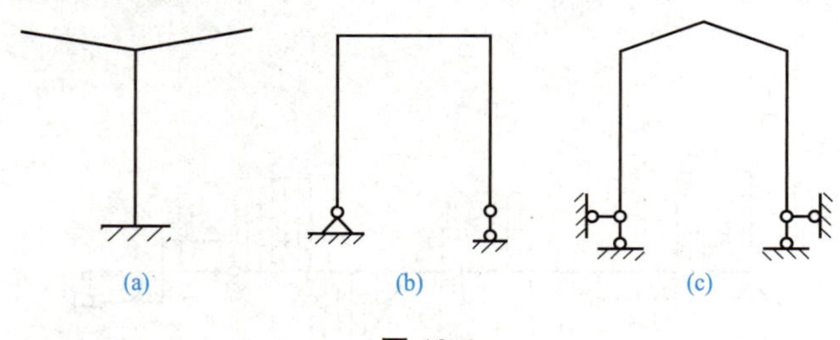

图 10-4

静定平面刚架常见的形式有悬臂刚架、简支刚架及三铰刚架等，分别如图 10-4 中的(a)、(b)、(c)所示。

二、静定平面刚架的内力计算

一般情况下，刚架中各杆的内力有剪力、弯矩和轴力。

静定平面刚架的内力计算步骤如下：

(1)由整体或部分的静力平衡条件，求出支座反力。

(2)按单跨静定梁的内力计算方法和内力图的绘制方法，逐杆绘制各杆的内力图。

(3)将各杆的内力图连在一起，即得整个刚架的内力图。

在计算刚架的内力时，弯矩通常不规定正负号，只规定弯矩图须画在杆件的受拉一侧。剪力和轴力的正负号规定具体为：剪力以绕隔离体内侧顺时针转动趋势为正，反之为负；轴力以拉力为正，压力为负。剪力图和轴力图可以画在杆件的任一侧，但必须标明正、负号。

为明确表示刚架上不同截面的内力，尤其是区分汇交于同一刚结点的各杆截面的内力，通常给内力符号加两个角标，第一个角标表示内力所属截面，第二个角标表示该截面所属杆件的另一端。例如，AB 杆的 A 端弯矩写作 M_{AB}，B 端弯矩写作 M_{BA}，AB 杆的 A 端剪力写作 F_{QAB}，B 端剪力写作 F_{QBA} 等。

【例 10-3】 计算如图 10-5 所示刚架的支座反力，并作内力图。

【解】 (1)计算支座反力。取刚架整体为研究对象，受力如图 10-5(b)所示，列平衡方程

$$\sum M_A(F)=0 \quad F_B\times 8-P\times 4-F\times 4=0$$

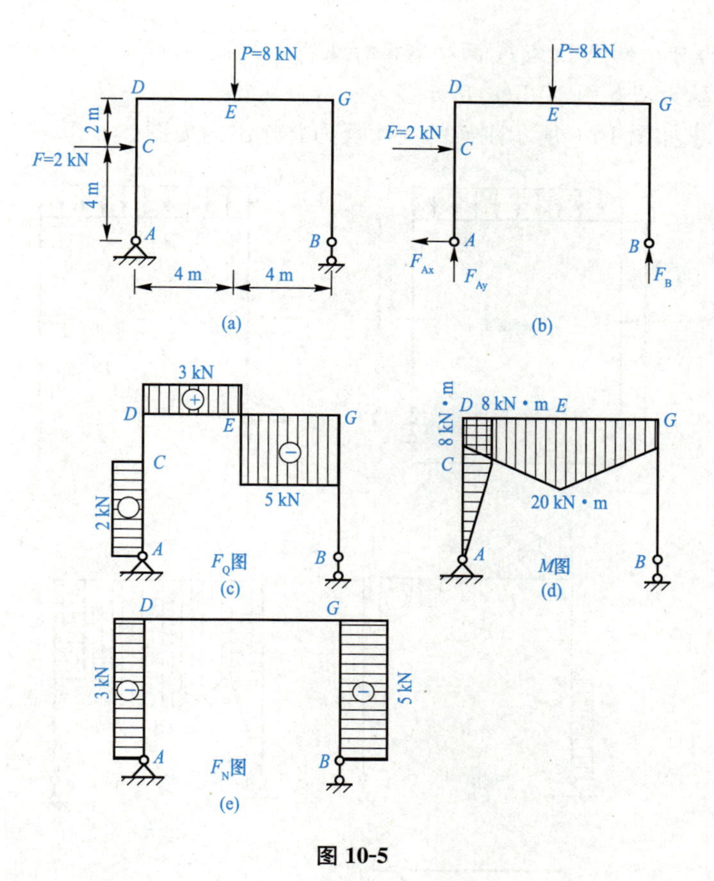

图 10-5

$$F_B\times8-8\times4-2\times4=0 \text{ 得 } F_B=5\ \text{kN}(\uparrow)$$

$$\sum F_y=0 \quad F_{Ay}+F_B-P=0$$

$$F_{Ay}+5-8=0 \text{ 得 } F_{Ay}=3\ \text{kN}(\uparrow)$$

$$\sum F_x=0 \quad F-F_{Ax}=0 \text{ 得 } F_{Ax}=F=2\ \text{kN}(\leftarrow)$$

(2)作剪力图。可参照材料力学中直接法求剪力的方法计算杆端剪力：

$$F_{QAC}=F_{QCA}=2\ \text{kN},\ F_{QCD}=F_{QDC}=F_{Ax}-F=2-2=0$$

$$F_{QDE}=F_{QED}=F_{Ay}=3\ \text{kN},\ F_{QEG}=F_{QGE}=F_{Ay}-P=-5\ \text{kN}$$

$$F_{QBG}=F_{QGB}=0$$

给出刚架的剪力图如图 10-5(c)所示。

(3)作弯矩图。可参照材料力学中直接法求弯矩的方法计算杆端弯矩：

$$M_{AC}=0,\ M_{CA}=2\times4=8(\text{kN}\cdot\text{m})(\text{右拉}),\ M_{CD}=M_{DC}=8\ \text{kN}\cdot\text{m}(\text{右拉})$$

$$M_{DE}=8\ \text{kN}\cdot\text{m}(\text{下拉}),\ M_{ED}=3\times4+2\times6-2\times2=20(\text{kN}\cdot\text{m})(\text{下拉})$$

$$M_{EG}=20\ \text{kN}\cdot\text{m}(\text{下拉}),\ M_{GE}=0$$

$$M_{BG}=M_{GB}=0$$

绘出刚架的弯矩图如图 10-5(d)所示。

(4)作轴力图。AD、BG 两杆的轴力可由 A、B 的支座反力求得

$$F_{NAD}=-3\ \text{kN}(\text{压力}),\ F_{NBG}=-5\ \text{kN}(\text{压力})$$

DG 杆的轴力可由结点 D 或 G 的平衡条件求得：$F_{NDG}=0$

绘出刚架的轴力图如图 10-5(e)所示。

【例 10-4】 求如图 10-6 所示刚架的支座反力并作出内力图。

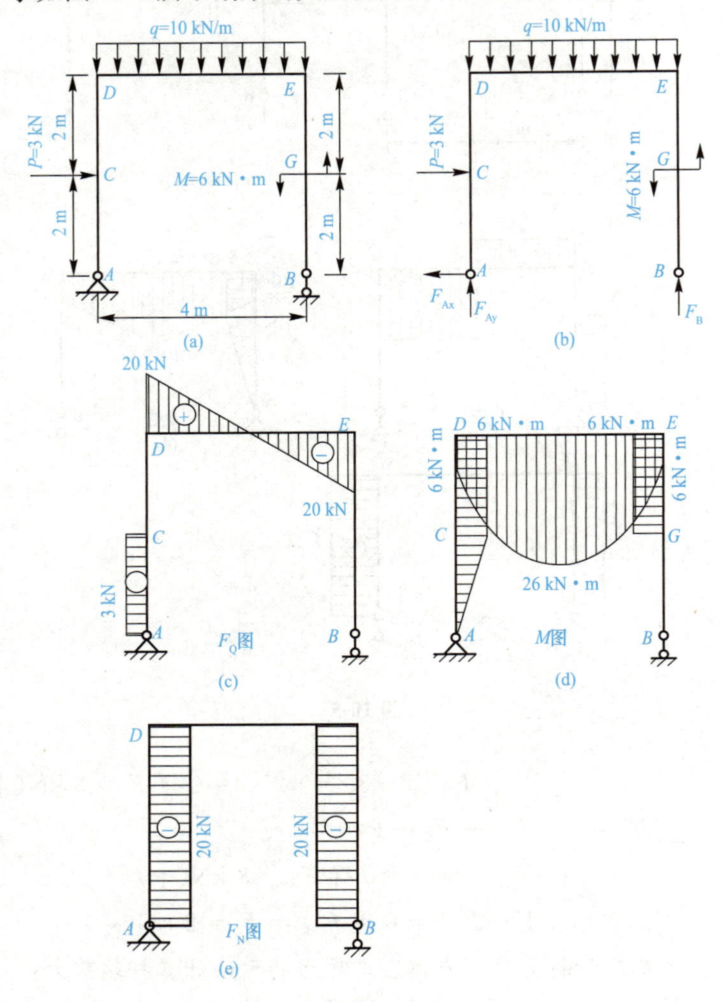

图 10-6

【解】 (1)求支座反力。取刚架整体为研究对象，受力如图 10-6(b)所示，列平衡方程

$$\sum M_A(F)=0 \quad F_B\times 4-P\times 2-q\times 4\times 2+M=0$$

$$F_B\times 4-3\times 2-10\times 4\times 2+6=0 \text{ 得 } F_B=20\ \text{kN}(\uparrow)$$

$$\sum F_y=0 \quad F_{Ay}+F_B-q\times 4=0 \text{ 得 } F_{Ay}=20\ \text{kN}(\uparrow)$$

$$\sum F_x=0 \quad P-F_{Ax}=0 \text{ 得 } F_{Ax}=3\ \text{kN}(\leftarrow)$$

(2)作剪力图。各杆端剪力计算如下

$$F_{QAC}=F_{QCA}=3\ \text{kN},\ F_{QCD}=F_{QDC}=3-3=0$$

$$F_{QDE}=F_{Ay}=20\ \text{kN},\ F_{QED}=-F_B=-20\ \text{kN}$$

$$F_{QBE}=F_{QEB}=0$$

绘出刚架的剪力图，如图 10-6(c)所示。

(3)作弯矩图。各杆端弯矩计算如下

$$M_{AC}=0，M_{CA}=F_{Ax}\times2=3\times2=6\ (kN\cdot m)(右侧)$$

$$M_{CD}=M_{DC}=6\ kN\cdot m(右侧)$$

$$M_{DE}=F_{Ax}\times4-P\times2=3\times4-3\times2=6(kN\cdot m)(下侧)$$

$$M_{ED}=M=6\ kN\cdot m(下侧)$$

$$M_{DE}^{中}=F_{Ay}\times2+F_{Ax}\times4-P\times2-q\times2\times1=26\ kN\cdot m(下侧)$$

$$M_{BG}=M_{GB}=0，M_{GE}=-6\ kN\cdot m(左侧)，M_{EG}=-6\ kN\cdot m(左侧)$$

绘出刚架的弯矩图如图 10-6(d)所示。

(4)作轴力图。AD、BE 杆的轴力可由 A、B 的支座反力求得

$$F_{NAD}=-20\ kN(压力)，F_{NBE}=-20\ kN(压力)$$

DE 杆的轴力可由结点 D 或 E 的平衡条件求得：$F_{NDE}=0$

绘出刚架的轴力图如图 10-6(e)所示。

【例 10-5】 求如图 10-7 所示三铰刚架的支座反力，并作内力图。

【解】 (1)求支座反力。

①取刚架整体为研究对象，列平衡方程

$$\sum M_A(F)=0\quad F_{By}\times8-20\times2-10\times4\times6-40=0\ 得\ F_{By}=40\ kN(\uparrow)$$

$$\sum F_y=0\quad F_{Ay}+F_{By}-20-10\times4=0\ 得\ F_{Ay}=20\ kN(\uparrow)$$

$$\sum F_x=0\quad F_{Ax}-F_{Bx}=0\ 得\ F_{Ax}=F_{Bx}$$

②取 BC 为研究对象，受力如图 10-7(b)所示。列平衡方程

$$\sum M_C(F)=0\quad F_{By}\times4-F_{Bx}\times6-10\times4\times2=0\ 得\ F_{Bx}=3.33\ kN(\leftarrow)$$

$$则\ F_{Ax}=13.3\ kN(\rightarrow)$$

为便于作内力图，将支座反力标于图 10-7(a)上。

(2)作剪力图。各杆端剪力计算如下

$$F_{QAD}=F_{QDA}=-13.3\ kN，F_{QDH}=F_{QHD}=20\ kN$$

$$F_{QHC}=F_{QCH}=F_{Ay}-20=0，F_{QCE}=0，F_{QEC}=-F_{By}=-40\ kN$$

$$F_{QBE}=F_{QEB}=13.3\ kN$$

绘出刚架的剪力图如图 10-7(d)所示。

(3)作弯矩图。各杆端弯矩计算如下

$$M_{AG}=0，M_{GA}=-F_{Ax}\times3=-40\ kN\cdot m(左侧)$$

$$M_{GD}=40-F_{Ax}\times3=40-40=0，M_{DG}=40-F_{Ax}\times6=-40\ kN\cdot m$$

$$M_{DH}=40-F_{Ax}\times6=-40\ kN\cdot m(上侧)，M_{HD}=F_{Ay}\times2+40-F_{Ax}\times6=0$$

$$M_{HC}=M_{CH}=0，M_{CE}=0，M_{EC}=-F_{Bx}\times6=-80\ kN\cdot m(上侧)$$

$$M_{BE}=0，M_{EB}=F_{Bx}\times6=80\ kN\cdot m(右侧)$$

绘出刚架的弯矩图如图 10-7(e)所示。

(4)作轴力图。由 A、B 处的支座反力可得 $F_{NAD}=-20$ kN，$F_{NBE}=-40$ kN。

由图 10-7(c)可得 $F_{NDC}=F_{NEC}=-13.3$ kN

绘出刚架的轴力图如图 10-7(f)所示。

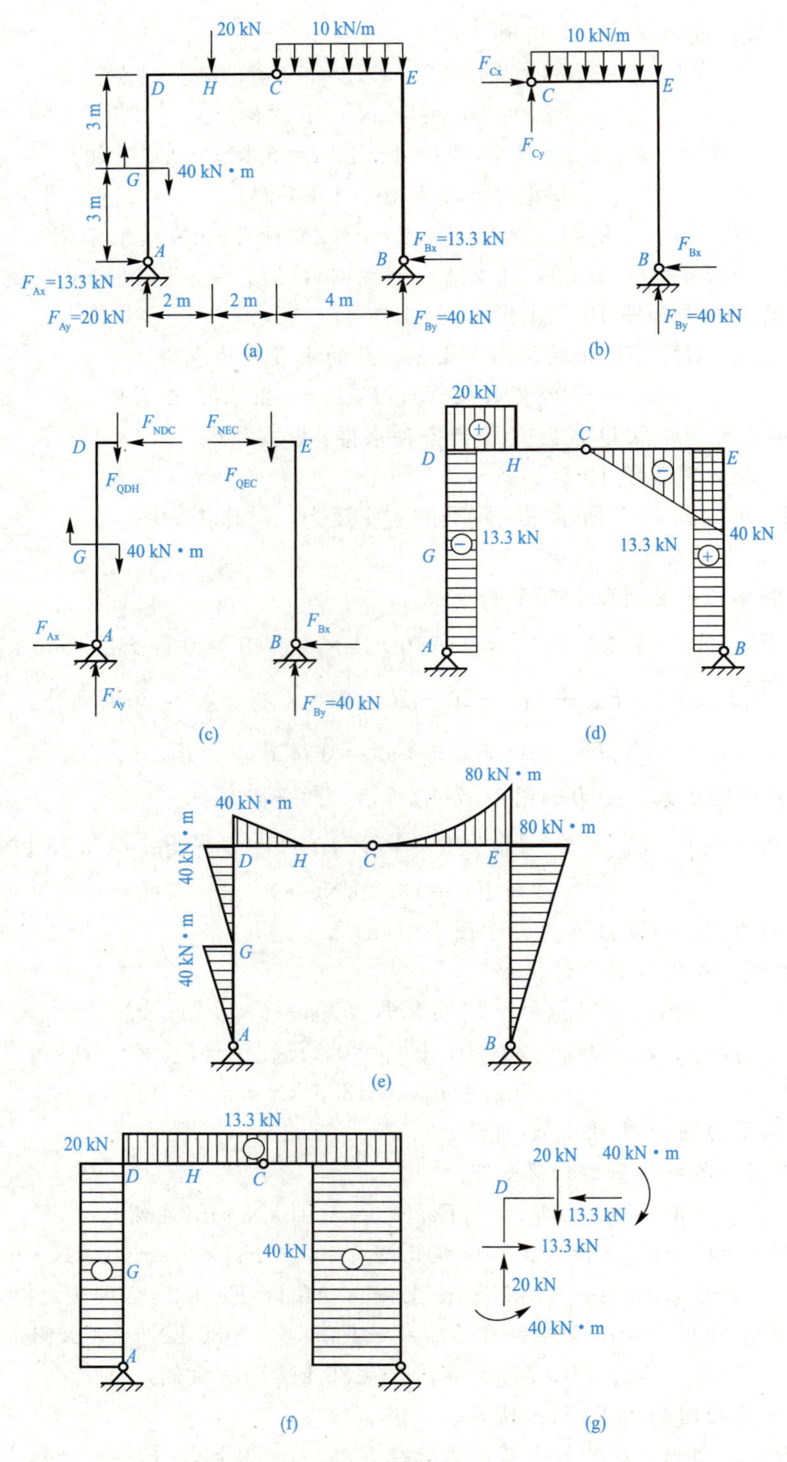
20 kN
10 kN/m
D
H
C
E
3 m
G
40 kN・m
3 m
A
F_{Ax}=13.3 kN
F_{Ay}=20 kN
2 m
2 m
4 m
B
F_{Bx}=13.3 kN
F_{By}=40 kN
(a)
10 kN/m
F_{Cx}
C
E
F_{Cy}
B
F_{Bx}
F_{By}=40 kN
(b)
D
F_{NDC}
F_{NEC}
E
F_{QDH}
F_{QEC}
G
40 kN・m
F_{Ax}
A
F_{Ay}
F_{Bx}
B
F_{By}=40 kN
(c)
20 kN
C
D
H
E
13.3 kN
G
13.3 kN
40 kN
A
B
(d)
80 kN・m
40 kN・m
80 kN・m
40 kN・m
D
H
C
E
40 kN・m
G
A
B
(e)
13.3 kN
20 kN
D
H
C
40 kN
G
A
(f)
20 kN
40 kN・m
D
13.3 kN
13.3 kN
20 kN
40 kN・m
(g)

图 10-7

(5)校核。取结点 D 为研究对象。分析结点 D 的杆端内力如图 10-7(g)所示。

$$\sum F_x = 13.3 - 13.3 = 0$$

$$\sum F_y = 20 - 20 = 0$$

$$\sum M_D = 40 - 40 = 0$$

满足平衡条件，故计算正确。

第三节　静定平面桁架

一、桁架的概念

桁架是由直杆通过铰结点连接而成的链杆体系。桁架中各杆主要承受轴力，截面上应力分布较为均匀，可以充分发挥材料的作用，因而桁架比梁能节省材料，减轻自重，在工业建筑尤其是大跨度公用建筑中的屋架、托架、檩条，以及桥梁等结构中常采用桁架结构。

在平面桁架的计算简图中，通常作如下假设：

(1)桁架中各结点均是光滑的理想铰。

(2)各杆的轴线均为直线，在同一平面内且通过铰的中心。

(3)所有荷载和支座反力均作用在结点上，并位于桁架平面内。

同时符合上述三个假设的桁架称为理想桁架，理想桁架中的各杆均为二力杆，各杆只受轴力作用。本节只讨论理想桁架的计算。

桁架中的杆件，依其所在位置不同，可分为弦杆和腹杆两类。弦杆又分为上弦杆和下弦杆，腹杆又分为斜杆和竖杆。弦杆上相邻两结点间的区间称为节间，其间距称为节间长度。两支座间的水平距离称为跨度，桁架最高点至支座连线的垂直距离称为桁高。如图 10-8 所示。

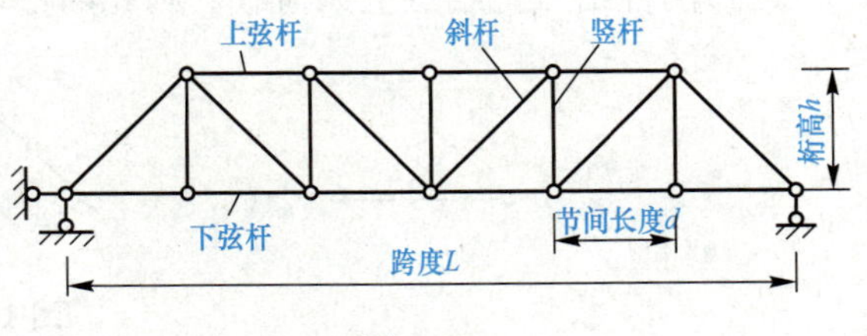

图 10-8

桁架按其外形可分为平行弦桁架[图 10-9(a)]、折线型桁架[图 10-9(b)]、三角形桁架[图 10-9(c)]、梯形桁架[图 10-9(d)]。

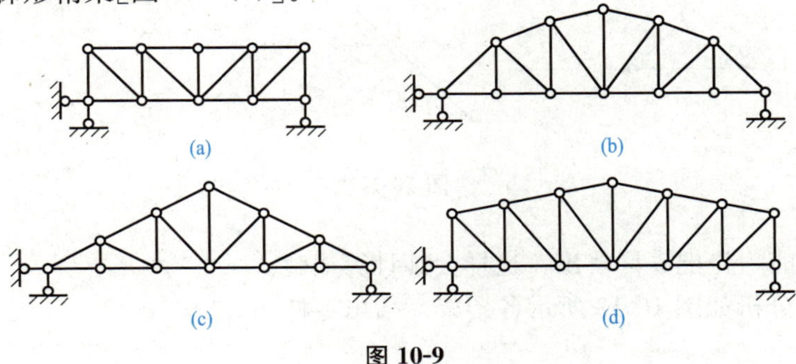

图 10-9

桁架按其几何组成方式可分为简单桁架和联合桁架。简单桁架是由一个基本的铰接三角形依次增加二元体而组成的桁架，如图 10-9(c)所示；联合桁架是由几个简单桁架按几何不变体系的组成规则联合而成的桁架，如图 10-10 所示。

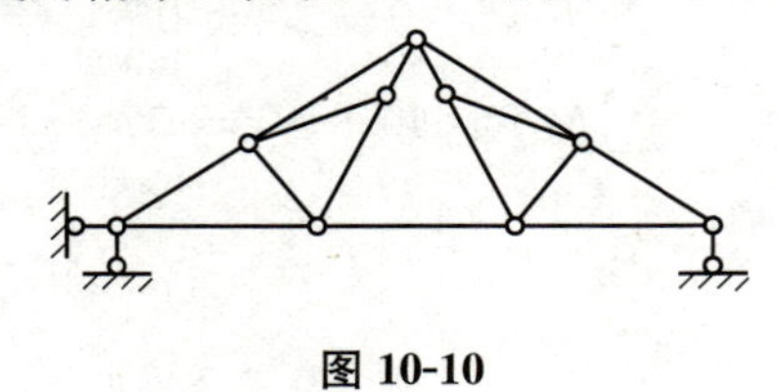

图 10-10

二、静定平面桁架的内力计算

静定平面桁架的内力计算方法有结点法、截面法、结点法和截面法的联合应用三种。

(一)结点法

1. 结点法原理

结点法是取桁架的一个结点为脱离体，利用该结点的静力平衡条件计算出该结点处各杆的内力。由于桁架中各杆只受轴力，作用于任一结点上的所有力(包括外荷载、支座反力和杆件轴力)构成一个平面汇交力系，而平面汇交力系一次只能求解两个独立的未知量，因此，所取结点的未知量数目不能超过两个。计算时，从未知量不超过两个的结点开始，依次计算，就可求出桁架中各杆的轴力。结点法适用于简单桁架。

2. 零杆的判断

桁架中轴力为零的杆件称为零杆。零杆的判断主要有下列两种情况。

(1)两杆结点，结点上无荷载，则此两杆均为零杆(图 10-11)。

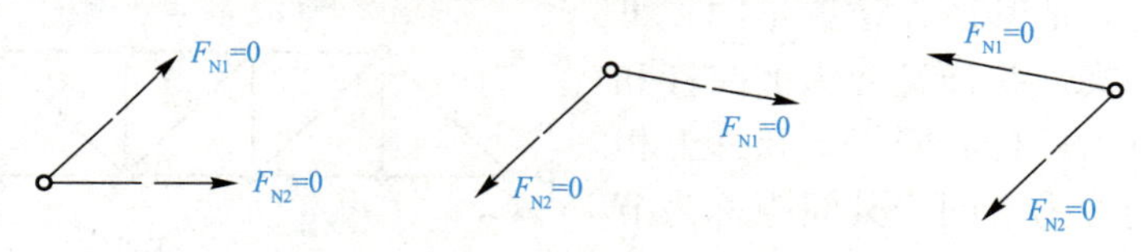

图 10-11

(2)三杆结点，结点上无荷载，且其中两杆共线，则第三杆必为零杆(图 10-12)。

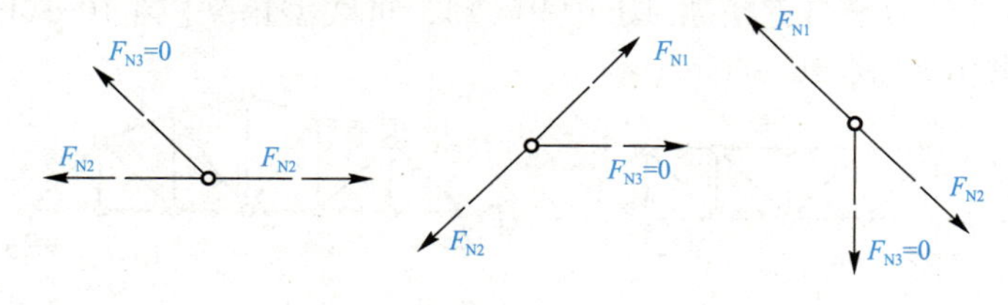

图 10-12

在计算内力前，先把零杆找出，这样会使计算简化。

【例 10-6】 分析如图 10-13 所示各桁架，指出零杆。

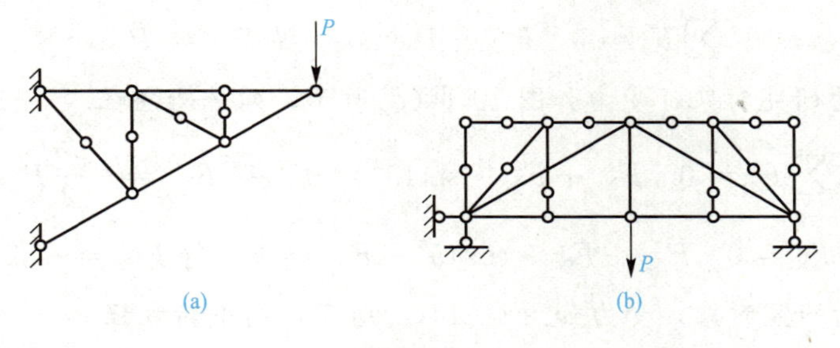

图 10-13

【解】 零杆用圆圈直接标于原图上，图 10-13(a)共有 4 个零杆，图 10-13(b)共有 10 个零杆。

【例 10-7】 求如图 10-14 所示桁架各杆的轴力。

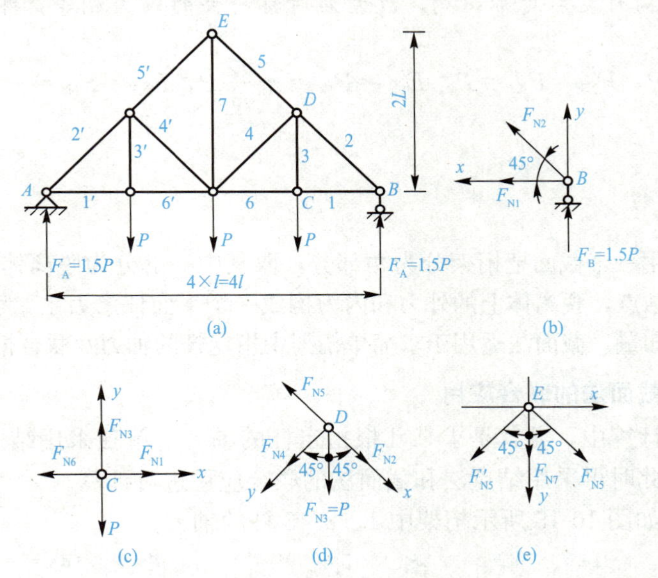

图 10-14

【解】 (1)求支座反力。取桁架整体为研究对象，由平衡方程得

$$F_A=F_B=\frac{3}{2}P(\uparrow)$$

(2)用结点法求各杆轴力。

①取结点 B 为研究对象，受力如图 10-14(b)所示，列平衡方程

$$\sum F_y=0\quad F_{N2}\cdot\sin45^\circ+F_B=0\quad 得\ F_{N2}=-\frac{3\sqrt{2}}{2}P$$

$$\sum F_x=0\quad F_{N1}+F_{N2}\cdot\cos45^\circ=0\quad 得\ F_{N1}=\frac{3}{2}P$$

②取结点 C 为研究对象，受力如图 10-14(c)所示，列平衡方程

$$\sum F_x=0\quad F_{N6}-F_{N1}=0\quad 得\ F_{N6}=\frac{3}{2}P$$

$$\sum F_y = 0 \quad F_{N3} - P = 0 \quad 得\ F_{N3} = P$$

③取结点 D 为研究对象，受力如图 10-14(d)所示，列平衡方程

$$\sum F_y = 0 \quad F_{N4} + F_{N3} \cdot \sin 45^\circ = 0 \quad 得\ F_{N4} = -\frac{\sqrt{2}}{2}P$$

$$\sum F_x = 0 \quad F_{N2} + F_{N3} \cdot \cos 45^\circ - F_{N5} = 0 \quad 得\ F_{N5} = -\sqrt{2}P$$

④取结点 E 为研究对象，受力如图 10-14(e)所示，列平衡方程

$$\sum F_x = 0 \quad F_{N5} \cdot \sin 45^\circ - F'_{N5} \cdot \sin 45^\circ = 0$$

$$\sum F_y = 0 \quad F_{N7} + F_{N5} \cdot \cos 45^\circ + F'_{N5} \cdot \cos 45^\circ = 0$$

得

$$F_{N7} = 2P,\ F'_{N5} = -\sqrt{2}P$$

由于此桁架结构为左右对称结构，故左右对称杆件的轴力相等，即 $F'_{N1} = F_{N1} = \frac{3}{2}P$，$F'_{N2} = F_{N2} = -\frac{3\sqrt{2}}{2}P$，$F'_{N3} = F_{N3} = P$，$F'_{N4} = F_{N4} = -\frac{\sqrt{2}}{2}P$，$F'_{N5} = F_{N5} = -\sqrt{2}P$，$F'_{N6} = F_{N6} = \frac{3}{2}P$。

(二)截面法

截面法是假想用一个截面把桁架分为两部分，取其中一部分为脱离体，脱离体必须包含两个或两个以上的结点，脱离体上的外力和内力构成一个平面任意力系，可列三个平衡方程，求解三个独立的未知量。截面法适用于求简单桁架中指定杆的轴力及联合桁架的计算。

(三)结点法和截面法的联合应用

在一些桁架的计算中，尤其是求某几根指定杆的轴力，单独采用结点法和截面法都不能一次求出结果，此时可采用结点法和截面法的联合应用进行计算。

【例 10-8】 求如图 10-15 所示桁架中 1、2、3 杆的轴力。

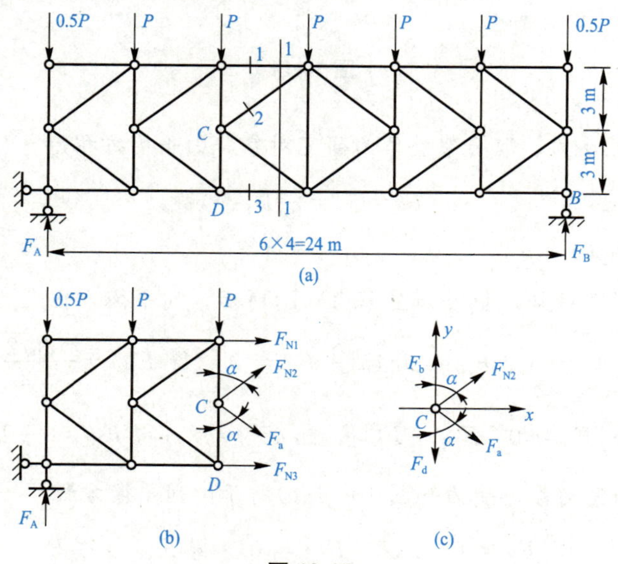

图 10-15

【解】 (1)求支座反力。此桁架为对称结构，故得

$$F_A=F_B=\frac{\frac{P}{2}+5P+\frac{P}{2}}{2}=3P(\uparrow)$$

(2)取结点 C 为研究对象，受力如图 10-15(c)所示，列平衡方程

$$\sum F_x=0 \quad F_a\cdot\sin\alpha+F_{N2}\cdot\sin\alpha=0 \text{ 得 } F_a=-F_{N2}$$

(3)取截面Ⅰ—Ⅰ以左为研究对象，受力如图 10-15(b)所示，列平衡方程

$$\sum F_y=0 \quad F_A-\frac{P}{2}-P-P+F_{N2}\cdot\cos\alpha-F_a\cdot\cos\alpha=0$$

$$\cos\alpha=\frac{3}{5}=0.6,\ \sin\alpha=\frac{4}{5}=0.8$$

得 $F_{N2}=-0.417P$(压力)，则 $F_a=0.417P$

$$\sum M_D(F)=0 \quad \frac{P}{2}\times 8+P\times 4-F_A\times 8-F_{N1}\times 6-F_{N2}\cdot\sin\alpha\times 3-F_a\cdot\sin\alpha\times 3=0$$

得 $F_{N1}=-2.67P$(压力)

$$\sum F_x=0 \quad F_{N1}+F_{N2}\cdot\sin\alpha+F_a\cdot\sin\alpha+F_{N3}=0$$

得 $F_{N3}=2.67P$(拉力)

【例 10-9】 求如图 10-16 所示桁架中 1、2、3 杆的轴力。

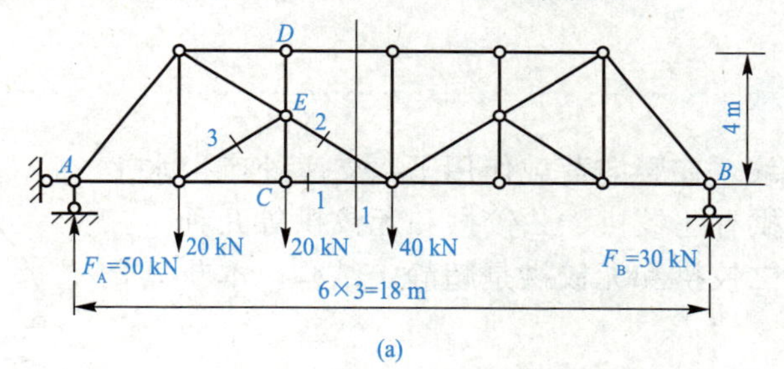

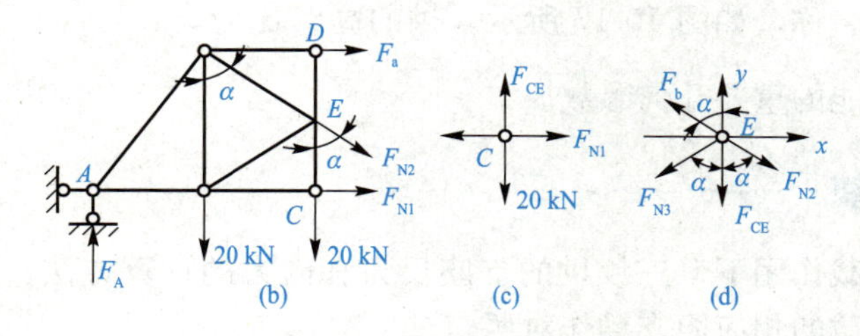

图 10-16

【解】 (1)求支座反力。取整体为研究对象，如图 10-16(a)所示，列平衡方程

$$\sum M_A(F)=0 \quad F_B\times 18-20\times 3-20\times 6-40\times 9=0$$

得 $F_B=30\ \text{kN}(\uparrow)$

$$\sum F_y=0 \quad F_A+F_B-20-20-40=0$$

得 $F_A=50\ \text{kN}(\uparrow)$

(2)取截面Ⅰ—Ⅰ以左为研究对象，受力如图 10-16(b)所示，列平衡方程

$$\sum F_y = 0 \quad F_A - 20 - 20 - F_{N2} \cdot \cos\alpha = 0$$

$$\cos\alpha = \frac{4}{\sqrt{4^2+6^2}} = \frac{2}{\sqrt{13}}, \quad \sin\alpha = \frac{3}{\sqrt{13}}$$

得 $F_{N2} = 5\sqrt{13}\ \text{kN} \approx 18\ \text{kN}$

$$\sum M_D(F) = 0 \quad F_{N1} \times 4 + F_{N2} \cdot \sin\alpha \times 2 + 20 \times 3 - F_A \times 6 = 0$$

得 $F_{N1} = 52.5\ \text{kN}$

(3)取结点 C 为研究对象，如图 10-16(c)所示，由 $\sum F_y = 0$ 得 $F_{CE} = 20\ \text{kN}$。

(4)取结点 E 为研究对象，如图 10-16(d)所示，$F_{DE} = 0$(零杆)。

$$\sum F_x = 0 \quad F_{N2} \cdot \sin\alpha - F_{N3} \cdot \sin\alpha - F_b \cdot \sin\alpha = 0$$

$$\sum F_y = 0 \quad F_b \cdot \cos\alpha - F_{N2} \cdot \cos\alpha - F_{N3} \cdot \cos\alpha - F_{CE} = 0$$

解得 $F_{N1} = -18\ \text{kN}$

第四节　三铰拱

一、三铰拱的概念

拱是指杆轴为曲线，在竖向荷载作用下，支座处产生水平推力的结构。常见的拱有三铰拱、二铰拱和无铰拱等几种。三铰拱是静定结构，而二铰拱和无铰拱是超静定结构。本节只介绍三铰拱。

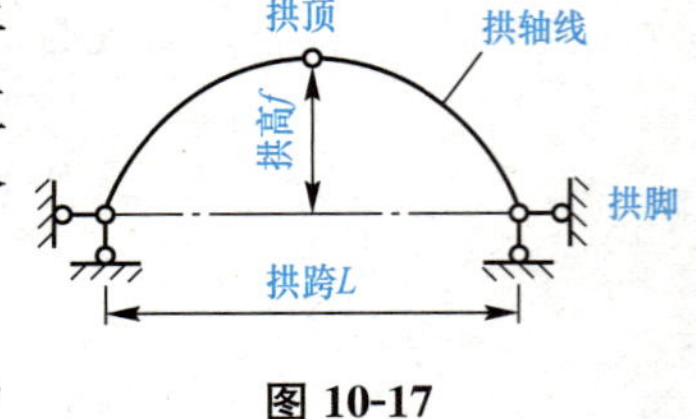

图 10-17

三铰拱的各部分名称，如图 10-17 所示。拱的高跨比为 $\frac{f}{L}$，它是影响拱的受力性能的重要几何参数。

二、三铰拱的计算

现讨论在竖向荷载作用下，三铰拱的支座反力和内力的计算方法。为了使计算简单明了，以同跨度、同荷载的相应简支梁作对照。

(一)支座反力的计算

图 10-18(a)中，取拱整体为脱离体，列平衡方程

$$\sum M_B(F) = 0 \quad F_1 \times b_1 + F_2 \times b_2 - F_{Ay} \times L = 0$$

得 $F_{Ay} = \frac{1}{L}(F_1 b_1 + F_2 b_2)$

$$\sum M_A(F) = 0 \quad F_{By} \times L - F_1 \times a_1 - F_2 \times a_2 = 0$$

得 $F_{By} = \frac{1}{L}(F_1 a_1 + F_2 a_2)$

$$\sum F_x = 0 \quad F_{Ax} - F_{Bx} = 0$$

$$得\ F_{Ax} = F_{Bx} = F_H$$

取左半拱为脱离体，列平衡方程

$$\sum M_C(F) = 0 \quad F_{Ax} \cdot f + F_1 \cdot \left(\frac{L}{2} - a_1\right) - F_{Ay} \cdot \frac{L}{2} = 0$$

$$得\ F_{Ax} = \frac{1}{f}\left[F_{Ay} \cdot \frac{L}{2} - F_1 \cdot \left(\frac{L}{2} - a_1\right)\right]$$

如图 10-18(b)所示，与三铰拱同跨度、同荷载的相应简支梁，计算其支座反力得

$$F^0_{Ay} = \frac{1}{L}(F_1 b_1 + F_2 b_2)$$

$$F^0_{By} = \frac{1}{L}(F_1 a_1 + F_2 a_2)$$

$$F^0_{Ax} = 0$$

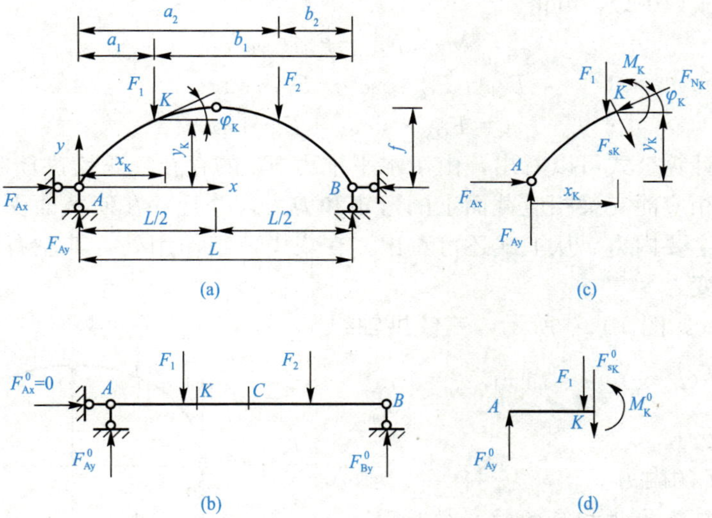

图 10-18

计算相应简支梁 C 截面上的弯矩为

$$M^0_C = F^0_{Ay} \cdot \frac{L}{2} - F_1 \cdot \left(\frac{L}{2} - a_1\right)$$

比较上述各式，可得三铰拱的支座反力与相应简支梁的支座反力之间的关系为

$$F_{Ay} = F^0_{Ay}$$

$$F_{By} = F^0_{By} \tag{10-1}$$

$$F_{Ax} = F_{Bx} = F_H = \frac{M^0_C}{f}$$

(二)内力的计算

计算拱的内力仍采用截面法，截面应与拱轴垂直，截面的位置由截面形心的坐标 x、y 及该截面处拱轴切线的倾角 φ 来确定。下面对任一截面 K 处的内力进行分析。

如图 10-18(c)所示，取三铰拱 K 截面以左部分为脱离体。设 K 截面的形心坐标为(x_K、y_K)，K 截面拱轴切线的倾角为 φ_K。K 截面上的内力有弯矩 M_K(内侧受拉为正)、剪力 F_{QK}(绕脱离体顺时针转动趋势为正)、轴力 F_{NK}(以压力为正)。

列静力平衡方程，可求出三铰拱任一截面 K 处的内力为

$$M_K=[F_{Ay}\cdot x_K-F_1\cdot(x_K-a_1)]-F_H\cdot y_K$$
$$F_{QK}=(F_{Ay}-F_1)\cdot\cos\varphi_K-F_H\cdot\sin\varphi_K$$
$$F_{NK}=(F_{Ay}-F_1)\cdot\sin\varphi_K+F_H\cdot\cos\varphi_K$$

如图 10-18(d)所示，在相应简支梁上取 K 以左为脱离体，列静力平衡方程，可求出相应简支梁 K 截面上的内力为

$$M_K^0=F_{Ay}^0\cdot x_K-F_1\cdot(x_K-a_1)$$
$$F_{QK}^0=F_{Ay}^0-F_1$$
$$F_{NK}^0=0$$

根据上式与式(10-1)，可得

$$\begin{aligned}M_K&=M_K^0-F_H\cdot y_K\\F_{QK}&=F_{QK}^0\cos\varphi_K-F_H\cdot\sin\varphi_K\\F_{NK}&=F_{QK}^0\cdot\sin\varphi_K+F_H\cdot\cos\varphi_K\end{aligned}\tag{10-2}$$

从上式内力计算公式可以看出，由于水平推力 F_H 的存在，三铰拱任意截面 K 上的弯矩和剪力均小于相应简支梁相应截面上的弯矩和剪力，并且存在使截面受压的轴力，轴力通常较大，也是主要内力。从上式还可看出，在集中荷载作用处，其左右两侧截面的剪力和轴力均发生突变。

【例 10-10】 如图 10-19 所示，三铰拱轴线的方程为 $y=\frac{4fx}{l^2}(l-x)$，$l=16$ m，$f=4$ m。

(1)求支座反力。

(2)求截面 E 的内力。

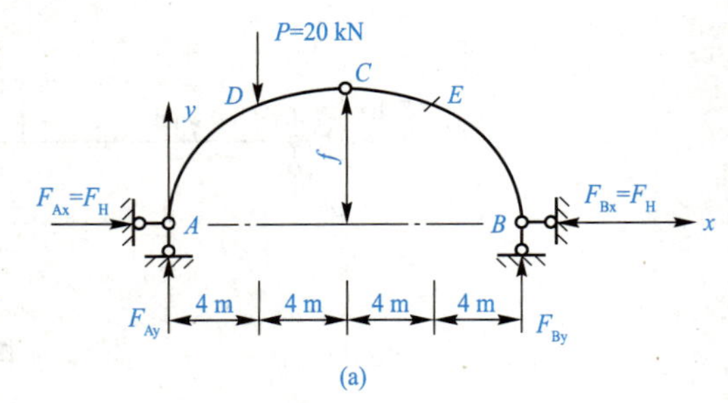

(a)

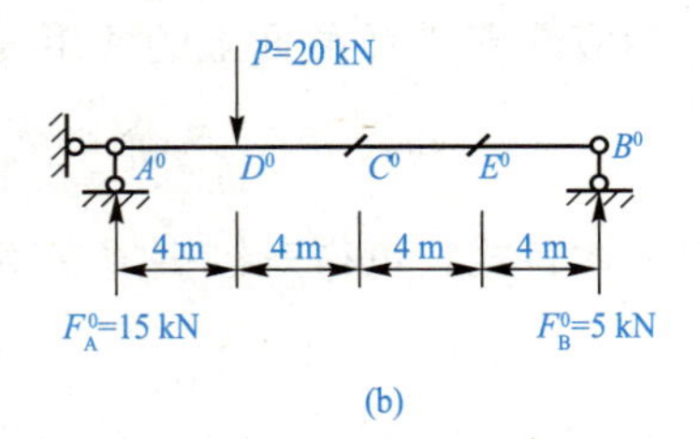

(b)

图 10-19

【解】 画出与三铰拱相应的简支梁如图 10-19(b)所示，求简支梁的支座反力，列平衡方程

$\sum M_A^0(F)=0$　$F_B^0\times16-P\times4=0$ 得 $F_B^0=\frac{P}{4}=5$ kN(↑)

$\sum F_y=0$　$F_A^0+F_B^0-P=0$ 得 $F_A^0=15$ kN(↑)

简支梁中点 C^0 处的弯矩为

$M_C^0=15\times8-20\times4=40$(kN·m)

简支梁 E^0 处的剪力和弯矩为

$$Q_E^0=-5\text{ kN},\ M_E^0=5\times4=20(\text{kN}\cdot\text{m})$$

(1)求三铰拱支座反力。

$$F_{Ay}=F_A^0=15\text{ kN}(\uparrow),\ F_{By}=F_B^0=5\text{ kN}(\uparrow)$$

$$F_{Ax}=\frac{M_C^0}{f}=\frac{40}{4}=10(\text{kN})(\rightarrow)，则 F_{Bx}=10\ \text{kN}(\leftarrow)$$

(2)求截面 E 的内力。E 处：$x=12$ m，则

$$y=\frac{4\times4\times12}{16^2}\times(16-12)=3(\text{m})$$

$$\tan\varphi=\frac{\text{d}y}{\text{d}x}=\frac{4f}{l^2}(l-2x)=-0.5，则$$

$$\sin\varphi=\frac{\tan\varphi}{\sqrt{1+\tan^2\varphi}}=-0.446，\cos\varphi=\frac{1}{\sqrt{1+\tan^2\varphi}}=0.892$$

弯矩 $M_E=M_E^0-F_H\cdot y=20-10\times3=-10(\text{kN}\cdot\text{m})$

剪力 $Q_E=Q_E^0\cdot\cos\varphi-F_H\cdot\sin\varphi=-5\times0.892+10\times0.446=0$

轴力 $N_E=-(Q_E^0\cdot\sin\varphi+F_H\cdot\cos\varphi)=-[-5\times(-0.446)+10\times0.892]=-11.15(\text{kN})$

【例 10-11】 计算如图 10-20 所示三铰拱中 D 截面左、右两侧的内力值。拱轴方程为 $y=\frac{4fx}{l^2}(l-x)$，$f=4$ m。

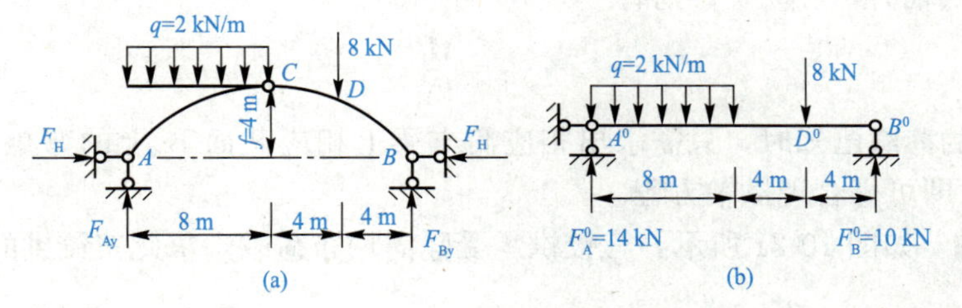

图 10-20

【解】 (1)画出与三铰拱相应的简支梁如图 10-20(b)所示，计算简支梁的支座反力。

$$\sum M_A^0(F)=0\quad F_B^0\times16-2\times8\times4-8\times12=0\quad 得\ F_B^0=10\ \text{kN}(\uparrow)$$

$$\sum F_y=0\quad F_A^0+F_B^0-2\times8-8=0\ 得\ F_A^0=14\ \text{kN}(\uparrow)$$

$$M_C^0=14\times8-2\times8\times4=48(\text{kN}\cdot\text{m})$$

$$M_D^0=10\times4=40(\text{kN}\cdot\text{m})$$

$$Q_{D左}^0=8-10=-2\ \text{kN}，Q_{D右}^0=-10\ \text{kN}$$

(2)计算三铰拱的支座反力。

$$F_H=\frac{M_c^0}{f}=\frac{48}{4}=12(\text{kN})，F_{Ay}=F_A^0=14\ \text{kN}(\uparrow)，F_{By}=F_B^0=10\ \text{kN}(\uparrow)$$

(3)计算 D 截面左、右两侧的内力值：

$$D 处：x=12\ \text{m}，y=\frac{4\times4\times12}{16^2}\times(16-12)=3(\text{m})$$

$$\tan\varphi=\frac{\text{d}y}{\text{d}x}=\frac{4f}{l^2}(l-2x)=-0.5，则$$

$$\sin\varphi=\frac{\tan\varphi}{\sqrt{1+\tan^2\varphi}}=-0.446，\cos\varphi=\frac{1}{\sqrt{1+\tan^2\varphi}}=0.892$$

$$M_D^0-F_H\cdot y=40-12\times3=4(\text{kN}\cdot\text{m})$$

$$Q_{D}^{左}=Q_{D左}^{0}\cdot\cos\varphi-F_{H}\cdot\sin\varphi=-2\times0.892-12\times(-0.446)=3.568(kN)$$

$$Q_{D}^{右}=Q_{D右}^{0}\cdot\cos\varphi-F_{H}\cdot\sin\varphi=-10\times0.892-12\times(-0.446)=-3.568(kN)$$

$$N_{D}^{左}=-(Q_{D左}^{0}\cdot\sin\varphi+F_{H}\cdot\cos\varphi)=-[-2\times(-0.446)+12\times0.892]=-11.596(kN)$$

$$N_{D}^{右}=-(Q_{D右}^{0}\cdot\sin\varphi+F_{H}\cdot\cos\varphi)=-[-10\times(-0.446)+12\times0.892]=-15.164(kN)$$

(三)三铰拱的合理拱轴

前面分析可知，三铰拱任意截面上的内力有弯矩、剪力和轴力，由材料力学可知，弯矩使截面产生不均匀的正应力，而轴力使截面产生均匀的正应力。为了充分利用材料，就设法减小拱截面上的弯矩，最理想的状况是使拱轴上所有截面的弯矩都等于零(此时剪力也均为零)，从而使拱轴只受轴力，截面上的正应力是均匀分布的。

因此，在三铰位置及荷载确定的情况下，若拱轴上所有截面的弯矩都等于零，这时的拱轴就是合理拱轴。

在竖向荷载作用下，三铰拱任意截面上的弯矩为

$$M_{K}=M_{K}^{0}-F_{H}\cdot y_{K}$$

当为合理拱轴时，$M_{K}=0$，则有

$$y_{K}=\frac{M_{K}^{0}}{F_{H}} \tag{10-3}$$

当拱所受的荷载已知时，只需求出相应简支梁上相应截面 K 上的弯矩 M_{K}^{0}，然后除以水平推力 F_{H}，即可得合理拱轴方程。

【例 10-12】 如图 10-21 所示，三铰拱承受竖向均布荷载，求此三铰拱的合理拱轴。

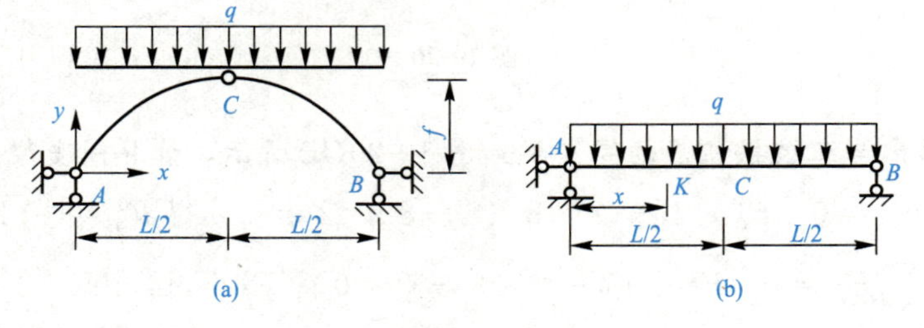

图 10-21

【解】 作出相应的简支梁如图 10-21(b)所示，其任意截面 K 上的弯矩为

$$M_{K}^{0}=\frac{qlx}{2}-\frac{qx^{2}}{2}=\frac{qx(l-x)}{2}$$

$$M_{C}^{0}=\frac{ql^{2}}{8}$$

则三铰拱的水平推力为

$$F_{H}=\frac{M_{C}^{0}}{f}=\frac{ql^{2}}{8f}$$

因此，三铰拱的合理拱轴方程为

$$y_{K}=\frac{M_{K}^{0}}{F_{H}}=\frac{4f(l-x)x}{l^{2}}$$

第五节　静定组合结构

由链杆和受弯为主的梁式杆混合而成的结构，称为组合结构。

组合结构中的链杆只受轴力，梁式杆则受弯矩、剪力和轴力作用。用截面法计算组合结构内力时，尽量避免在受弯杆件处截断。计算组合结构的步骤一般是先求支座反力，然后计算各链杆的轴力，最后计算受弯杆的内力。

【例 10-13】 如图 10-22 所示为梁和桁架的组合结构。试计算各杆的轴力，并绘制梁式杆的内力图。

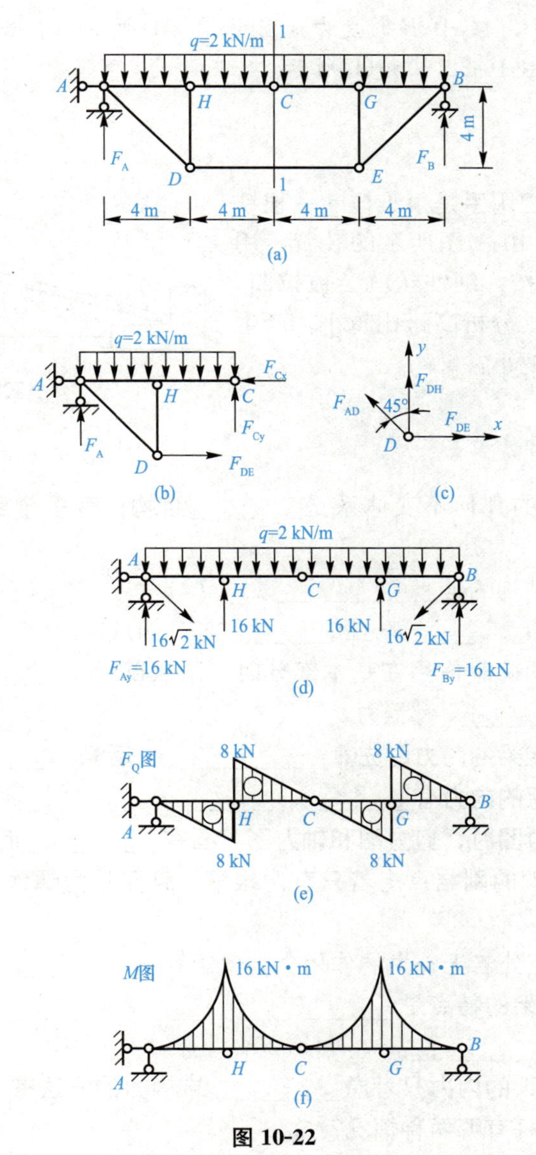

图 10-22

【解】 (1)求支座反力。取整体结构为研究对象，如图10-22(a)所示，此结构为对称结构，故支座反力对称，内力也对称。

$$F_A=F_B=\frac{2\times16}{2}=16(\text{kN})(\uparrow)$$

(2)取截面Ⅰ—Ⅰ以左为研究对象，如图10-22(b)所示，由平衡方程

$$\sum M_C(F)=0\quad F_{DE}\times4+2\times8\times4-F_A\times8=0\text{得}F_{DE}=16\ \text{kN}$$

(3)取结点D为研究对象，如图10-22(c)所示，由平衡方程

$$\sum F_x=0\quad F_{DE}-F_{AD}\cdot\sin45^\circ=0\text{得}F_{AD}=16\sqrt{2}\ \text{kN}$$

$$\sum F_y=0\quad F_{DH}+F_{AD}\cdot\cos45^\circ=0\text{得}F_{DH}=-16\ \text{kN}$$

由对称性可知：$F_{EG}=F_{DH}=-16$ kN，$F_{BE}=F_{AD}=16\sqrt{2}$ kN

(4)计算梁式杆ACB。梁ACB的受力如图10-22(d)所示。根据图10-22(d)，作出梁的剪力图和弯矩图分别如图10-22(e)和(f)所示。

小实验

在日常生活中，我们用手是很难拉断一根铁丝的。请设计如小实验10-1图所示的装置，用手指在铰链处用力向下按，细铁丝就会被拉断。调整高跨比，进行试验，分析高跨比越小，产生的水平推力是越大还是越小?

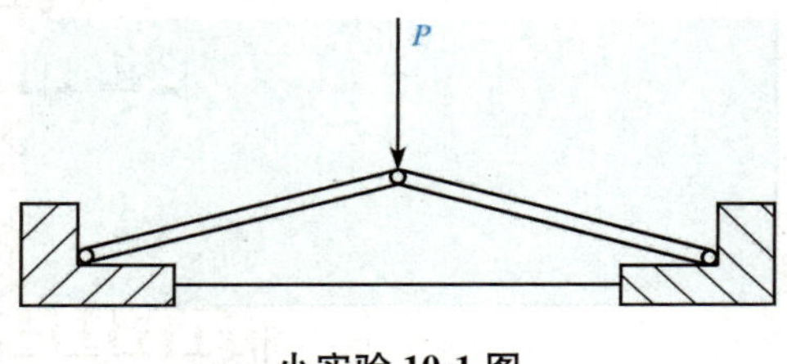

小实验10-1图

思考题

10-1 无多余约束的几何不变体系是________结构；有多余约束的几何不变体系是________结构。

10-2 能用作建筑结构的是____________。

10-3 多跨静定梁由________部分和________部分组成。

10-4 多跨静定梁的荷载作用在基本部分时，附属部分________受力；荷载作用在附属部分时，________和________都受力。

10-5 计算多跨静定梁的内力时先算____________，后算____________。

10-6 静定平面刚架的内力有________、________、________。

10-7 绘制刚架内力图时，剪力图和轴力图可画在________，而弯矩图画在________。

10-8 静定平面刚架的刚结点上若只有两根杆，且无外力偶作用，则杆端弯矩____________________。

10-9 杆件的铰接点处若无外力偶作用，则弯矩等于________。

10-10 静定平面桁架的特点是__________________、__________________、____________________、__________________。

10-11 静定平面桁架的内力只考虑________。求内力的方法有________和________。

10-12 桁架中的零杆有哪两种情况?

10-13　对桁架每使用一次结点法能求几个未知力？每使用一次截面法能求几个未知力？

10-14　用截面法计算桁架时，隔离体须含________结点。

10-15　对称结构在对称荷载作用下，内力是________的；对称结构在反对称荷载作用下，内力是________的。

10-16　拱是指在竖向荷载作用下能产生________的结构。

10-17　为什么拱中的弯矩比相应简支梁的弯矩小？

10-18　三铰拱式屋架常加拉杆，为什么？

10-19　计算组合结构时要注意什么？

10-20　叙述多跨梁、刚架、桁架、拱、组合结构的特点。

习　题

习题解答

10-1　作习题 10-1 所示多跨静定梁的剪力图和弯矩图。

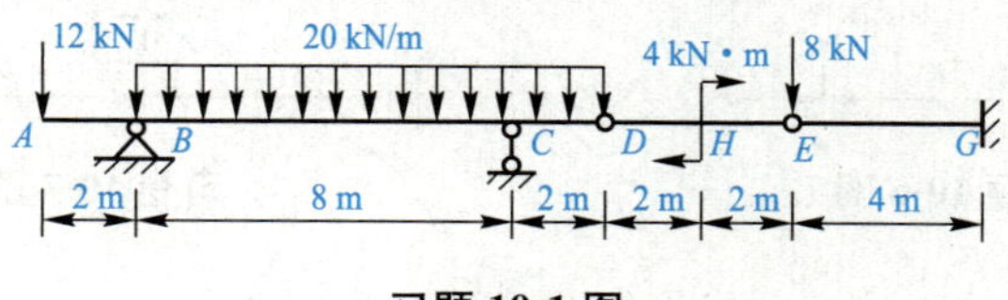

习题 10-1 图

10-2　作习题 10-2 图所示多跨静定梁的内力图。

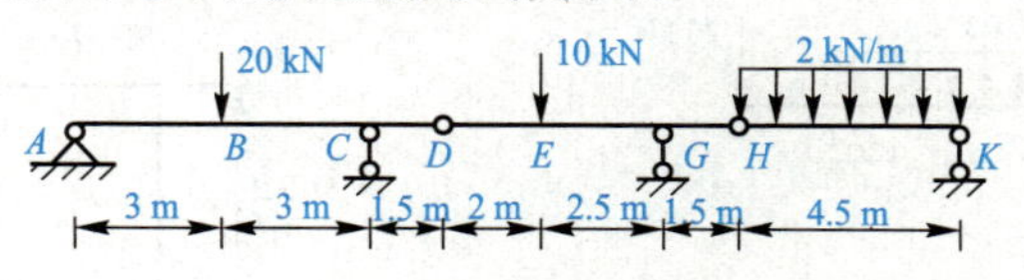

习题 10-2 图

10-3　习题 10-3 图所示为多跨静定梁，试调整铰 C 的位置，使所有中间支座上弯矩的绝对值相等。

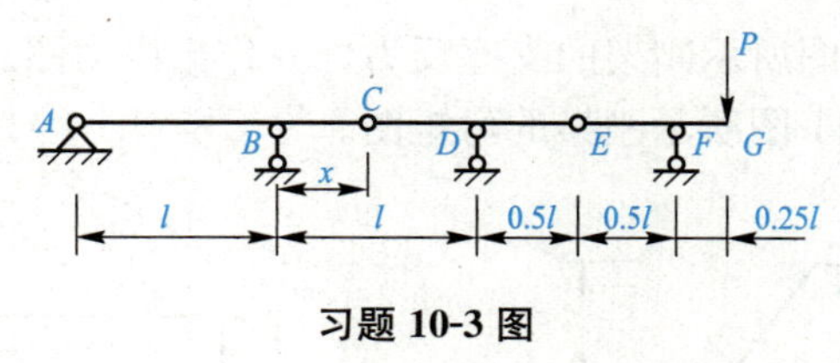

习题 10-3 图

10-4　求习题 10-4 图所示多跨静定梁的支座反力，并作内力图。

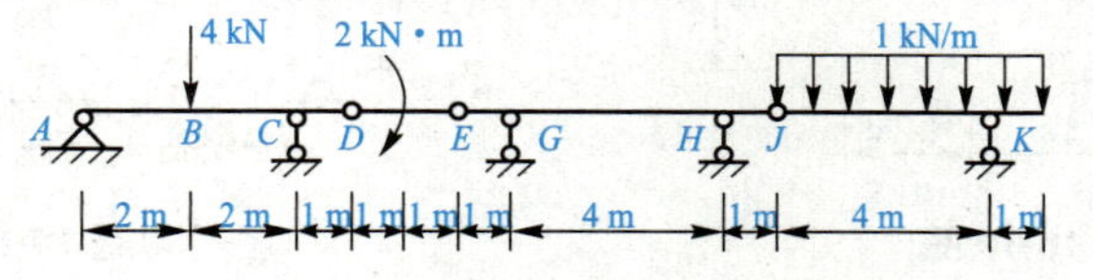

习题 10-4 图

10-5　绘制习题 10-5 图所示多跨静定梁的内力图。

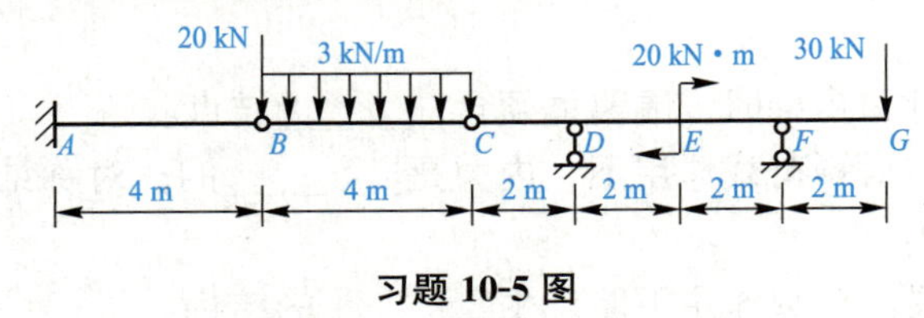

习题 10-5 图

10-6　作习题 10-6 图所示刚架的内力图。

10-7　作习题 10-7 图所示刚架的内力图。

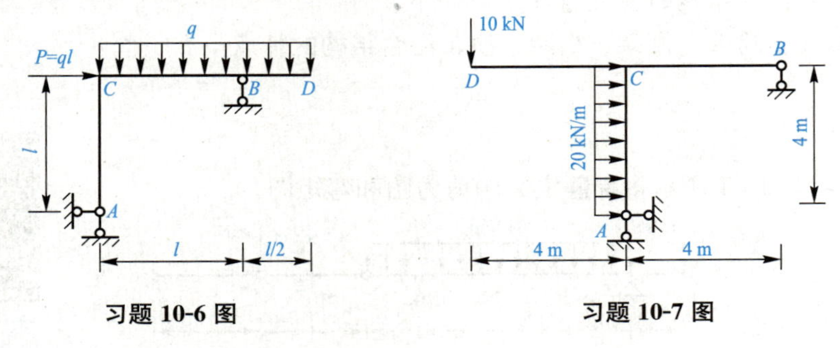

习题 10-6 图　　习题 10-7 图

10-8　求习题 10-8 图所示刚架的支座反力，并作出内力图。

10-9　作习题 10-9 图所示三铰刚架的内力图。

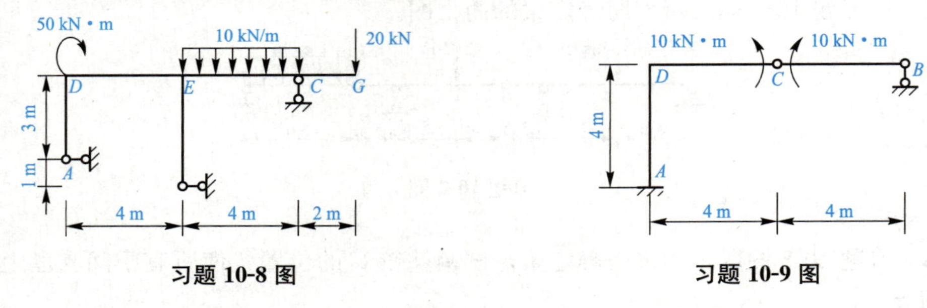

习题 10-8 图　　习题 10-9 图

10-10　求习题 10-10 图所示刚架的支座反力，并作出内力图。

10-11　绘出习题 10-11 图所示刚架的弯矩图。

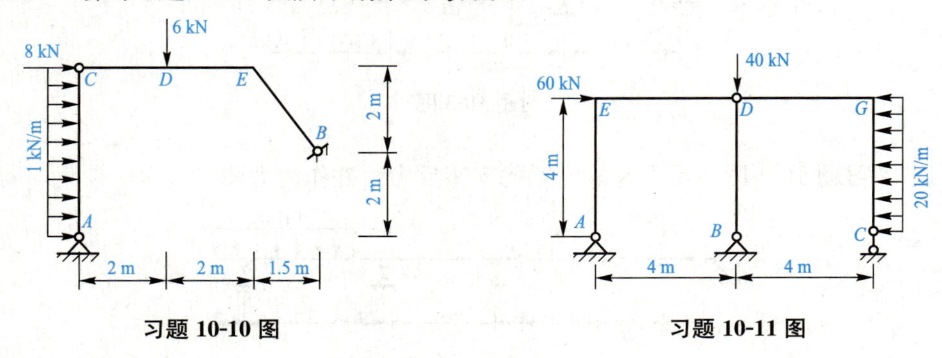

习题 10-10 图　　习题 10-11 图

10-12　绘制习题 10-12 图所示静定平面刚架的内力图。

10-13　绘制习题 10-13 图所示三铰刚架的内力图。

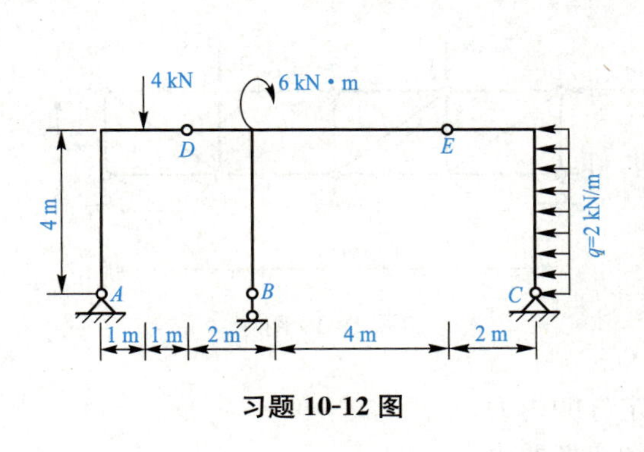

习题 10-12 图

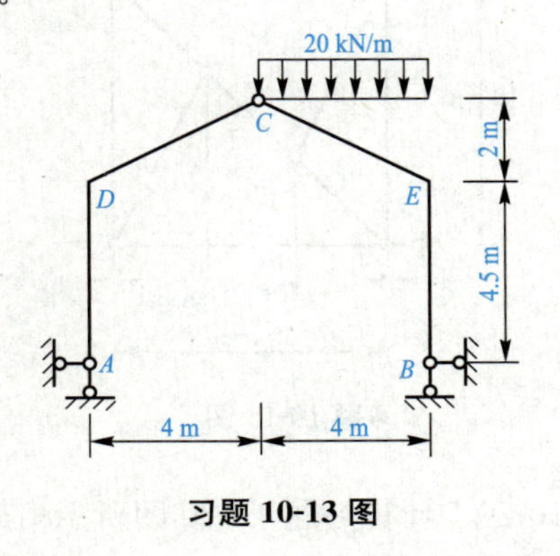

习题 10-13 图

10-14　绘制习题 10-14 图所示刚架的弯矩图。

10-15　分析习题 10-15 图所示各桁架，指出零杆。

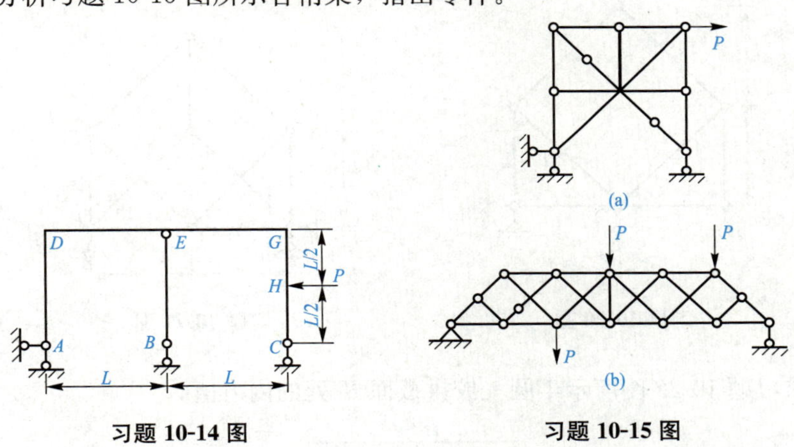

习题 10-14 图　　习题 10-15 图

10-16　求习题 10-16 图所示桁架各杆的轴力。

10-17　求习题 10-17 图所示桁架中 a、b 杆的轴力。

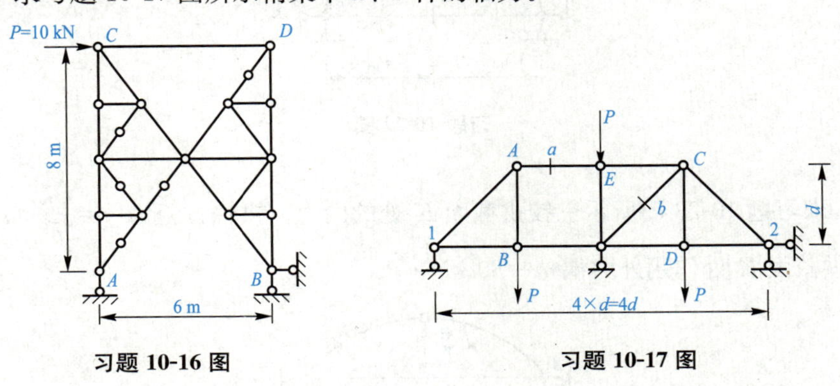

习题 10-16 图　　习题 10-17 图

10-18　求习题 10-18 图所示桁架中 a、b 杆的轴力。

10-19　计算习题 10-19 图所示桁架中 a、b、c 三杆的轴力。

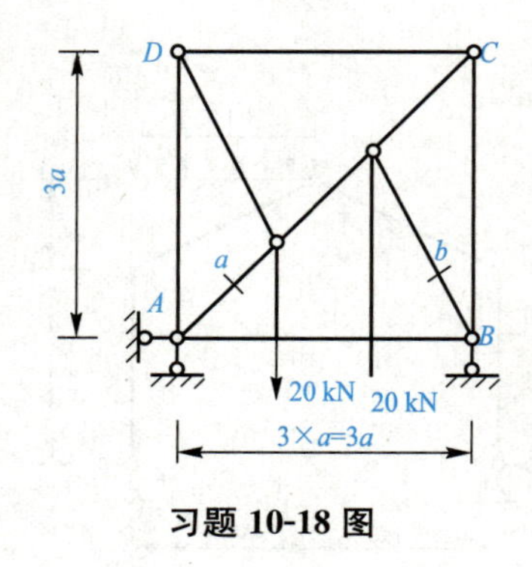

习题 10-18 图

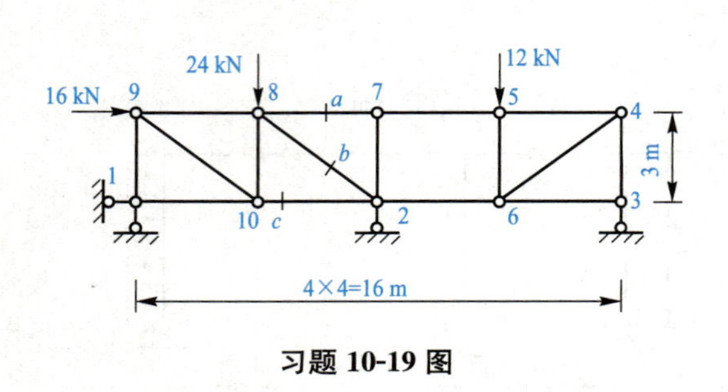

习题 10-19 图

10-20　计算习题 10-20 图所示桁架指定杆的内力。

10-21　计算习题 10-21 图所示桁架中指定杆的内力。

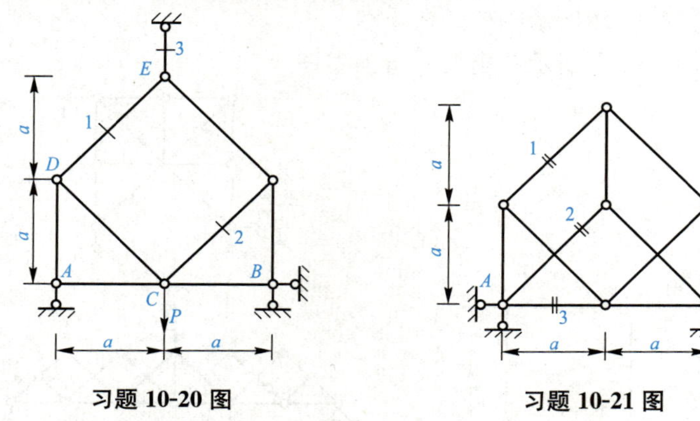

习题 10-20 图　　　习题 10-21 图

10-22　求习题 10-22 图所示半圆三铰拱截面 K 处的内力值。

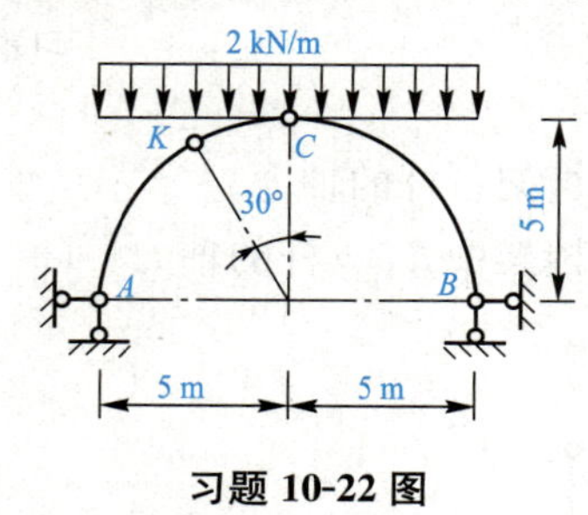

习题 10-22 图

10-23　求习题 10-23 图所示三铰拱截面 K 处的内力。拱轴方程为 $y=\frac{4fx}{l^2}(l-x)$，$f=$ 4 m。三铰拱截面 K 处作用外力偶 $m=80$ kN·m。

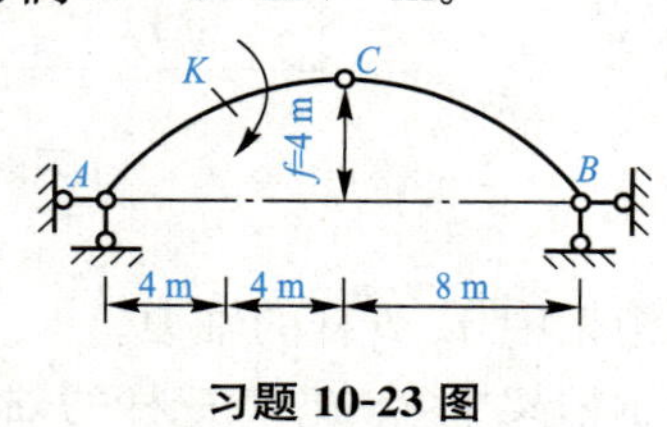

习题 10-23 图

10-24　求习题 10-24 图所示三铰拱 K 截面的内力。拱轴方程为 $y=\frac{4fx}{l^2}(l-x)$，$f=5$ m。

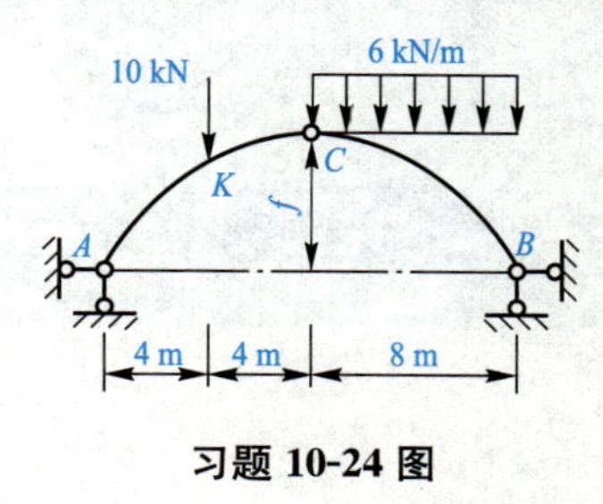

习题 10-24 图

10-25　习题 10-25 图所示为梁和桁架的组合结构，试计算各杆的轴力，并绘制梁式杆的内力图。

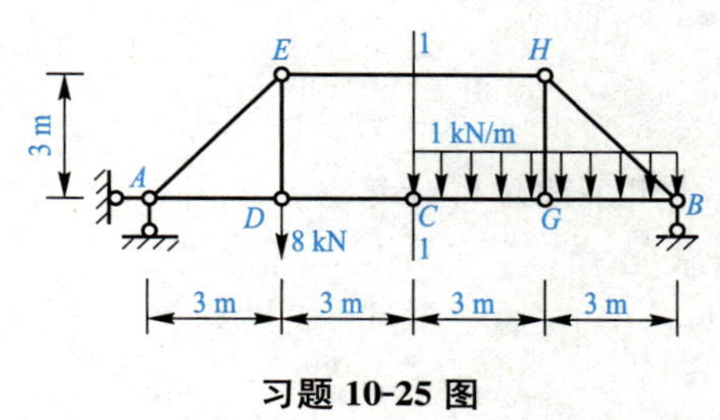

习题 10-25 图

10-26　求习题 10-26 图所示组合结构的内力，并绘制梁式杆的弯矩图。

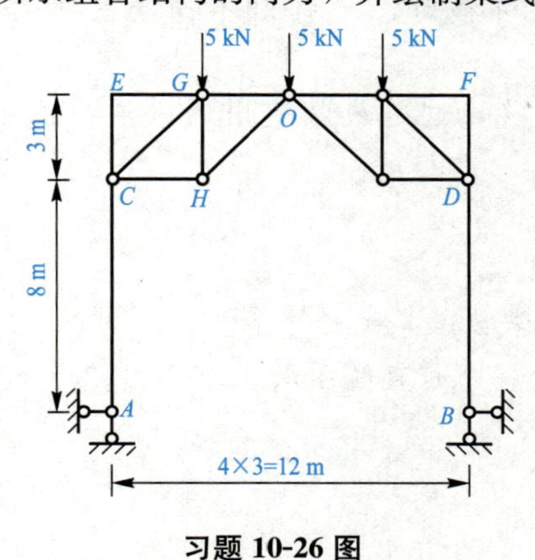

习题 10-26 图

第十一章　静定结构的位移计算

学习目标

1. 掌握位移的概念。
2. 了解位移计算的目的。
3. 掌握位移计算的一般公式。
4. 重点掌握结构在荷载作用下的位移计算。
5. 了解线弹性体的互等原理。

技能目标

1. 静定结构的位移计算是解算超静定结构的基础，也是验算结构刚度所必需的。

2. 计算在荷载作用下的位移时，要针对不同类型的结构，采用相应的位移计算公式。

3. 熟练掌握图乘法求位移，这是最常使用的。图乘法主要适用于梁和刚架的位移计算。

(1)图乘法的适用条件：

①结构各杆件为直杆；

②杆段的弯曲刚度 EI 为常数；

③$\overline{M}$ 图和 M_P 图中至少有一个是直线图形。

(2)图乘法的计算步骤：

①选取虚拟状态；

②画出 M_P 图，$\overline{M}$ 图；

③图乘求位移。

分区段：按 EI 为常数、M_P 图和 $\overline{M}$ 图有直线形分段；

选取 A、y_C：y_C 必须取在直线图形上，在另一相应图形上取面积 A；

图形分解：当图形的面积和形心不便确定时，需将它分解成简单图形。

4. 温度改变及支座移动产生的位移计算要求了解。

第一节　位移的概念及位移计算的目的

一、位移的概念

结构在荷载或其他因素作用下会产生变形，由于变形，结构上各点的位置会产生移动，构件的横截面会产生转动，这些移动和转动就称为结构的位移。我们把结构上各点位置的移动称为线位移；用横截面绕中性轴的转动称为角位移。

如图 11-1(a)所示的悬臂梁，在荷载 F 作用下，梁的轴线由图 11-1(a)中的直线变成了图 11-1(b)中虚线所示的曲线，同时梁中各截面的位置也发生了变化。例如图中的截面 C 移到了 C'，CC' 称为 C 截面的线位移，规定线位移垂直向下为正；同时，C 截面绕中性轴转过了一个角度 θ，θ 称为 C 截面的角位移，一般称为转角，规定顺时针转角为正。

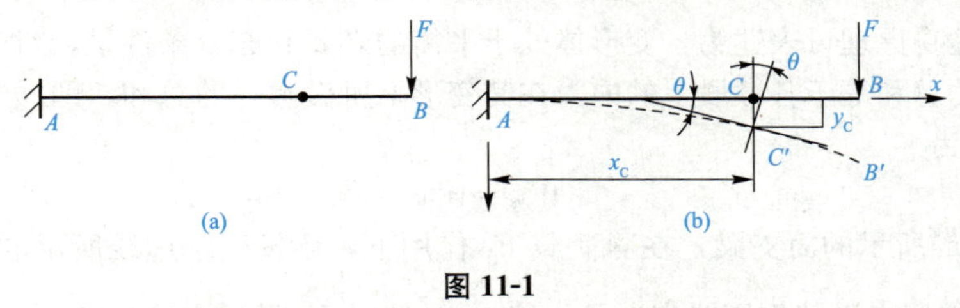

图 11-1

除荷载会使结构产生位移外，还有其他一些因素，如温度改变、材料胀缩、支座移动、尺寸的制造误差、基础沉降等也会使结构产生变形和位移。

对于静定结构，在荷载作用下产生内力和变形，从而使结构产生位移；在温度改变和材料胀缩的影响下，不产生内力只产生变形，使结构产生位移；有支座移动时不产生应力和应变，只产生刚性位移；有制造误差时也不产生应力和应变，但产生变形位移。

二、位移计算的目的

结构位移计算的目的概括起来有以下两个方面：

(1)校核结构的刚度。为了保证结构或构件的正常工作，除满足强度条件外，还需满足刚度要求，即在荷载作用下(或其他因素作用下)不致产生过大的位移，保证结构在正常工作时产生的位移不超过规定的允许值。例如，吊车梁的挠度不得超过跨度的$\frac{1}{600}$，屋盖和楼盖梁的挠度不得超过跨度的$\frac{1}{400}$。

(2)分析超静定结构。计算超静定结构的支座反力和内力时，只用静力平衡条件是不能全部求出的，还需考虑变形协调条件，而建立变形协调条件就需计算位移。因此，位移计算是超静定结构计算的基础。

另外，在结构的制作、架设、养护等过程中，有时需要预先知道结构的变形情况，以便采取一定的施工措施，因而也需要进行位移计算。

建筑力学中位移计算一般是以虚功原理为基础的。

第二节　变形体的虚功原理

一、变形体的虚功

功的基本定义是：力与沿力方向发生位移的乘积称为功。若位移是由力本身引起的，此时力做的功称为实功；若位移并不是由力本身引起的，而是由其他原因引起的，此时力与位移的乘积称为虚功。

二、变形体的虚功原理

变形体的虚功原理可表述为：变形体处于平衡的必要和充分条件是，对于任何虚位移，外力所做的虚功总和等于各微段上的内力在其变形上所做虚功的总和，即“外力虚功等于内力虚功”。可写为

$$W_{外}=W_{内}$$

如图 11-2(a)所示的简支梁，在静荷载 F_1 作用下，梁发生了虚线所示的变形，达到平衡状态。F_1 的作用点沿其作用线产生了位移 Δ_{11}，此时 F_1 做的实功为 $W_{11}=\frac{1}{2}F_1\Delta_{11}$，称为外力实功。这里的位移 Δ_{11} 用两个脚标，第一个脚标“1”表示位移发生的地点和方向，即表示 F_1 作用点沿 F_1 方向上的位移；第二个脚标“1”表示位移产生的原因，即此位移是由 F_1 引起的。

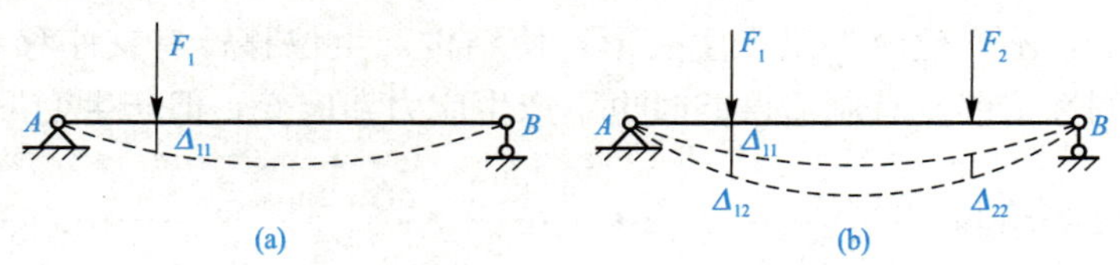

图 11-2

如图 11-2(a)的基础上，在梁上又增加了一个静荷载 F_2，梁就会达到新的平衡状态，如图 11-2(b)所示。F_1 的作用点沿 F_1 的方向又产生了位移 Δ_{12}，F_2 的作用点沿 F_2 方向产生了位移 Δ_{22}，由于 F_1 不是产生 Δ_{12} 的原因，所以 $W_{12}=F_1\cdot\Delta_{12}$ 即为 F_1 所做的虚功，称之为外力虚功；而 F_2 是产生 Δ_{22} 的原因，所以 $W_{22}=\frac{1}{2}F_2\Delta_{22}$ 就是外力实功。

如图 11-2 所示的简支梁，在 F_1 和 F_2 作用下会产生内力。内力在其本身引起的变形上所做的功，称为内力虚功，分别用 W'_{11}、W'_{22} 表示；内力在其他原因引起的变形上所做的功，称为内力虚功，用 W'_{12} 表示。在图 11-2 中，外力 F_1 和 F_2 所做的总功为

$$W_{外}=W_{11}+W_{12}+W_{22}$$

由 F_1 和 F_2 引起的内力所做的总功为

$$W_{内}=W'_{11}+W'_{12}+W'_{22}$$

而 $W_{外}=W_{内}$，即

$$W_{11}+W_{12}+W_{22}=W'_{11}+W'_{12}+W'_{22}$$

根据实功原理，即外力实功等于内力实功，有

$$W_{11}=W'_{11}，W_{22}=W'_{22}$$

所以得

$$W_{12}=W'_{12}$$

上述虚功原理表明：结构的第一组外力在第二组外力所引起的位移上所做的外力虚功，等于第一组内力在第二组内力所引起的变形上所做的内力虚功。

第三节　结构在荷载作用下的位移计算

在荷载 P 作用下，结构上任意截面 K 处的位移公式为(推导从略)

$$\Delta_{KP}=\sum\int\frac{\overline{M}M_P}{EI}ds+\sum\int\frac{\overline{F_N}F_{NP}}{EA}ds+\sum\int\frac{k\overline{F_Q}F_{QP}}{GA}ds \tag{11-1}$$

上式中的各项可简单理解为

$\sum\int\frac{\overline{M}M_P}{EI}ds$——弯曲变形引起的位移。其中 M_P 是指由外荷载引起的弯矩，$\overline{M}$是指由单位荷载引起的虚拟弯矩，EI 为抗弯刚度。

$\sum\int\frac{\overline{F_N}F_{NP}}{EA}ds$——轴向变形引起的位移。其中 F_{NP}是由外荷载引起的轴力，$\overline{F_N}$是由单位荷载引起的虚拟轴力，EA 为抗拉刚度。

$\sum\int\frac{\overline{F_Q}F_{QP}}{GA}ds$——剪切变形引起的位移。其中 F_{QP}是由外荷载引起的剪力，$\overline{F_Q}$是由单位荷载引起的虚拟剪力，GA 为抗剪刚度。

在实际计算中，根据不同类型的结构，位移计算的表达式还可进一步简化。下面介绍各类杆件结构在荷载作用下的位移计算公式。

一、梁和刚架

通常情况下，梁和刚架的位移主要是由弯矩引起的，剪力和轴力的影响很小，可以忽略不计，因此，梁和刚架的位移计算公式简化为

$$\Delta_{KP}=\sum\int\frac{\overline{M}M_P}{EI}ds \tag{11-2}$$

二、桁架

桁架的每一根杆件只有轴力作用，没有弯矩和剪力。同一杆件的轴力 F_{NP}、$\overline{F_N}$、拉压刚度 EA 和杆长 l 均为常数，因此，桁架的位移计算公式可简化为

$$\Delta_{KP} = \sum \int \frac{\overline{F_N} F_{NP}}{EA} ds = \sum \frac{\overline{F_N} F_{NP}}{EA} \int ds = \sum \frac{\overline{F_N} F_{NP}}{EA} l \tag{11-3}$$

三、组合结构

组合结构是由链杆和梁式杆组合而成的，因此位移计算公式为

$$\Delta_{KP} = \sum \int \frac{\overline{M} M_P}{EI} ds + \sum \frac{\overline{F_N} F_{NP}}{EA} l \tag{11-4}$$

第四节 图乘法

用式(11-2)计算梁和刚架的位移，需先列弯矩方程 $M_P(x)$ 和 $\overline{M(x)}$，然后进行积分运算。当杆件数目较多，或荷载较为复杂时，积分运算计算量大且麻烦，因此，我们可以采用一种更为简便实用的方法代替积分运算，即图乘法。

一、图乘法的适用条件

(1)杆轴为直线。

(2)杆段的弯曲刚度 EI=常数。

(3)M_P 图和 $\overline{M}$ 图中至少有一个是直线图形。

二、图乘法的基本公式

图 11-3 中，设等截面直杆 AB 段上的两个弯矩图中，M_P 图的形心为 C，图形面积为 A，与形心 C 所对应的另一个弯矩图 $\overline{M}$ 图上的竖标为 y_C。则 AB 段的位移为(推导从略)

$$\Delta = \frac{A \cdot y_C}{EI}$$

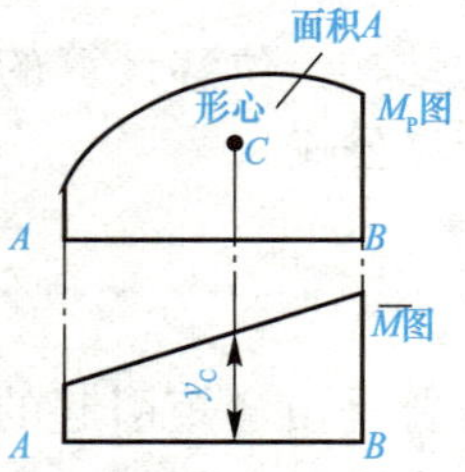

图 11-3

即位移等于一个弯矩图的面积 A 乘以其形心所对应的另一个直线弯矩图的竖标 y_C，再除以 EI，于是积分运算转化为数值乘除运算，这种方法就称为图乘法。

若结构上各杆均可图乘，则位移计算公式可写为

$$\Delta_{KP} = \sum \frac{A \cdot y_C}{EI} \tag{11-5}$$

用上式计算位移时应注意以下几点：

(1)杆件为等截面直杆(分段截面相同也可)。

(2)竖标 y_C 只能取自直线弯矩图形。

(3)A 与 y_C 若在杆件同侧乘积取正号，异侧乘积取负号。

如图 11-4 所示为几种常用的简单图形面积及形心位置，图中的抛物线均为标准抛物线。

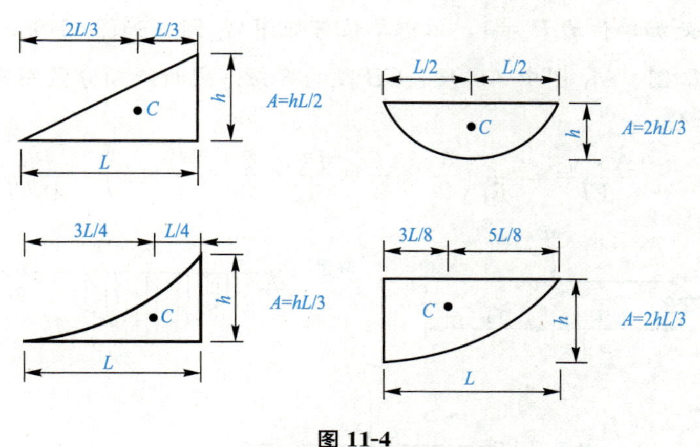

图 11-4

当图形的面积或形心位置不方便确定时，可将此图形分解为几个简单的图形，将它们分别与另一图形相乘，然后把结果叠加。

另外，当 y_C 所属的图形不是一条直线而是折线，或各杆段的 EI 不相等时，均应分段图乘，再进行叠加。

【例 11-1】 求如图 11-5 所示悬臂梁 B 端的竖向位移 Δ_{Bv} 和转角 φ_B。EI=常数。

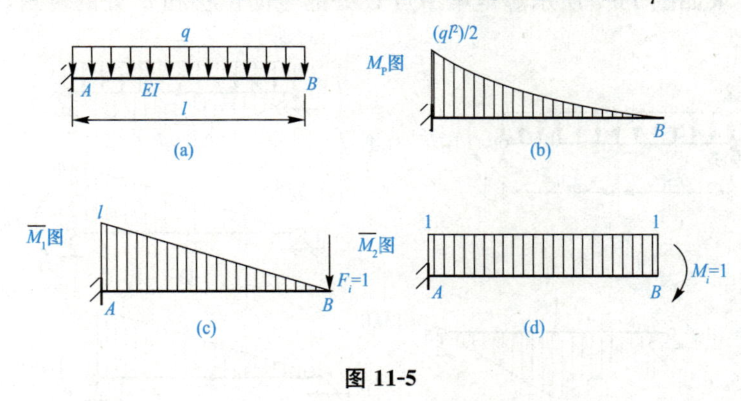

图 11-5

【解】 (1)作 M_P 图(梁在外力作用下的弯矩图)，如图 11-5(b)所示。

(2)在 B 处虚加单位力 $F_i=1$，作出其弯矩图 $\overline{M}_1$ 图，如图 11-5(c)所示。

(3)在 B 处虚加单位力偶 $M_i=1$，作出其弯矩图 $\overline{M}_2$ 图，如图 11-5(d)所示。

(4)分别计算 Δ_{Bv} 和转角 φ_B。

$$\Delta_{Bv}=\frac{A\cdot y_C}{EI}=\frac{1}{EI}\left(\frac{1}{3}\times l\times\frac{ql^2}{2}\times\frac{3}{4}l\right)=\frac{ql^4}{8EI}(\downarrow)(M_P\text{ 图与 }\overline{M}_1\text{ 图图乘})$$

$$\varphi_B=\frac{A\cdot y_C}{EI}=\frac{1}{EI}\left(\frac{1}{3}\times l\times\frac{ql^2}{2}\times 1\right)=\frac{ql^3}{6EI}(\downarrow)$$

图乘时，若 M_P 图与 $\overline{M}$ 图在杆件同侧，结果取正值；若在杆件异侧取负值，即“同侧为正，异侧为负”。

【例 11-2】 求如图 11-6 所示简支梁中点 C 处的竖向位移 Δ_{cV}。EI=常数。

【解】 (1)作荷载弯矩图 M_P 图，如图 11-6(b)所示。

(2)在中点 C 处加单位力 $F_i=1$，作出单位弯矩图 $\overline{M}_1$ 图，如图 11-6(c)所示。

(3)求 Δ_{cv}。M_P 图、$\overline{M}_1$ 图中 AC 段、CB 段的弯矩形成折线须分段图乘，两图均左右对称，且在同侧取正值。

$$\Delta_{cv}=\sum\frac{A\cdot y_C}{EI}=\frac{1}{EI}\left(\frac{1}{2}\times\frac{l}{2}\times\frac{Pl}{4}\times\frac{2}{3}\times\frac{l}{4}\times 2\right)=\frac{Pl^3}{48EI}(\downarrow)$$

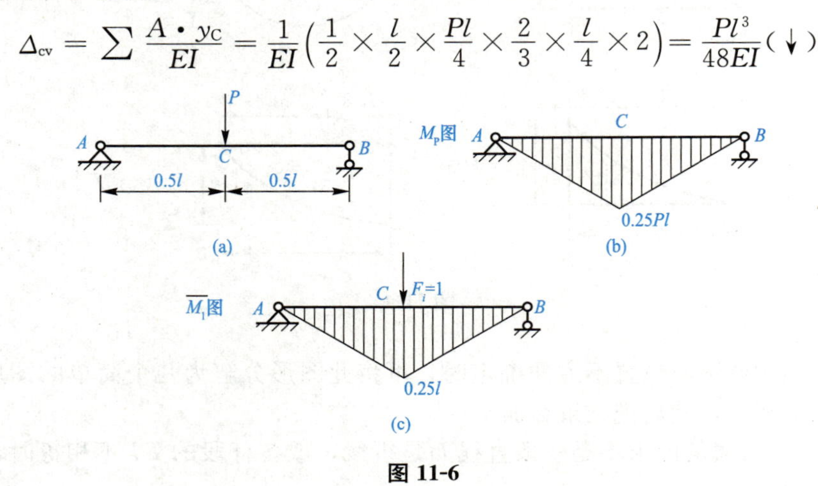

图 11-6

【例 11-3】 求如图 11-7 所示静定梁中点 C 处的竖向位移和 B 处的转角，EI 为常数。

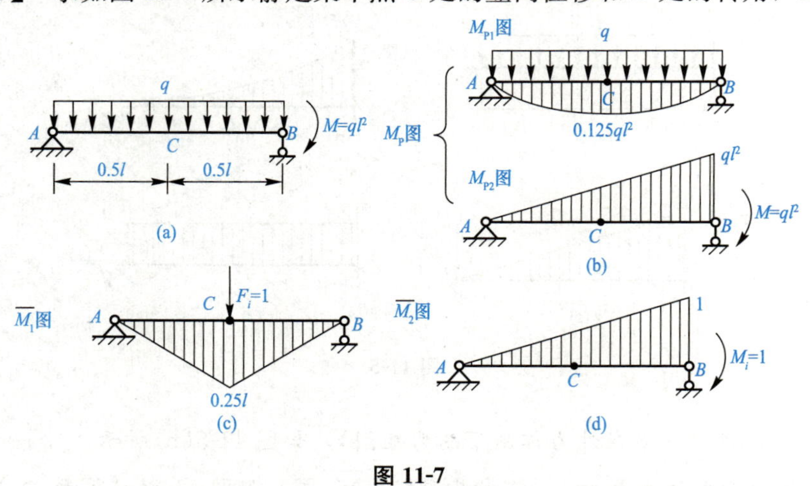

图 11-7

【解】 (1)作 M_P 图。此结构受均布荷载 q 和力偶 M 的作用，可用叠加法计算。分别作出均布荷载 q 单独作用下的 M_{P1} 图和力偶 M 单独作用下的 M_{P2} 图，M_P 图即为 M_{P1} 图和 M_{P2} 图的叠加，如图 11-7(b)所示。

(2)在 C 处加一单位力 $F_i=1$，作出$\overline{M}_1$ 图，如图 11-7(c)所示。

(3)在 B 处加一单位力偶 $M_i=1$，作出$\overline{M}_2$ 图，如图 11-7(d)所示。

(4)计算 C 处的竖向位移 Δ_{CV}。

$$\Delta_{CV}=\sum\frac{A\cdot y_C}{EI}(M_{P1}\text{ 图和}\overline{M}_1\text{ 图图乘与 }M_{P2}\text{ 图和}\overline{M}_1\text{ 图图乘的代数和})$$

$$=\frac{1}{EI}\left(\frac{2}{3}\times\frac{l}{2}\times\frac{ql^2}{8}\times\frac{5}{8}\times\frac{l}{4}\times2-\frac{1}{2}\times l\times\frac{l}{4}\times\frac{ql^2}{2}\right)$$

$$=\frac{1}{EI}\left(\frac{5ql^4}{384}-\frac{ql^4}{16}\right)=-\frac{19ql^4}{384EI}(\uparrow)$$

(负号说明实际位移方向与 F_i 方向相反)

(5)计算 B 处的转角 φ_B。

$$\varphi_B=\sum\frac{A\cdot y_C}{EI}(M_{P1}\text{ 图和}\overline{M}_2\text{ 图图乘与 }M_{P2}\text{ 图和}\overline{M}_2\text{ 图图乘的代数和})$$

$$=\frac{1}{EI}\left(-\frac{2}{3}\times l\times\frac{ql^2}{8}\times\frac{1}{2}+\frac{1}{2}\times l\times ql^2\times\frac{2}{3}\times1\right)$$

$$=\frac{1}{EI}\left(-\frac{ql^3}{24}+\frac{ql^3}{3}\right)=\frac{7ql^3}{24EI}(\downarrow)$$

【例 11-4】 求如图 11-8 所示悬臂刚架 C 点的竖向位移 Δ_{CV}。各杆的 EI 为常数。

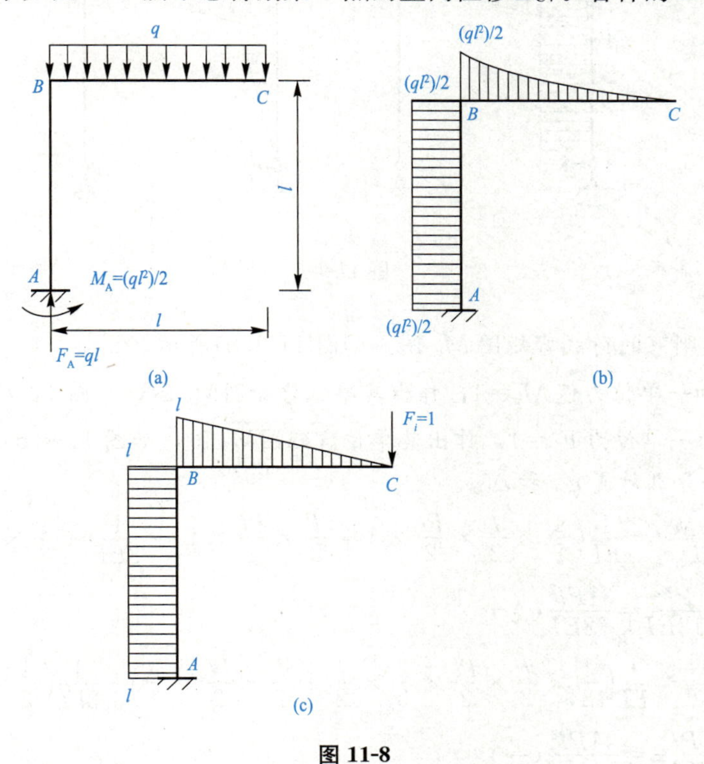

图 11-8

【解】 (1)求刚架的支座反力。取刚架为研究对象，由静力平衡方程求得 $F_A=ql(\uparrow)$，$M_A=\frac{ql^2}{2}(\curvearrowright)$。

将支座反力标于图 11-8(a)上，便于作 M_P 图。

(2)作 M_P 图，如图 11-8(b)所示。

(3)在 C 点加一单位力 Δ_{CV}，作出其单位弯矩图，如图 11-8(c)所示。

(4)用图乘法计算 Δ_{CV}。

$$\Delta_{CV}=\sum\frac{A\cdot y_C}{EI}=\frac{1}{EI}\left(\frac{1}{3}\times l\times\frac{ql^2}{2}\times\frac{3l}{4}+l\times\frac{ql^2}{2}\times l\right)=\frac{5ql^4}{8EI}(\downarrow)$$

【例 11-5】 求如图 11-9 所示刚架中 A 处的转角 φ_A 和 C 处的水平位移 Δ_{CH}。各杆的刚度如图 11-9 所示。

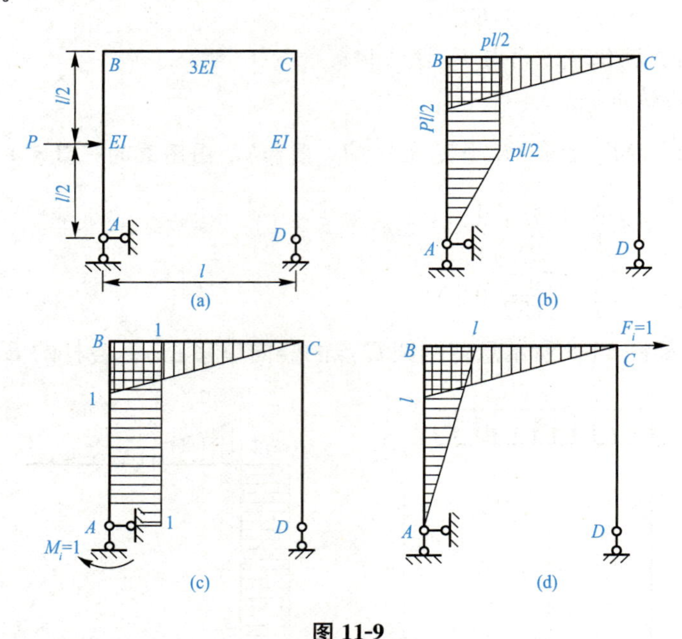

图 11-9

【解】 (1)作刚架的荷载弯矩图 M_P 图，如图 11-9(b)所示。

(2)在 A 处加一单位力偶 $M_i=1$，作出其单位弯矩图 $\overline{M}_1$ 图，如图 11-9(c)所示。

(3)在 C 处加一单位力 $F_i=1$，作出其单位弯矩图 $\overline{M}_2$ 图，如图 11-9(d)所示。

(4)用图乘法分别计算 φ_A 和 Δ_{CH}。

$$\varphi_A=\sum\frac{A\cdot y_C}{EI}=\frac{1}{EI}\left(\frac{1}{2}\times\frac{l}{2}\times\frac{Pl}{2}\times 1+\frac{l}{2}\times\frac{Pl}{2}\times 1\right)+\frac{1}{3EI}\times\frac{1}{2}\times l\times\frac{Pl}{2}\times\frac{2}{3}$$

$$=\frac{3Pl^2}{8EI}+\frac{Pl^2}{18EI}=\frac{31Pl^2}{72EI}(\downarrow)$$

$$\Delta_{CH}=\sum\frac{A\cdot y_C}{EI}=\frac{1}{EI}\left(\frac{1}{2}\times\frac{l}{2}\times\frac{Pl}{2}\times\frac{2}{3}\times\frac{l}{2}+\frac{l}{2}\times\frac{Pl}{2}\times\frac{3l}{4}\right)+\frac{1}{3EI}\left(\frac{1}{2}\times l\times\frac{Pl}{2}\times\frac{2l}{3}\right)$$

$$=\frac{11Pl^3}{48EI}+\frac{Pl^3}{18EI}=\frac{41Pl^3}{144EI}(\rightarrow)$$

【例 11-6】 求如图 11-10 示桁架 A 点的竖向位移 Δ_{AV} 和 AB 杆的转角 φ_{AB}。各杆刚度 EA 为常数。

【解】 (1)求出桁架在荷载作用下各杆的轴力 F_N，并标示于图中，如图 11-10(b)所示。

(2)在 A 点加一单位力 $F_i=1$，求出在其作用下各杆的轴力 $\overline{F_i}$，并标示于图中，如图 11-10(c)所示。

(3)在 A、B 两点分别加一单位力 $F_i=\dfrac{1}{a}$，求出在其作用下各杆的轴力 $\overline{F_i}$，并标示于图中，如图 11-10(d)所示。

(4)分别求出 Δ_{AV}、φ_{AB}。

$$\Delta_{AV}=\sum\frac{F_N\overline{F}_il}{EA}=\frac{1}{EA}(P\times1\times a+\sqrt{2}P\times\sqrt{2}\times\sqrt{2}a)$$

$$=\frac{(1+2\sqrt{2})Pa}{EA}=\frac{3.83Pa}{EA}(\downarrow)$$

$$\varphi_{AB}=\sum\frac{F_N\overline{F}_il}{EA}=\frac{1}{EA}\left(P\times\frac{1}{a}\times a\right)=\frac{P}{EA}(\downarrow)$$

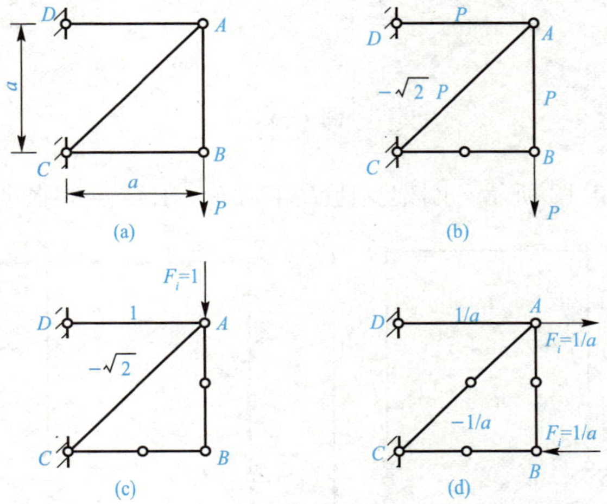

D A a C B a P

(a)

P D A $-\sqrt{2}P$ P C B P

(b)

$F_i=1$ D 1 A $-\sqrt{2}$ C B

(c)

D 1/a A $F_i=1/a$ $-1/a$ $F_i=1/a$ C B

(d)

图 11-10

第五节　静定结构在支座移动时的位移计算

静定结构由于支座移动并不产生内力也无变形，只产生刚体位移。刚体位移可用几何法求解，但采用虚功原理来计算更为简便。

如图 11-11(a)所示的静定结构，其支座发生了水平位移 C_1、竖向位移 C_2、转角 C_3。现要求由此引起的任一点沿任一方向的位移，例如求 K 点的竖向位移 Δ_K。

用虚功原理来计算 Δ_K，由位移计算的一般公式可知

$$\Delta_K=\sum\int\overline{M}\,d\theta+\sum\int\overline{F}_N\,du+\sum\int\overline{F}_Q\,dv-\sum\overline{F}_{Ri}C_i$$

因为从实际状态中取出的微段的变形 $d\theta=du=dv$，于是上式可简化为

$$\Delta_K=-\sum\overline{F}_{Ri}C_i\tag{11-6}$$

式中　$\overline{F}_{Ri}$——虚拟状态的支座反力，如图 11-11(b)所示；

C_i——实际状态的支座位移；

$\sum \overline{F}_{Ri}C_i$——虚拟状态反力在实际状态支座移动上所做的虚功之和。当$\overline{F}_{Ri}$与 C_i 的方向一致时其乘积为正，相反时为负。此外，上式右边前面还有一负号，不可漏掉。

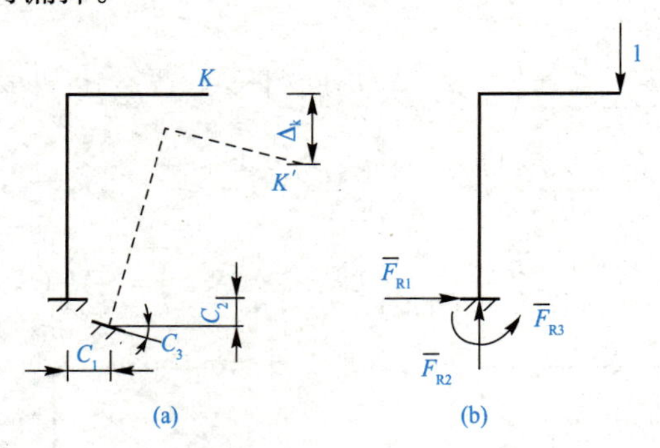

图 11-11

【例 11-7】　如图 11-12 所示，刚架支座 B 下沉 b，求 C 点的水平位移 Δ_{CH}。

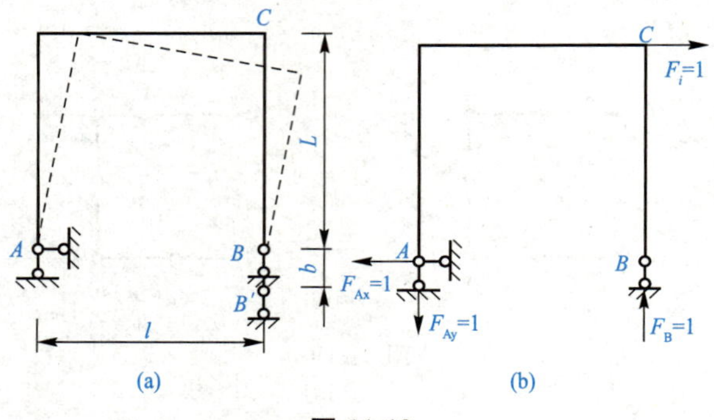

图 11-12

【解】　(1)在 C 点加一单位力 $F_i=1$，求出在其作用下刚架的支座反力如图 11-12(b)所示。

(2)求 Δ_{CH}。

$$\Delta_{CH}=-\sum \overline{F}_{Ri}C_i=-(-1\times b)=b(\rightarrow)$$

第六节　互等定理

一、功的互等定理

设外力 F_1 和 F_2 分别作用于同一结构上，如图 11-13(a)和图 11-13(b)所示，分别称为结构的第一状态和第二状态。

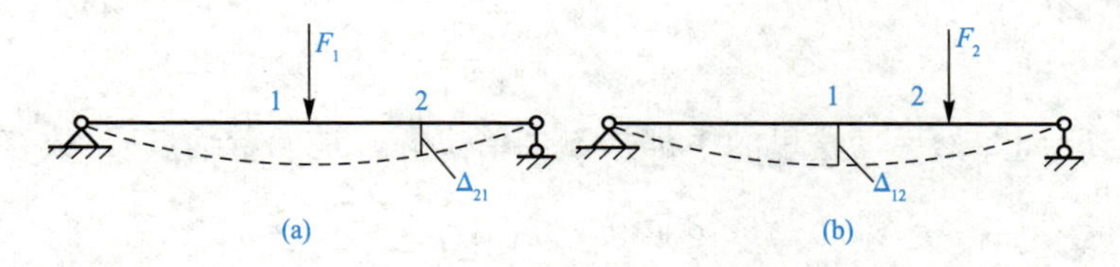

图 11-13

如果把第一状态作为力状态，把第二状态作为位移状态，根据虚功原理，第一状态的外力在第二状态的相应位移上所做的外力虚功 W_{12}，等于第一状态的内力在第二状态的相应变形上所做的内力虚功 W'_{12}（即 $W_{12}=W'_{12}$），则有

$$F_1\Delta_{12}=\sum\int\frac{M_1M_2}{EI}\mathrm{d}s+\sum\int\frac{F_{N1}F_{N2}}{EA}\mathrm{d}s+\sum\int k\frac{F_{Q1}F_{Q2}}{GA}\mathrm{d}s \tag{11-7}$$

如果把第二状态作为力状态，第一状态作为位移状态，则第二状态的外力在第一状态的相应位移上所做的外力虚功，等于第二状态的内力在第一状态相应变形上所做的内力虚功（即 $W_{21}=W'_{21}$），则有

$$F_2\Delta_{21}=\sum\int\frac{M_2M_1}{EI}\mathrm{d}s+\sum\int\frac{F_{N2}F_{N1}}{EA}\mathrm{d}s+\sum\int k\frac{F_{Q2}F_{Q1}}{GA}\mathrm{d}s \tag{11-8}$$

比较式(11-7)和式(11-8)，则有

$$F_1\Delta_{12}=F_2\Delta_{21} \tag{11-9}$$

或写为

$$W_{12}=W_{21} \tag{11-10}$$

这表明：第一状态的外力在第二状态的位移上所做的虚功，等于第二状态的外力在第一状态的位移上所做的虚功。这就是功的互等定理。

二、位移的互等定理

位移的互等定理是功的互等定理的一个特例。

如图 11-14 所示，假设两个状态中的荷载都是单位力，即 $X_1=1$，$X_2=1$，与其相应的位移用 δ_{12} 和 δ_{21} 表示，则由功的互等定理，有

$$1\cdot\delta_{12}=1\cdot\delta_{21}$$

得
$$\delta_{12}=\delta_{21} \tag{11-11}$$

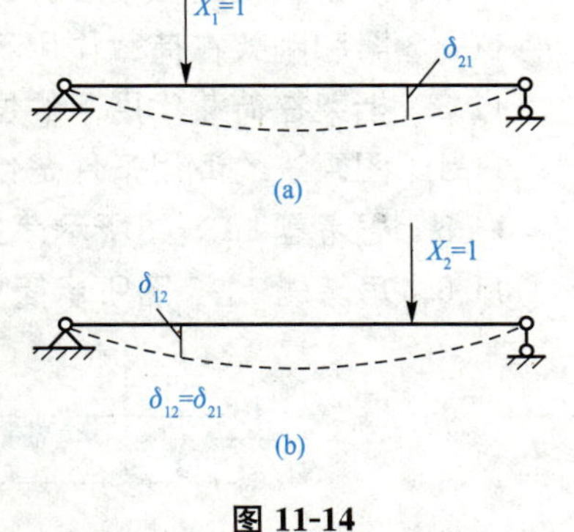

图 11-14

这表明：第二个单位力所引起的第一个单位力作用点沿其方向的位移 δ_{12}，等于第一个单位力所引起的第二个单位力作用点沿其方向的位移 δ_{21}。这就是位移互等定理。

这里的单位力也包括单位力偶，即可以是广义单位力。位移也包括角位移，即是相应的广义位移。如图 11-15 所示的两个状态中，根据位移互等定理，可得出 $\delta_{21}=\delta_{12}$。而由图乘法可求得这两个位移分别为

$$\delta_{21}=\varphi_A=\frac{\overline{F}l^2}{16EI}$$

$$\delta_{12}=f_C=\frac{\overline{M}l^2}{16EI}$$

当$\overline{F}=1$，$\overline{M}=1$(这里的1都是不带单位的，是无量纲量)，故有

$$\delta_{21}=\delta_{12}=\frac{l^2}{16EI}$$

可见，虽然δ_{21}代表由单位力$\overline{F}=1$引起的角位移，δ_{12}代表由单位力偶$\overline{M}=1$引起的线位移，两者含义虽不同，但在数值上是相等的，量纲也相同。

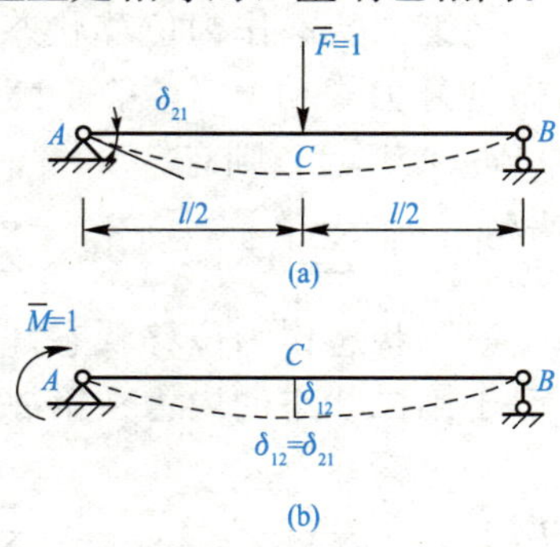

图 11-15

小实验

找一些厚度基本相等的硬纸板，分别用这些纸板制成平板、箱形、圆筒形、工字形等不同截面而长度相同的梁，在梁上面堆放作业本，比较各个截面梁的承载能力。

思考题

11-1　静定结构的位移主要有________和________。

11-2　梁和刚架在荷载作用下的位移计算公式为____________。

11-3　桁架在荷载作用下的位移计算公式为____________。

11-4　图乘法的适用条件是什么？图乘结果的正负号如何确定？

11-5　思考题11-5图所示简支梁B端转角$\varphi_B=$________。

11-6　思考题11-6图所示简支梁中点的竖向位移$\Delta_{CV}=$________。

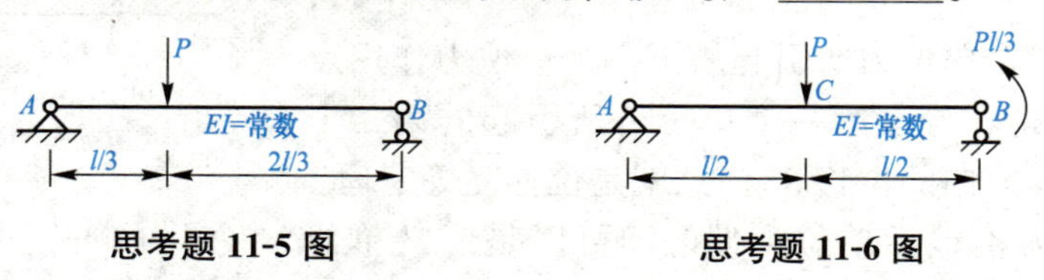

思考题 11-5 图　　思考题 11-6 图

11-7　支座移动时，静定结构不产生________和________，只产生________。

11-8　支座移动的位移计算公式为________________。式中$\overline{F}_{Ri}$是指____________；C_i是指________________。

11-9　请叙述位移互等定理$\delta_{12}=\delta_{21}$的含义。

11-10　思考题 11-10 图所示各图乘是否正确？如不正确请改正。

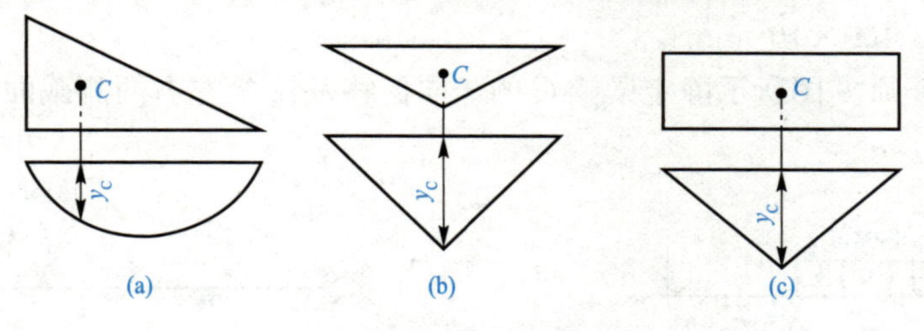

思考题 11-10 图

习　题

习题解答

11-1　求习题 11-1 图所示悬臂梁 B 端的竖向位移 Δ_{BV} 和转角 φ_B，EI 为常数。

11-2　求习题 11-2 图所示简支梁中点 C 处的竖向位移 Δ_{CV}，EI 为常数。

11-3　求习题 11-3 图所示悬臂梁 B 端的竖向位移 Δ_{BV} 和转角 φ_B，EI 为常数。

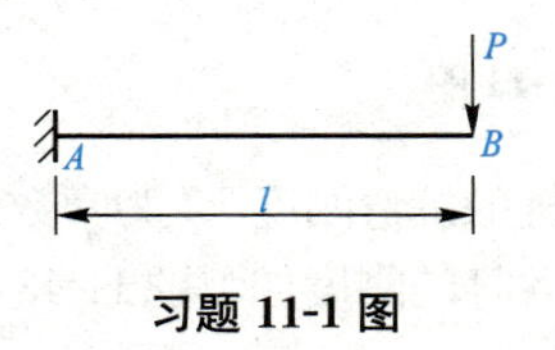

习题 11-1 图

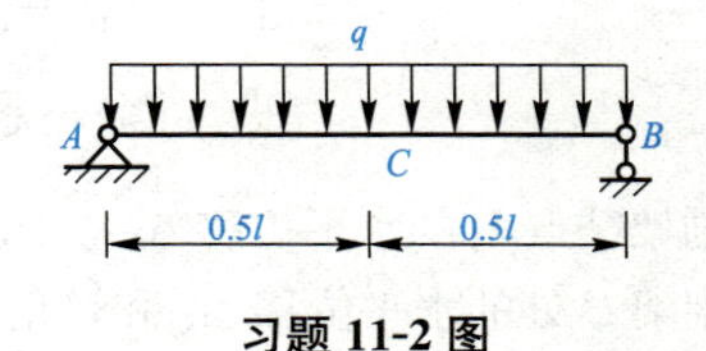

习题 11-2 图

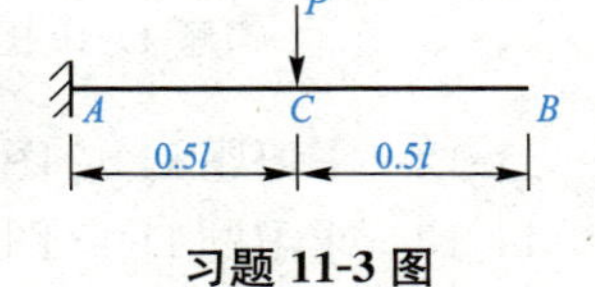

习题 11-3 图

11-4　求习题 11-4 图所示梁中 B 处的转角和 C 处的竖向位移，EI 为常数。

11-5　求习题 11-5 图所示梁中 C 处的竖向位移。已知梁由 18 号工字钢制成，$I_z=$ 1 660 cm^4，材料的弹性模量 $E=210$ GPa。

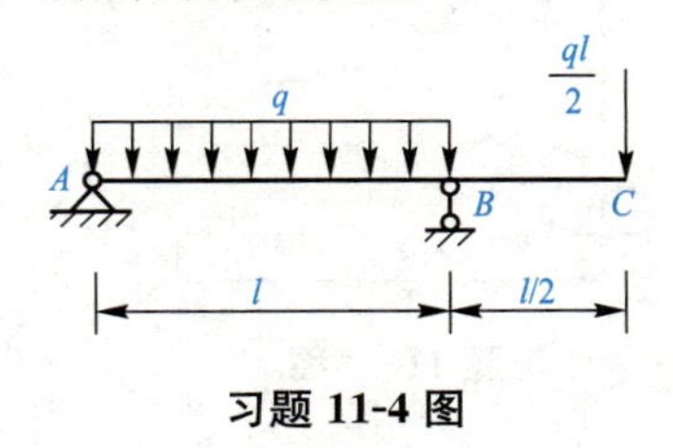

习题 11-4 图

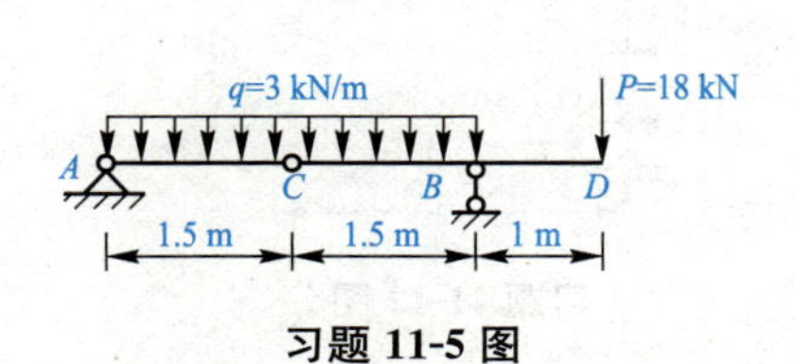

习题 11-5 图

11-6　试求习题 11-6 图所示外伸梁 C 端的竖向位移。设 $EI=1.5\times10^5$ kN·m^2。

11-7　试求习题 11-7 图所示外伸梁 A 端的竖向位移，已知 $EI=2\times10^8$ kN·cm^2。

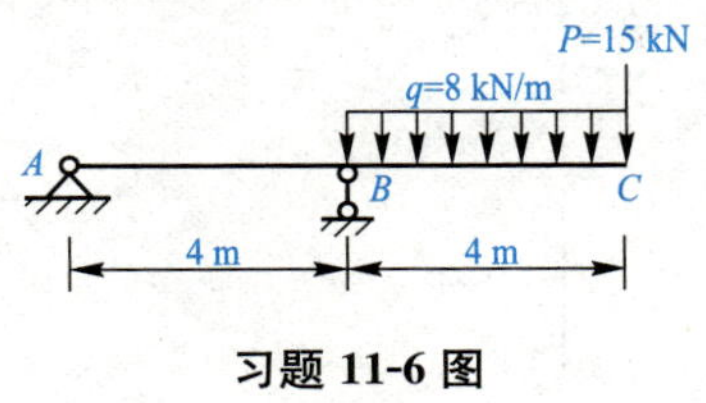

习题 11-6 图

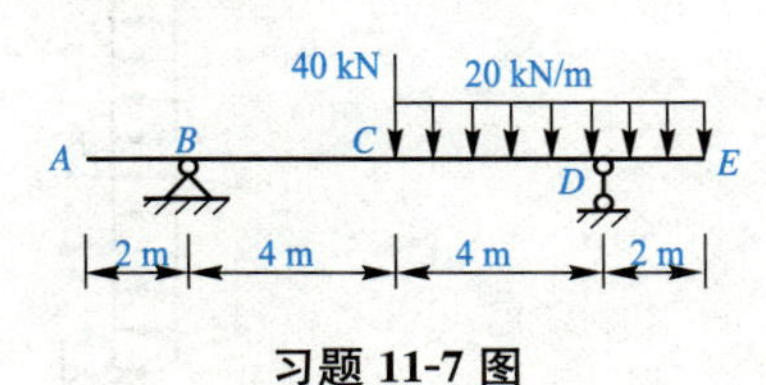

习题 11-7 图

11-8　求习题 11-8 图所示外伸梁 B 处的转角 θ_B 和 C 处的竖向位移 Δ_{CV}。已知 $E=2\times 10^5\ \mathrm{N/mm^2}$，$I=3\ 400\times 10^4\ \mathrm{mm^4}$。

11-9　求习题 11-9 图所示静定梁铰 C 的竖向位移及铰 C 左右两侧截面的相对转角，EI 为常数。

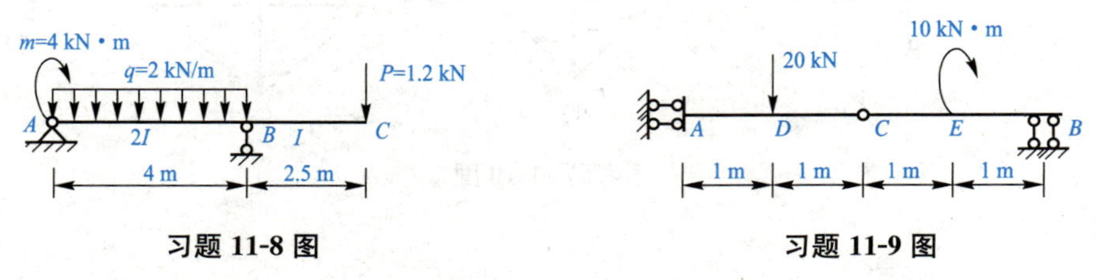

习题 11-8 图　　　　习题 11-9 图

11-10　习题 11-10 图所示为多跨静定梁，受均布荷载 q 作用。若使 B 点的竖向位移为零，试问铰 C 的位置 x 为多少？设梁的抗弯刚度 EI 为常数。

11-11　求习题 11-11 图所示多跨静定梁 E 处的竖向位移 Δ_{EV}。设 EI 为常数。

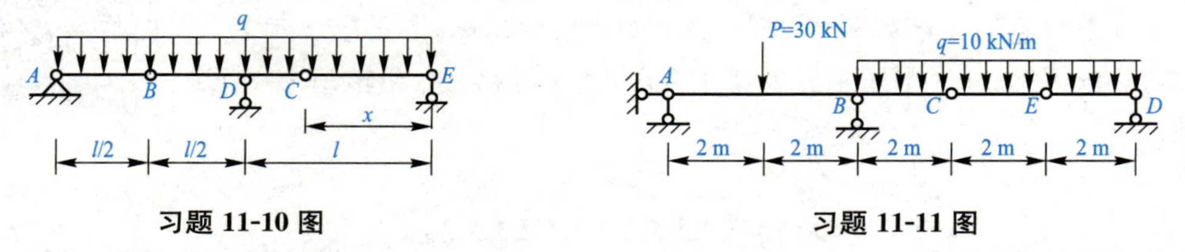

习题 11-10 图　　　　习题 11-11 图

11-12　求习题 11-12 图所示刚架结点 B 的水平位移 Δ_{BH}。已知各杆的抗弯刚度 EI 为常数。

11-13　求习题 11-13 图所示刚架 B 处的水平位移 Δ_{BH} 和转角 φ_B。各杆的刚度如习题 11-13 图所示。

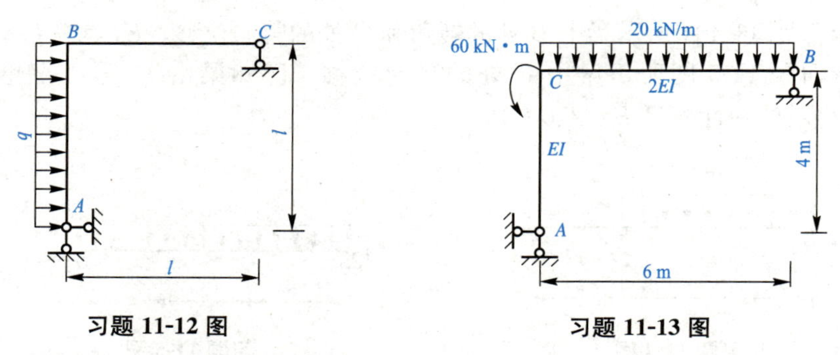

习题 11-12 图　　　　习题 11-13 图

11-14　求习题 11-14 图所示刚架 A 处和 B 处的转角。各杆刚度如习题 11-14 图所示。

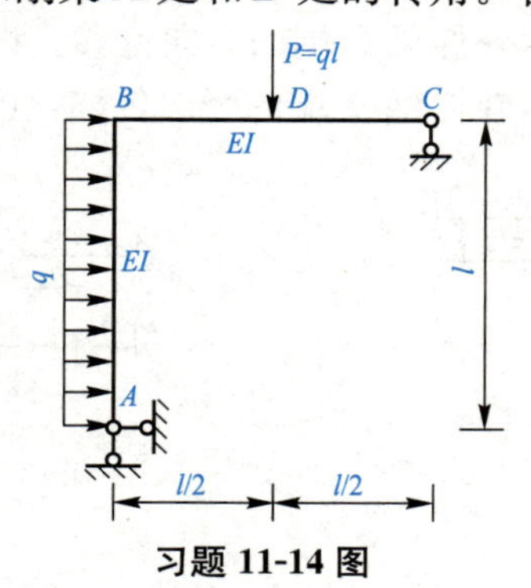

习题 11-14 图

11-15　求习题11-15图所示刚架B处的转角φ_B和C处的竖向位移Δ_{CV}。各杆刚度EI为常数。

11-16　求习题11-16图所示刚架A、B两截面的相对水平位移Δ_{AB}^{H}、相对垂直位移Δ_{AB}^{V}、相对转角φ_{AB}。各杆的EI为常数。

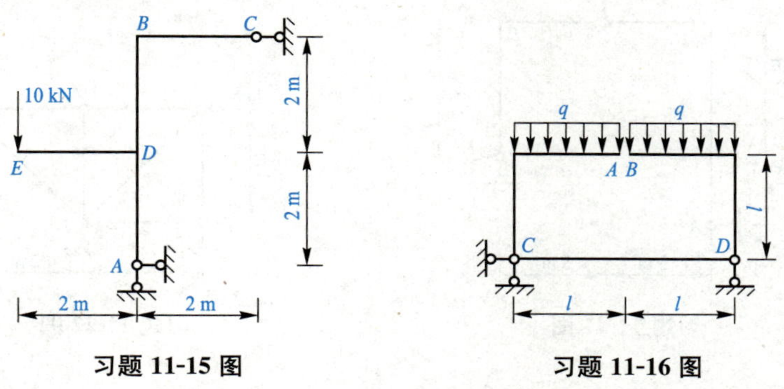

习题 11-15 图　　　　习题 11-16 图

11-17　求习题11-17图所示刚架B点的水平位移$\frac{F_vF_il}{E_A}$。已知$EI_1=12\times10^4\ \text{kN}\cdot\text{m}^2$，$EI_2=18\times10^4\ \text{kN}\cdot\text{m}^2$。

11-18　求习题11-18图所示刚架C点的竖向位移Δ_{CV}。各杆的刚度如习题11-18图所示。

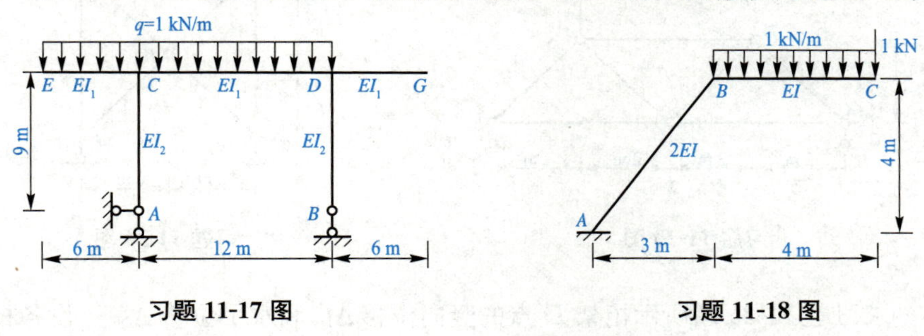

习题 11-17 图　　　　习题 11-18 图

11-19　求习题11-19图所示刚架中铰C处的水平位移Δ_{CH}、垂直位移Δ_{CV}以及D处转角φ_D。各杆刚度EI为常数。

11-20　求习题11-20图所示刚架中铰C处的竖向位移Δ_{CV}。各杆刚度如习题11-20图所示。

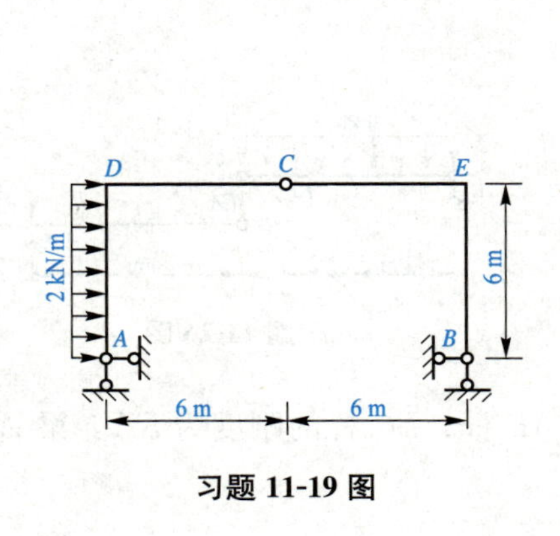

习题 11-19 图

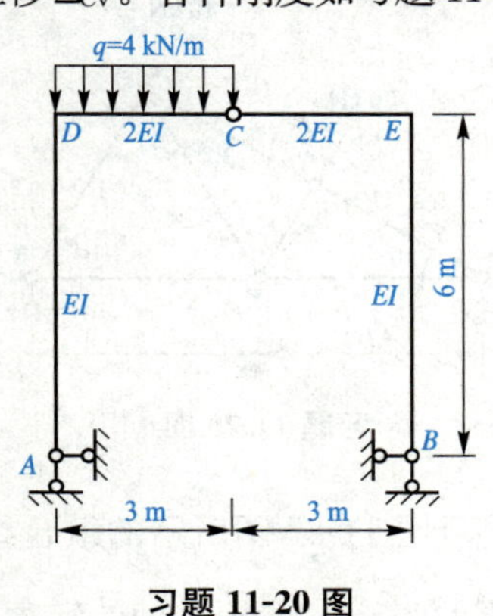

习题 11-20 图

11-21　求习题 11-21 图所示刚架中铰 C 左右两截面的相对转角 $\Delta\varphi_{C}$。各杆的刚度均为 EI，设 $EI=2.1\times10^{8}\ \mathrm{kN\cdot cm^{2}}$。

11-22　求习题 11-22 图所示桁架 C 点的水平位移 Δ_{CH}。已知各杆刚度 EA 为常数。

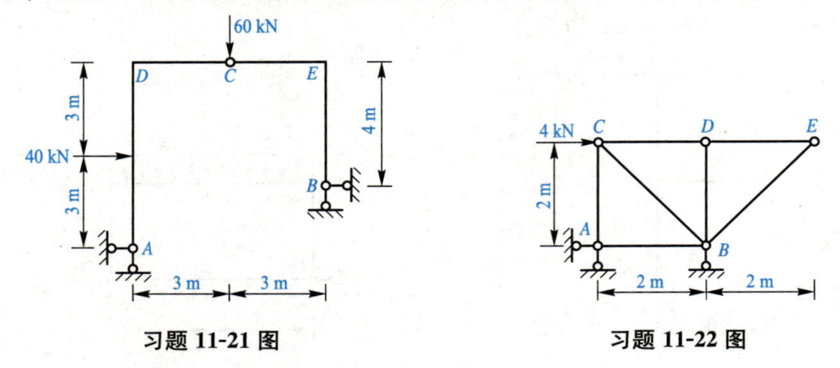

习题 11-21 图　　　　习题 11-22 图

11-23　求习题 11-23 图所示桁架 C 点的竖向位移。已知桁架各杆截面均为 $A=2\times10^{-3}\ \mathrm{m^{2}}$，$E=210\ \mathrm{GPa}$，$P=40\ \mathrm{kN}$。

11-24　求习题 11-24 图所示桁架 CE 杆的转角 φ_{CE}。各杆刚度 EA 为常数。

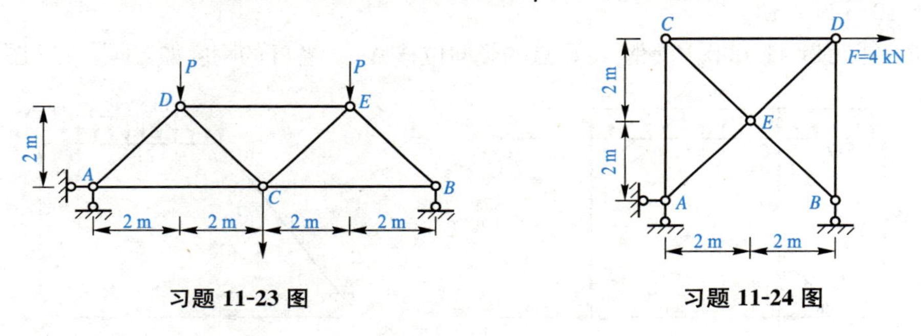

习题 11-23 图　　　　习题 11-24 图

11-25　求习题 11-25 图所示桁架 D 点的竖向位移 Δ_{DV} 和水平位移 Δ_{DH}。设各杆刚度 EA 为常数。

11-26　习题 11-26 图所示的结构中，已知 $E=210\ \mathrm{GPa}$，$I=3.6\times10^{7}\ \mathrm{mm^{4}}$，$A=10^{3}\ \mathrm{mm^{2}}$。求 C 点处的竖向位移 Δ_{CV}。

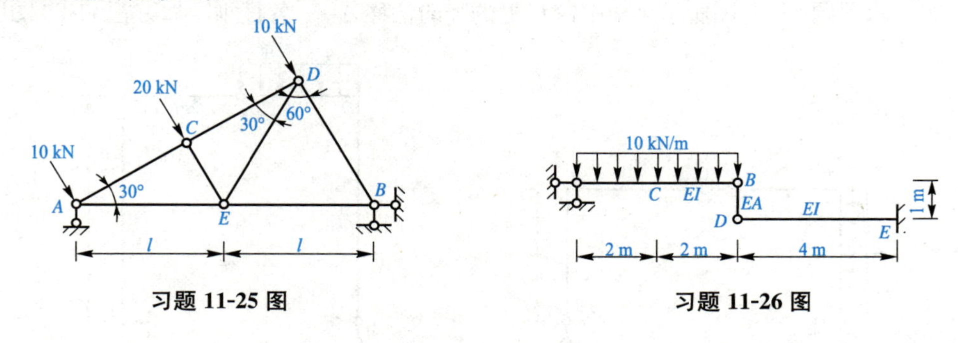

习题 11-25 图　　　　习题 11-26 图

11-27　习题 11-27 图所示的组合结构中，AB 杆、BC 杆的刚度为 EA，梁 AD 的刚度为 EI，设 $EA=\dfrac{EI}{4}$。试求 D 处的转角 φ_{D}。

11-28　习题 11-28 图所示为三铰刚架，当支座 B 发生竖向位移 $\Delta_{By}=0.06\ \text{m}(\downarrow)$，水平位移 $\Delta_{Bx}=0.04\ \text{m}(\rightarrow)$时，求由此引起的 A 端转角 φ_A。

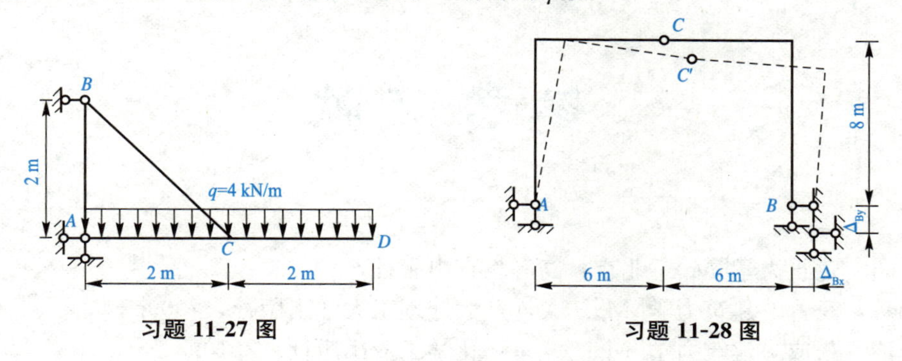

习题 11-27 图　　　　习题 11-28 图

11-29　习题 11-29 图所示为多跨静定梁支座 B 下沉 a，试求截面 E 的竖向位移 Δ_{EV}。

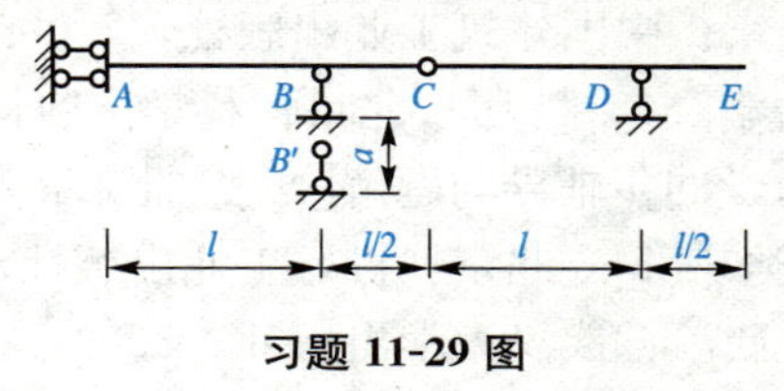

习题 11-29 图

11-30　习题 11-30 图所示为多跨静定梁，支座 A、B、C 分别下沉了 $a=20$ mm，$b=40$ mm，$c=30$ mm，试求 D 截面左、右两侧相对转角 φ_D。

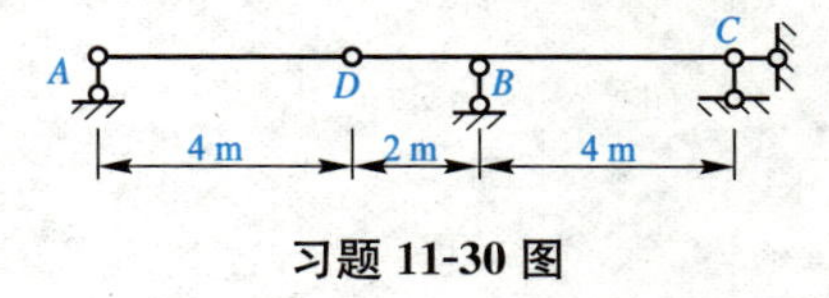

习题 11-30 图

11-31　习题 11-31 图所示的刚架，固定端支座 A 顺时针转动了 0.01 rad，支座 B 下沉了 0.02 m，试求 D 处的竖向位移 Δ_{DV} 及铰 C 左右侧截面的相对转角 φ_C。

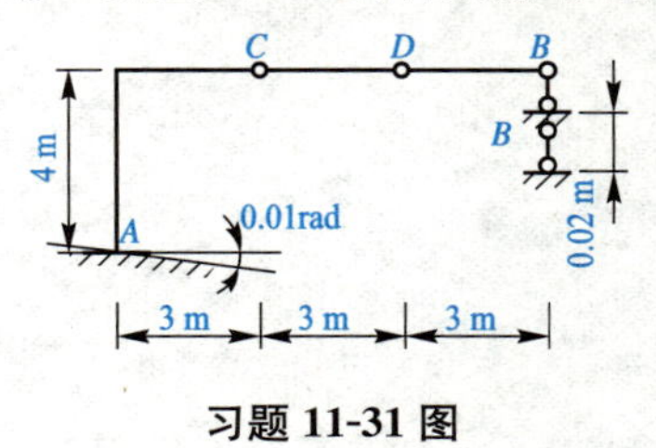

习题 11-31 图

参考文献

[1] 范继昭．建筑力学[M]．北京：高等教育出版社，2003.
[2] 王渊辉，汪菁．建筑力学[M]．大连：大连理工大学出版社，2009.
[3] 刘玉清，张成．建筑力学[M]．北京：化学工业出版社，2010.
[4] 张秉荣．工程力学[M]．4版．北京：机械工业出版社，2018.
[5] 张曦．建筑力学[M]．北京：中国建筑工业出版社，2009.
[6] 沈养中，李桐栋．理论力学[M]．4版．北京：科学出版社，2016.
[7] 沈养中，张翠英．建筑力学同步辅导与题解[M]．北京：科学出版社，2016.
[8] 宋小壮．工程力学(土木类)[M]．北京：机械工业出版社，2012.
[9] 郭长城．结构力学[M]．武汉：武汉大学出版社，2009.
[10] 张宗尧，于德顺，王德信．结构力学[M]．南京：河海大学出版社，2003.